"十三五"普通高等教育本科规划教材

机械设计基础（第三版）

主　编	陈修龙			
副主编	叶铁丽	李桂莉	魏军英	苏春建
参　编	高　丽	齐秀丽	邓　昱	张悦刊　戴向云
	王明燕	田和强	杨　通	张弘斌
主　审	陈维健			

U0260793

中国电力出版社

CHINA ELECTRIC POWER PRESS

内 容 提 要

本书为"十三五"普通高等教育本科规划教材。

全书共分 13 章,主要内容包括概述、平面机构的自由度计算及速度分析、平面连杆机构及其设计、凸轮机构、齿轮传动、轮系、间歇运动机构蜗杆传动、带传动和链传动机构、轴、连接、轴承、机械的平衡与调速。每章后均附有思考题与习题。

本书可作为高等学校近机类、非机类相关专业机械设计基础课程的教材,也可供其他院校师生和工程技术人员参考使用。

图书在版编目(CIP)数据

机械设计基础/陈修龙主编 . —3 版 . —北京:中国电力出版社,2020.6(2021.1重印)
"十三五"普通高等教育本科规划教材
ISBN 978 - 7 - 5198 - 3111 - 0

Ⅰ.①机… Ⅱ.①陈… Ⅲ.①机械设计—高等学校—教材 Ⅳ.①TH122

中国版本图书馆 CIP 数据核字(2019)第 078994 号

出版发行:中国电力出版社
地   址:北京市东城区北京站西街 19 号(邮政编码 100005)
网   址:http://www.cepp.sgcc.com.cn
责任编辑:周巧玲(010 - 63412539)
责任校对:黄 蓓 朱丽芳
装帧设计:左 铭
责任印制:钱兴根

印   刷:三河市百盛印装有限公司
版   次:2011 年 6 月第一版 2020 年 6 月第三版
印   次:2021 年 1 月北京第八次印刷
开   本:787 毫米×1092 毫米 16 开本
印   张:15.5
字   数:373 千字
定   价:46.00 元

前　　言

本书总码

本书自出版以来，受到相关高校的普遍认同。

本书根据当前教学改革的最新成果和我国机械工业发展的需要，汇集近几年使用本书的各个学校所反馈的建议修订而成，全书的体系结构和章节顺序与前两版一致，保持了原书的特色和风格。

在本次修订工作中，主要进行了以下几个方面的完善：

（1）蜗杆的基本尺寸和参数、滚动轴承的代号等都采用了最新的国家标准；扩充了滚动轴承计算的内容；在附录中增加了减速器的结构分析，以便于教师和学生课程设计时参考。

（2）配套丰富的电子资源，手机扫码即可阅读。在拓展阅读材料中，介绍了并联机器人、并联机床及其运动学分析等前沿领域的研究成果；同时提供各章基本要求、重点和难点提示，以便学生进行复习和提升。

本书由山东科技大学组织编写。陈修龙任主编，叶铁丽、李桂莉、魏军英、苏春建任副主编，高丽、齐秀丽、邓昱、张悦刊、戴向云、王明燕、田和强、杨通、张弘斌参编。

由于编者水平所限，书中难免有不妥和错漏之处，敬请广大读者批评指正。

编　者

2020 年 1 月

第 一 版 前 言

本书是按照教育部有关机械设计基础课程的教学基本要求，结合编者近几年教学内容改革的需要，并参考了多所兄弟院校的教学经验编写而成的。

本书力求精选内容，简明实用，适当拓宽知识面，反映学科的新成就，加强基本理论的学习，突出各种结构及零件的设计内容，注重培养学生的综合分析、系统思考的习惯。

全书共分 13 章，主要内容包括概述、平面机构的自由度计算及速度分析、平面连杆机构及其设计、凸轮机构、齿轮传动、轮系、间歇运动机构、蜗杆传动、带传动和链传动机构、轴、连接、轴承、机械的平衡与调速。每章后均附有思考题与习题，以方便学生进行思维训练，提高分析问题与解决问题的能力。

本书由山东科技大学陈修龙、齐秀丽担任主编，叶铁丽、李桂莉、魏军英、苏春建担任副主编。具体编写分工如下：齐秀丽（第 1、2 章），李桂莉（第 3、4 章），魏军英（第 5、8 章），叶铁丽（第 6、9、10 章），陈修龙（第 7、13 章），苏春建（第 11、12 章），高丽和戴向云参与校对与图形绘制。全书由陈修龙、齐秀丽统稿。

本书由山东科技大学陈维健教授审阅，主审老师提出了很多宝贵的意见和建议，在此表示衷心的感谢。

由于编者水平所限，书中难免有不妥和错漏之处，敬请广大读者批评指正。

编　者
2011 年 4 月

第二版前言

　　《机械设计基础（第二版）》是根据当前本课程教学改革的最新成果和我国机械工业发展的需要，并汇集近 5 年来使用本教材的各个学校所反馈的意见和建议修订而成的。

　　本书的体系结构和章节顺序与第一版相同，保持了原书的特色和风格，在教学过程中可以根据教学实际适当的调整授课的章节顺序。本次修订在附录中增加了课程设计题目，可供教师和学生参考。

　　本书由山东科技大学陈修龙、齐秀丽担任主编；叶铁丽、李桂莉、魏军英、苏春建担任副主编。具体编写分工如下：齐秀丽（第 1、2 章），李桂莉（第 3、4 章），魏军英（第 5、8 章），叶铁丽（第 6、9、10 章），陈修龙（第 7、13 章），苏春建（第 11、12 章），邓昱、张悦刊、王明燕、杨通参与了附录的编写，戴向云、高丽参与了校对和图形绘制。

　　本书由山东科技大学陈维健教授主审，他对本书的编写提出了很多宝贵的意见和建议，在此表示衷心的感谢。

　　由于编者水平所限，书中难免有不妥和错漏之处，敬请广大读者批评指正。

编　者

2016 年 9 月

目　　录

第1章　概　　述

1.1　本课程研究的对象和内容

　　人类在长期的生产实践过程中创造和发明了种类繁多的机械。在现代生产和日常生活中，机械已成为代替或减轻人们体力劳动和脑力劳动、提高劳动生产率和产品质量的主要手段。机械的发展程度是衡量国家工业水平高低的重要标志之一。

　　图1-1所示的单缸四冲程内燃机为常见机械之一，由汽缸体、活塞、进气阀、排气阀、连杆、曲轴、凸轮、推杆、齿轮等组成。燃气膨胀推动活塞做往复移动，通过连杆转变为曲轴的连续转动。凸轮和推杆用于启闭进气阀和排气阀。为了保证曲轴每转两周进、排气阀各启闭一次，在曲轴和凸轮之间安装了齿数比为1：2的齿轮。这样，当燃气推动活塞运动时，各部分协调动作，进、排气阀有规律地启闭，并通过汽化、点火等装置的配合，将燃气热能转变为曲轴旋转的机械能。

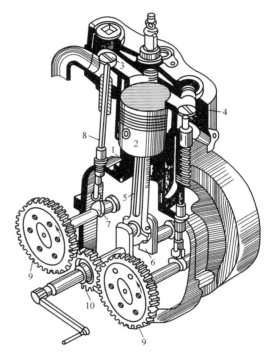

图1-1　内燃机

1—汽缸体；2—活塞；3—进气阀；4—排气阀；5—连杆；
6—曲轴；7—凸轮；8—推杆；9、10—齿轮

　　图1-2所示为一工业机器人，它由机器人本体、计算机控制器、液压装置和电力装置组成。当机械手的大臂、小臂和手按指令有规律地运动时，末端夹持器（图1-2中未示出）便将物料搬运到指定的位置。

　　从以上两例可以看出，机械在工作过程中都要执行机械运动。因此可以说，运动的传递与变换是机械最基本的功能。

　　通常将既能实现确定的机械运动，又能做有用的机械功或实现能量、物料、信息的传递与变换的装置称为机器，而将只能实现运动和力的传递与变换的装置称为机构。机器和机构统称为机械。

　　根据所能实现的功能不同，机器可以分为以下三类：

　　（1）工作机器。工作机器是用来实现对物料的某种工作或工艺过程，完成有用的机械功，如金属切削机床、轧钢机、压力加工机械、轻纺机械、食品机械、汽车、机床、飞机、起重机、运输机等。

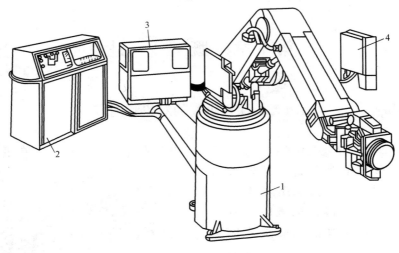

图 1-2　工业机器人

1—机器人本体；2—计算机控制器；3—液压装置；4—电力装置

（2）动力机器。动力机器是用来实现其他种类的能量与机械能之间的转换，如内燃机、汽轮机、电动机、发电机、压气机、涡轮机等。

（3）信息机器。信息机器是用来实现其他形式的信息（如电磁、热、压力、变形等）与机械运动信息之间的传递与转换，如各种计量装置、检测装置、复印机、打印机、绘图机等。

现代机械种类繁多，但从其功能组成分析，主要由下列子系统组成：

（1）驱动系统。驱动系统是机械系统工作的动力源，它包括动力机和与其相配套的一些装置。现代机器多采用电动机或热力机（内燃机、汽轮机、燃气轮机）作为动力源。其中，电动机的使用最为广泛。

（2）传动系统。传动系统是将原动机的动力和运动传递给执行系统的中间装置，如汽车的变速箱、机床的主轴箱、起重机的减速器等。传动系统的功能是实现运动和力的传递与变换，以适应执行系统工作的需要。传动系统可分为下述几大类：机械传动系统，液、气传动系统，电力传动系统，以及前三大类不同组合的传动系统。

（3）控制系统。控制系统是使驱动系统、传动系统、执行系统彼此协调工作并准确、可靠地完成整个机械系统功能的装置。它的功能主要是控制或操纵上述各子系统的启动、离合、制动、变速、换向或各部件运动的先后次序、运动轨迹及行程。此外，还控制换刀、测量、冷却与润滑液的供应与停止等一系列工作。

（4）执行系统。执行系统直接实现机器特定功能的部分，包括执行机构和执行构件，其功能是利用机械能来改变作业对象的性质、状态、形状、位置或进行检测等。由于每个机械系统要完成的功能各不相同，所以对其执行系统的运动、工作载荷等技术要求也不相同。执行系统通常处于机械系统的末端，直接与作业对象接触。执行系统工作性能的好坏，直接影响整个机械系统的性能。

机械系统工作过程中运动和力的传递与变换，是通过各种机构来实现的。机构由若干相互之间形成可动连接的结构实体所组成。作为一个整体运动的结构实体称为构件。构件是机械的运动单元。机构实质上就是两个或两个以上构件相互形成可动连接的构件系统。

一个构件还可能是由若干彼此没有相对运动的实体连接而成的，如图 1-1 中所示的连杆由连杆体、连杆盖、轴瓦、螺栓等多个实体刚性连接而成。这类单一的实体称为零件，零件是机械的制造单元。构件也可以是单一的零件。

各种机械中普遍使用的零件，称为通用零件，如螺钉、轴、轴承、齿轮、弹簧等。在某一类型机械中使用的零件，称为专用零件，如内燃机的活塞、曲轴，汽轮机的叶片等。

一台机器根据其功能要求，可能是由一个机构组成的，也可能是由若干机构组成的，并按一定规律相互协调配合，通过有序的运动和力的传递与变换来实现预期的功能。

根据机械系统的功能、组成和结构特征，对机械系统通常有如下要求：能实现规定的运动和力的传递与变换，要有良好的动力性能，具有足够的精度、强度、刚度、耐磨性、振动稳定性，以满足机械工作的平稳性和可靠性，保证机械完成预定的功能。

随着科学技术的不断进步和计算机技术的广泛应用，现代机械正朝着高速度、高精度、自动化、智能化的方向发展。现代机械的结构与传统机械相比发生了显著的变化。传感器和控制系统已成为现代机械的重要组成部分，其成本在总成本中的比重甚至超过了机械部分，一些广泛应用的传统机构，逐渐被机械电子机构所取代，机电一体化已成为现代机械具有的典型特征。

1.2　本课程在教学中的地位

随着现代生产的飞速发展，除机械制造部门外，各种工业部门，如土建、电力、石油、化工、采矿、冶金、轻纺、食品加工、包装等，都会接触到各种类型的通用机械和专用机械，这些工业部门的技术人员应当具备一定的机械基础知识。因此，机械设计基础同工程制图、电工学、工程力学一样，是高等学校工科有关专业的一门技术基础课。

通过本课程的学习和课程设计实践，可以培养学生初步具有选用、分析，以及维护保养简单的机械传动装置，并能进行设计的能力，为学习专业设备中的机械部分提供必要的基础。

在学习本课程以前，应具备必要的基础理论和金属加工工艺知识。这需要通过工程制图、工程力学、金工实习等先修课程的学习才能获得。

1.3　机械设计基础的基本要求和设计过程

机械设计是创造性地实现具有预期功能的新设备或机器，或改进现有机器和设备，使其具有新的性能的过程。

设计机械应满足的基本要求是：在满足预期功能的前提下，性能好、效率高、成本低、造型美观，在预定的使用期限内安全可靠、操作方便、维修简单等。

明确设计要求之后，机械设计所包括的内容如下：确定机械的工作原理，选择恰当的机构，拟订设计方案，进行总体设计，做运动分析和动力分析，计算作用在各构件上的载荷，然后进行零部件工作能力计算，做出结构设计。

从明确设计要求开始，经过设计、制造、鉴定到产品定型是一个复杂的过程。设计人员必须善于将设计思想、设计方案，用语言、文字和图形方式呈现给有关主管或工程人员，以取得赞同和批准。同时，设计人员还要论证此设计是否确实为人们所需要，能否与同类产品竞争，制造上是否经济，维修保养是否简便，社会效益与经济效益如何等。

　　设计人员要有创造精神，从实际情况出发，调查研究，广泛吸取工艺人员的经验和用户反馈的意见，采用先进的科研成果和技术，在设计、加工、安装和调试过程中，及时发现问题，反复修改，以期取得最佳的成果，并从中积累设计经验。

思考题与习题

1-1　试述机械与机构、零件与构件的概念及区别。

1-2　机械设计有哪些基本要求？

1-3　说明专用零件与通用零件的区别，并各举一例。

第 2 章　平面机构的自由度计算及速度分析

所有构件都在同一个平面或平行平面内运动的机构称为平面机构。实际构件的外形和结构往往很复杂，在研究机构运动时，为了简化问题，有必要忽略与运动无关的构件外形和运动副的具体构造，仅用简单线条和符号来表示构件和运动副，并按比例定出各运动副的位置。这种说明机构各构件间相对运动关系的简化图形，称为机构运动简图。了解机构是否具有确定的运动，如何才能保证机构的确定运动，对于现有机构设计是非常重要的。在研究机构运动情况时，需要了解两转动构件间的角速度比、移动构件的运动速度或某些点的速度变化规律，因此，有必要对机构进行速度分析。

2.1　运动副及其分类

在机构中，每个构件还必须与另一构件相连接，并使构件间保持一定的相对运动。这种使两构件直接接触并能产生一定相对运动的连接称为运动副。图 2-1 所示为常见的运动副。

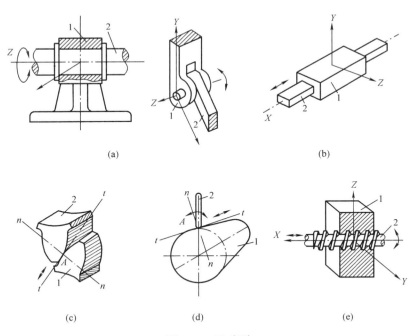

(a)　　　　　　　　　　　　　　　(b)

(c)　　　　　(d)　　　　　(e)

图 2-1　运动副

(a) 转动副；(b) 移动副；(c) 齿轮副；(d) 凸轮副；(e) 螺旋副

组成运动副的两构件以点、线或面的形式接触。根据两构件的接触情况，平面运动副可分为低副和高副两类。

2.1.1 低副

两构件以面接触组成的运动副称为低副。低副受载时，单位面积上的压力较小。根据构件相对运动形式的不同，低副又可分为转动副和移动副。

（1）转动副。两构件只能在一个平面内做相对转动的运动副称为转动副，或称铰链，如图 2-1（a）所示。其左图中因一个构件固定，称为固定铰链；右图的两个构件均可活动，称为活动铰链。

（2）移动副。两构件只能沿直线做相对移动的运动副称为移动副，如图 2-1（b）所示。

2.1.2 高副

两构件以点或线的形式接触的运动副称为高副。由于构件以点、线接触，接触处的压力较大。齿轮副［见图 2-1（c）］和凸轮副［见图 2-1（d）］都属于高副。

此外，常见运动副还有螺旋副［见图 2-1（e）］，它属于空间运动副。

2.2 平面机构运动简图

图 2-2（a）、（b）、（c）所示为两个构件组成转动副的表示方法。用圆圈表示转动副，其圆心代表相对转动的轴线。若组成转动副的两构件都是活动件，则用图 2-2（a）表示；若其中有一个为机架，则在代表机架的构件上加阴影线，如图 2-2（b）、（c）所示。

两构件组成移动副的表示方法如图 2-2（d）～（f）所示。移动副的导路必须与相对移动方向一致。同前所述，图中画阴影的构件表示机架。

两构件组成高副时，在简图中应当画出两构件接触处的曲线轮廓，如图 2-2（g）所示。

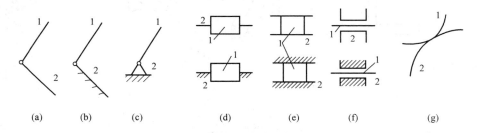

(a)　　　(b)　　　(c)　　　(d)　　　(e)　　　(f)　　　(g)

图 2-2　平面运动副的表示方法
(a)、(b)、(c) 转动副；(d)、(e)、(f) 移动副；(g) 高副

图 2-3 所示为构件的表示方法。图 2-3（a）所示为参与组成两个转动副的构件，图 2-3（b）所示为参与组成一个转动副和一个移动副的构件。在一般情况下，参与组成三个转动副的构件，可用三角形表示。为了表明三角形是一个刚性整体，常在三角形内加剖面线或在三个角上涂以焊缝的标记，如图 2-3（c）所示。如果三个转动副中心在一条直线上，则可用图 2-3（d）表示。超过三个运动副的构件的表示方法可依此类推。对于机械中常用的构件和零件，有时还可采用习惯画法，例如用粗实线或细点画线画出一对节圆来表示互相啮合的齿轮，用完整的轮廓曲线来表示凸轮。其他常用零部件的表示方法可参看GB/T 4460—2013《机械制图　机构运动简图用图形符号》。

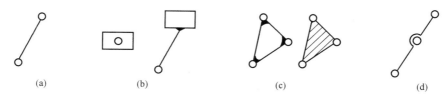

图 2-3　构件的表示方法

机构中的构件可分为固定构件、原动件和从动件三类。

（1）固定构件（机架）。固定构件（机架）是用来支承活动构件（运动构件）的构件。如图 1-1 所示的汽缸体就是固定构件，用以支承活塞、曲轴等。研究机构中活动构件的运动时，常以固定构件作为参考坐标系。

（2）原动件（主动件）。原动件（主动件）是运动规律已知的活动构件。它的运动是由外界输入的，故又称为输入构件。如图 1-1 所示的活塞就是原动件。

（3）从动件。从动件是机构中随着原动件的运动而运动的其余活动构件。其中，输出预期运动的从动件称为输出构件，其他从动件则起传递运动的作用。如图 1-1 所示的连杆和曲轴都是从动件，由于该机构的功用是将直线运动变换为定轴转动，因此，曲轴是输出构件，连杆是用于传递运动的从动件。

任何一个机构中，必有一个构件被相对地看作固定构件。例如，汽缸体虽然跟随汽车运动，但在研究发动机的运动时，仍将汽缸当作固定构件。在活动构件中必须有一个或几个原动件，其余的都是从动件。下面举例说明机构运动简图的绘制方法。

【例 2-1】　绘制图 2-4（a）所示颚式破碎机的机构运动简图。

解　颚式破碎机的主体机构由机架、偏心轴（又称曲轴）、动颚和肘板 4 个构件组成。带轮与偏心轴固连成一体，它是运动和动力输入构件，即原动件，其余构件都是从动件。当带轮和偏心轴绕轴线 A 相对转动时，驱使输出构件动颚做平面复杂运动，从而将矿石轧碎。

在确定构件数目之后，再根据各构件的相对运动确定运动副的种类和数目。偏心轴 2 与机架 1 绕轴线 A 相对转动，故构件 1、2 组成以 A 为中心的转动副；动颚 3 与偏心轴 2 绕轴线 B 相对转动，故构件 2、3 组成以 B 为中心的转动副；肘板 4 与动颚 3 绕轴线 C 相对转动，故构件 3、4 组成以 C 为中心的转动副；肘板与机架绕轴线 D 相对转动，故构件 4、1 组成以 D 为中心的转动副。

选定适当的比例，根据图 2-4（a）的尺寸定出 A、B、C、D 的相对位置，用构件和运动副的规定符号绘出机构运动简图，如图 2-4（b）所示。最后，将图中的机架画上阴影线，并在原动件 2 上标出指示运动方向的箭头。

需要指出，虽然动颚 3 与偏心轴 2 是用一个半径大于 AB 的轴颈连接的，但是运动副的规定符号仅与性质有关，而与运动副的结构尺寸无关，所以在简图中仍可用小圆圈表示。

【例 2-2】　绘制如图 2-5（a）所示活塞泵的机构运动简图。

解　活塞泵由曲柄 1、连杆 2、齿扇 3、齿条活塞 4 和机架 5 共 5 个构件所组成。曲柄 1 为原动件，2、3、4 为从动件。当原动件 1 回转时，活塞在汽缸中往复运动。

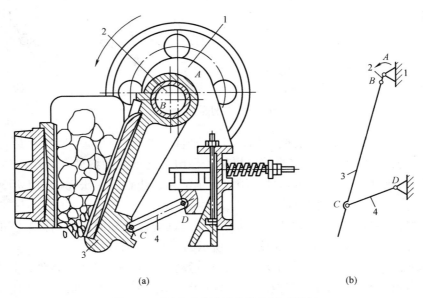

(a) 　　　　　　　　　　　　　　　　(b)

图 2-4　颚式破碎机及其机构运动简图

1—机架；2—偏心轴；3—动颚；4—肘板

　　各构件之间的连接如下：构件 1 和 5、2 和 1、3 和 2、3 和 5 之间为相对转动，分别构成转动副 A、B、C、D；构件 3 的齿轮与构件 4 的齿构成平面高副 E；构件 4 与构件 5 之间为相对移动构成移动副 F。

　　选取适当的比例，依据图 2-5（a）中的实际尺寸，用构件和运动副的规定符号画出机构运动简图，如图 2-5（b）所示。

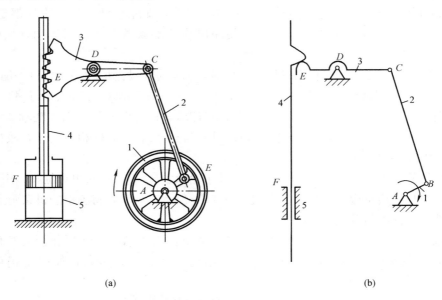

(a) 　　　　　　　　　　　　　　　　(b)

图 2-5　活塞泵及其机构运动简图

1—曲柄；2—连杆；3—齿扇；4—齿条活塞；5—机架

应当说明，绘制机构运动简图时，原动件的位置选择不同，所绘机构简图的图形也不同。当原动件位置选择不当时，构件互相重叠或交叉，使图形不易辨认。为了清楚地表达各构件的相互关系，应当选择一个恰当的原动件位置来绘图。

2.3　平面机构的自由度

机构的各构件之间应具有确定的相对运动。显然，不能产生相对运动或做无规则运动的一组构件难以用来传递运动。为了使组合起来的构件能产生相对运动并具有运动确定性，有必要探讨机构自由度和机构具有确定运动的条件。

2.3.1　自由度与约束

如图 2-6 所示，一个自由构件在平面内可以产生三个独立的运动，沿 x 轴的移动、沿 y 轴的移动和在平面内转动。要确定构件在平面内的位置，就需要三个独立的参数。例如，构件 AB 做平面运动时的位置，可以用构件上任一点 A 的坐标 x 和 y 及过 A 点的直线 AB 绕 A 点的转角 α 来表示。构件的这种独立运动称为自由度。做平面运动的自由构件具有三个自由度。

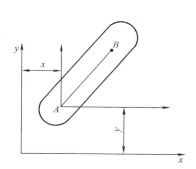

图 2-6　构件的自由度

当该构件与另一构件组成运动副时，由于两构件直接接触和连接，使其具有的独立运动受到限制，因此自由度将减少。对独立运动所加的限制称为约束。自由度减少的个数等于约束的数目。

运动副所引入约束的数目与其类型有关。低副引入两个约束，减少两个自由度。如图 2-1 （a） 所示的转动副约束了两个移动的自由度，只保留了一个相对转动的自由度；如图 2-1 （b） 所示的移动副约束了沿 y 轴的移动和绕 x 轴的转动两个自由度，只保留沿 x 轴移动的自由度。高副引入一个约束，减少一个自由度。如图 2-1 （c）、（d） 所示的高副，只约束了沿接触点 A 处公法线 nn 方向移动的自由度，保留了绕接触点的转动和沿接触处公切线方向 tt 移动的两个自由度。

2.3.2　平面机构自由度的计算公式

设平面机构共有 K 个构件。除去固定构件，则机构中的活动构件数为 $n=K-1$。在未用运动副连接之前，这些活动构件的自由度总数为 $3n$。当用运动副将构件连接起来组成机构之后，机构中各构件具有的自由度就减少了。若机构中低副数为 P_L，高副数为 P_H，则机构中全部运动副所引入的约束总数为 $2P_L+P_H$。因此，活动构件的自由度总数减去运动副引入的约束总数就是该机构的自由度，以 F 表示，即

$$F = 3n - 2P_L - P_H \tag{2-1}$$

式 （2-1） 即为计算平面机构自由度的公式。由式 （2-1） 可知，机构自由度 F 取决于活动构件的数目以及运动副的性质（低副或高副）和个数。

机构的自由度也就是机构相对于机架所具有的独立运动的数目。由前述可知，从动件是不能独立运动的，只有原动件才能独立运动。通常每个原动件只具有一个独立运动（如电动机转子具有一个独立运动，内燃机活塞具有一个独立运动），因此，机构的自由度必定与原动件数相等。

【例2-3】 计算图2-4（b）所示颚式破碎机主体机构的自由度。

解 在颚式破碎机主体机构中，有3个活动构件，$n=3$；包含4个转动副，$P_L=4$；没有高副，$P_H=0$。所以，由式（2-1）得机构自由度为

$$F = 3n - 2P_L - P_H = 3 \times 3 - 2 \times 4 = 1$$

该机构具有一个原动件（曲轴2），原动件数与机构的自由度相等。

【例2-4】 计算图2-5所示活塞泵的机构自由度。

解 活塞泵具有4个活动构件，$n=4$；5个低副（4个转动副和1个移动副），$P_L=5$；1个高副，$P_H=1$。由式（2-1）得

$$F = 3n - 2P_L - P_H = 3 \times 4 - 2 \times 5 - 1 = 1$$

机构的自由度与原动件（曲柄1）数相等。

机构原动件的独立运动是由外界给定的。如果给出的原动件数不等于机构的自由度，将产生以下的影响。

图2-7所示为原动件数小于机构自由度的实例，图中原动件数等于1，而机构的自由度$F=3 \times 4 - 2 \times 5 = 2$。当只给定原动件1的位置角$\varphi_1$时，从动件2、3、4的位置不能确定，不具有确定的相对运动。只有给出两个原动件，使构件1、4都处于给定位置，才能使从动件获得确定运动。

图2-8所示为原动件数大于机构自由度的实例，图中原动件数等于2，机构的自由度$F=3 \times 3 - 2 \times 4 = 1$。如果原动件1和原动件3的给定运动都要同时满足，势必将杆2拉断。

图2-9所示为机构自由度等于零的构件组合，$F=3 \times 4 - 2 \times 6 = 0$。它的各构件之间不可能产生相对运动。

综上所述，机构具有确定运动的条件是：$F>0$，且F等于原动件数。

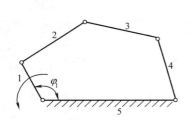

图2-7　原动件数$<F$

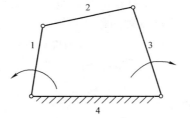

图2-8　原动件数$>F$

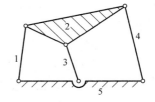

图2-9　$F=0$的构件组合

2.3.3　计算平面机构自由度的注意事项

应用式（2-1）计算平面机构的自由度时，对下述几种情况必须加以注意。

1. 复合铰链

两个以上的构件同时在一处用转动副相连接就构成复合铰链。图2-10（a）所示为三个构件汇交成的复合铰链，图2-10（b）所示为其俯视图。由图2-10（b）可以看出，这三个构件共组成两个转动副。依此类推，K个构件汇交而成的复合铰链应具有$K-1$个转动副，在计算机构自由度时应注意识别复合铰链，以免将转动副的个数算错。

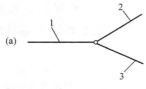

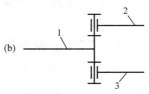

图2-10　复合铰链

【**例 2 - 5**】　计算图 2 - 11 所示圆盘锯主体机构的自由度。

解　机构中有 7 个活动构件，$n=7$；A、B、C、D 四处都是三个构件汇交的复合铰链，各有两个转动副，E、F 处各有一个转动副，故 $P_L = 10$。由式（2 - 1）可得

$$F = 3n - 2P_L - P_H = 3 \times 7 - 2 \times 10 = 1$$

F 与机构原动件数相等。当原动件 8 转动时，圆盘中心 E 将确定地沿 EE' 移动。

2. 局部自由度

机构中常出现一种与输出构件运动无关的自由度，称为局部自由度（或多余自由度），在计算机构自由度时应予以排除。

【**例 2 - 6**】　计算图 2 - 12（a）所示滚子从动件凸轮机构的自由度。

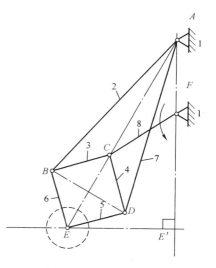

图 2 - 11　圆盘锯结构

解　如图 2 - 12（a）所示，当原动件凸轮 1 转动时，通过滚子 3 驱使从动件 2 以一定的运动规律在机架 4 中往复移动，则从动件 2 是输出机构。不难看出，在这个机构中，无论滚子 3 绕其轴线 C 是否转动或转动快慢，都不影响输出构件 2 的运动。因此，滚子绕其中心的转动是一个局部自由度。为了在计算机构自由度时排除这个局部自由度，可设想将滚子与从动件焊成一体（转动副 C 也随之消失），变成图 2 - 12（b）所示的形式。在图 2 - 12（b）中，$n=2$，$P_L=2$，$P_H=1$。由式（2 - 1）得

$$F = 3n - 2P_L - P_H = 3 \times 2 - 2 \times 2 - 1 = 1$$

局部自由度虽然不影响整个机构的自由度，但滚子可使高副接触处的滑动摩擦变成滚动摩擦，减小磨损，所以实际机械中常有局部自由度出现。

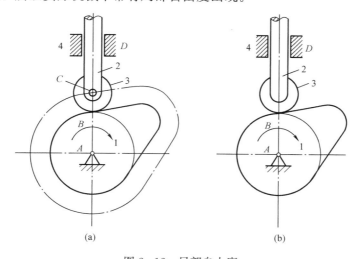

图 2 - 12　局部自由度

（a）滚子从动件凸轮机构；（b）转化后的凸轮机构

1—凸轮；2—推杆；3—滚子；4—机架

3. 虚约束

在运动副引入的约束中，有些约束对机构自由度的影响是重复的，对机构运动不起任何限制作用。这种重复而对机构运动不起限制作用的约束称为虚约束或消极约束。在计算机构自由度时应当除去不计。

虚约束是构件间几何尺寸满足某些特殊条件的产物。平面机构中的虚约束常出现在下列场合：

（1）两个构件之间组成多个导路平行的移动副时，只有一个移动副起作用，其余都是虚约束。如图 1-1 所示，推杆 8 与缸体之间组成两个移动副，其中之一为虚约束。

（2）两个构件之间组成多个轴线重合的转动副时，只有一个转动副起作用，其余都是虚约束。例如两个轴承支承一根轴只能看作一个转动副。

（3）机构中对传递运动不起独立作用的对称部分。如图 2-13 所示的轮系，中心轮 1 经过两个对称布置的小齿轮 2 和 2′ 驱动内齿轮 3，其中有一个小齿轮对传递运动不起独立作用。但由于第二个小齿轮的加入，使机构增加了一个虚约束（加入一个构件增加三个自由度，组成一个转动副和两个高副，共引入四个约束）。

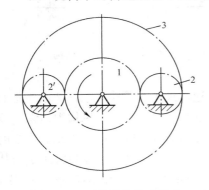

图 2-13 对称结构的虚约束

还有一些类型的虚约束需要复杂的数学证明才能判别，此处不再一一列举。虚约束对运动虽不起作用，但可以增加构件的刚性（见图 1-1），使构件受力均衡（见图 2-13），所以实际机械中虚约束常有应用。

只有机构运动简图中的虚约束排除，才能计算出真实的机构自由度。

【例 2-7】 计算图 2-14（a）所示大筛机构的自由度。

解 机构中的滚子有一个局部自由度，顶杆与机架在 E 和 E' 组成两个导路平行的移动副，其中之一为虚约束，C 处是复合铰链。现将滚子与顶杆焊成一体，去掉移动副 E'，并在 C 点注明转动副数，如图 2-14（b）所示。由图 2-14（b）得，$n=7$，$P_L=9$（7 个转动副和两个移动副），$P_H=1$。由式（2-1）得

$$F = 3n - 2P_L - P_H = 3 \times 7 - 2 \times 9 - 1 = 2$$

此机构的自由度等于 2，有两个原动件。

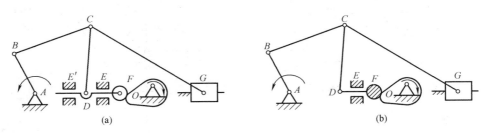

图 2-14 大筛机构

（a）大筛机构简图；（b）转化后的大筛机构

2.4　速度瞬心及其在机构速度分析中的应用

对于凸轮机构、齿轮机构、四连杆机构等一些简单的平面机构，利用速度瞬心法进行机构的速度分析比较方便。

2.4.1　速度瞬心

速度瞬心是互相做平面相对运动的两构件在任一瞬时其相对速度为零的重合点，简称瞬心，常用 p_{ij} 表示构件 i、j 间的瞬心。如果两构件均在运动，则瞬心的绝对速度不等于零，称为相对瞬心；如果两构件之一是静止的，则瞬心的绝对速度为零，称为绝对瞬心。

在机构中，每两个构件就有一个瞬心，对于由 N 个构件（包括机架）组成的机构，其瞬心总数 K，可按排列组合得

$$K = \frac{N(N-1)}{2} \tag{2-2}$$

2.4.2　机构中瞬心位置的确定

1. 直接观察法

如果两构件是通过运动副直接连接在一起的，其瞬心位置可通过直接观察的方法确定。组成转动副的两构件瞬心 p_{12} 在转动副的中心处。组成移动副的两构件瞬心 p_{12} 在垂直于导路方向的无穷远处。组成平面高副的两构件瞬心 p_{12}，如果高副两元素之间为纯滚动，则其接触点就是两构件的瞬心；如果高副两元素之间既有相对滚动，又有相对滑动，瞬心位于过接触点的公法线 nn 上，如图 2-15 所示。

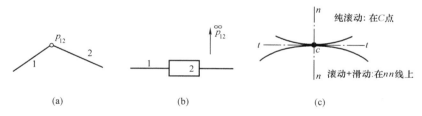

图 2-15　两构件直接构成运动副的瞬心位置

（a）转动副瞬心；（b）移动副瞬心；（c）高副瞬心

2. 三心定理法

对于机构中不能直接以运动副相连的两构件，它们的瞬心位置可用"三心定理"来确定。三心定理：做平面运动的三个构件共有 3 个瞬心，它们位于同一直线上。现证明如下。

如图 2-16 所示，设构件 1、2、3 互相做平面运动。为方便起见，设构件 3 固定不动，假定 p_{12} 不在 p_{13} 和 p_{23} 的连线上，而在任取一重合点 K 处，但因构件 1 和 2 上任一点的速度必分别与该点至 p_{13} 和 p_{23} 的连线相垂直，而速度 v_{K1} 和 v_{K2} 的方向显

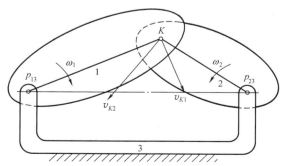

图 2-16　两构件直接构成运动副的瞬心位置

然不同，对于瞬心 p_{12} 作为构件 1 和 2 上的等速重合点，该点的绝对速度方向必须相同，所以 p_{12} 必在 p_{13} 和 p_{23} 的连线上，即三个瞬心必定位于同一直线上。

2.4.3 速度瞬心在机构速度分析中的应用

【例 2 - 8】 如图 2 - 17（a）所示的平面四杆机构，试确定该机构在图示位置时各瞬心位置。设各构件尺寸、原动件 2 的角速度均为已知，求机构在图 2 - 17（a）所示位置时构件 4 的角速度 ω_4。

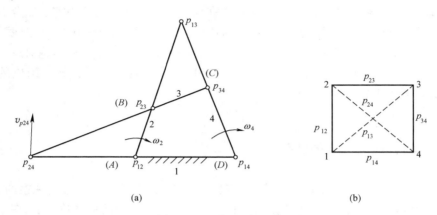

图 2 - 17 平面四杆机构
（a）平面四杆机构的瞬心；（b）辅助多边形

解 （1）根据式（2 - 2）可知，该机构所有瞬心的数目为

$$K = \frac{N(N-1)}{2} = \frac{4 \times (4-1)}{2} = 6$$

即分别为 p_{12}、p_{13}、p_{14}、p_{23}、p_{24}、p_{34}。其中，p_{12}、p_{23}、p_{14}、p_{34} 分别在四个转动副中心 A、B、C、D，可直接观察定出，而其余两个瞬心 p_{13} 和 p_{24} 需应用三心定理求得。根据三心定理可知，例如求 p_{13}，对于构件 1、2、3 而言，它必在 p_{12} 和 p_{23} 的连线上；而对于构件 1、4、3 而言，它必在 p_{14} 和 p_{34} 的连线上，这两条连线的交点即为瞬心 p_{13}。同理可知，p_{24} 必为 $\overline{p_{23}p_{34}}$ 及 $\overline{p_{12}p_{14}}$ 两连线的交点。

为了尽快确定瞬心的位置，求构件较多的机构的瞬心时，可作一辅助多边形。如图 2 - 17（b）所示，多边形顶点分别代表相应构件，任意两顶点连线代表相应两构件瞬心，如 $\overline{12}$ 代表 p_{12}、$\overline{23}$ 代表 p_{23} 等；能直接观察确定的瞬心连成实线，待求瞬心连成虚线，如 p_{13} 和 p_{24} 用虚线表示。任意三个顶点构成的三角形的三条边表示三个瞬心位于同一直线上，如 $\triangle 123$ 中的三条边表示 p_{12}、p_{23} 和 p_{13} 位于同一直线上，而待求瞬心则为两个三角形的公共边。

（2）由于已知瞬心 p_{24} 为构件 2 和 4 的等速重合点，则

$$\omega_2 \overline{p_{12}p_{24}} \mu_l = \omega_4 \overline{p_{14}p_{24}} \mu_l$$

$$\omega_4 = \omega_2 \frac{\overline{p_{12}p_{24}}}{\overline{p_{14}p_{24}}}$$

其中，μ_l 为机构的尺寸比例尺，它是机构的图形长度与真实长度之比，单位为 m/mm。因构件 2、4 各绕 p_{12}、p_{14} 转动，且 ω_2 顺时针方向，故 $v_{p_{24}}$ 铅垂向上，ω_4 为顺时针方向。

【例 2-9】　图 2-18 所示为一具有三个构件组成的平面高副机构。设构件的尺寸及原动件 2 的角速度 ω_2 为已知，求构件 3 与原动件 2 的角速度之比。

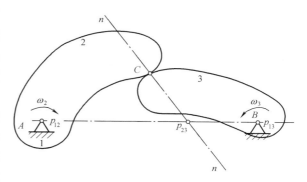

解　构件 2、3 组成高副，瞬心 p_{23} 应在过高副两元素接触点 C 处的公法线 nn 上，同时由三心定理可知 p_{23} 又在 p_{12}、p_{13} 的连线上，故 nn 与 $p_{12}p_{13}$ 的交点即为 p_{23}，其绝对速度为

图 2-18　三构件组成的平面高副机构

$$v_{p23} = \omega_2 \overline{p_{12}p_{23}}\mu_l = \omega_3 \overline{p_{13}p_{23}}\mu_l$$

则

$$\frac{\omega_2}{\omega_3} = \frac{\overline{p_{13}p_{23}}}{\overline{p_{12}p_{23}}}$$

上式表明，组成既有滚动又有滑动高副的两构件，其角速度之比与被过接触点的公法线所分割的两线段长度成反比。

思考题与习题

2-1　何谓运动副、运动副元素、低副、高副？

2-2　何谓机构的自由度？机构具有确定运动的条件是什么？若不满足此条件将会产生什么后果？

2-3　何谓机构运动简图？如何绘制机构运动简图？

2-4　计算平面机构自由度时应注意哪些事项？通常在哪些情况下存在虚约束？

2-5　何谓三心定理？如何确定机构中的瞬心位置？

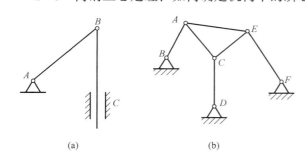

图 2-19　题 2-6 图

2-6　试判断图 2-19（a）、（b）中的构件组合体能否运动。若使它们成为具有确定运动的机构，在结构上应如何设计？

2-7　计算图 2-20 所示机构的自由度，指出其中是否含有复合铰链、局部自由度或虚约束，并判断机构运动是否确定。

2-8　如图 2-21 所示的油泵机构中，1 为曲柄，2 为活塞杆，3 为缸体，4 为机架。试绘制该机构的运动简图，并计算其自由度。

2-9　如图 2-22 所示的冲床刀架机构中，当偏心轮 1 绕固定中心 A 转动时，构件 2 绕活动中心 C 摆动，同时带着刀架 3 上下移动。B 点为偏心轮的几何中心。试绘制该机构的运动简图，并计算其自由度。

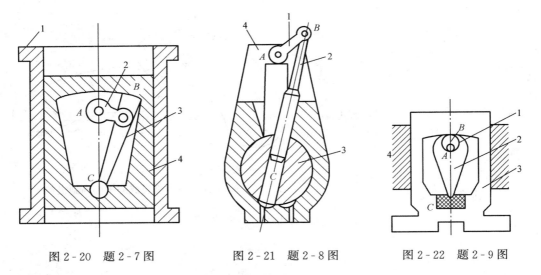

图 2-20　题 2-7 图　　　　图 2-21　题 2-8 图　　　　图 2-22　题 2-9 图

2-10　计算图 2-23 所示各机构的自由度（若有复合铰链、局部自由度或虚约束应明确指出），并判断机构的运动是否确定，图中绘有箭头的构件为原动件。

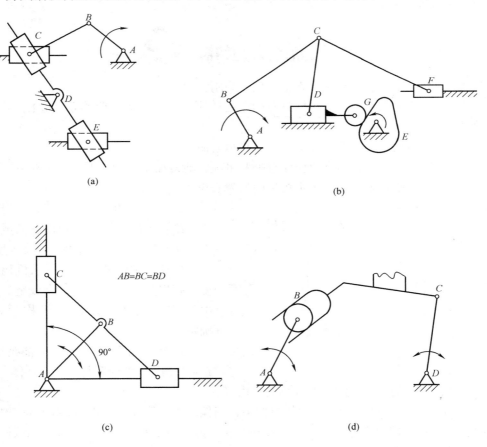

图 2-23　题 2-10 图（一）

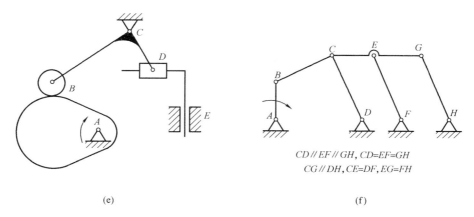

CD // EF // GH, CD=EF=GH
CG // DH, CE=DF, EG=FH

(e)　　　　　　　　　　　　　　(f)

图 2-23　题 2-10 图（二）

2-11　图 2-24 所示的凸轮机构中，已知 $r=50\text{mm}$，$l_{OA}=22\text{mm}$，$l_{AC}=80\text{mm}$，$\varphi_1=90°$，凸轮 1 以角速度 $\omega_1=10\text{rad/s}$ 逆时针方向转动。试用瞬心法求从动件 2 的角速度 ω_2。

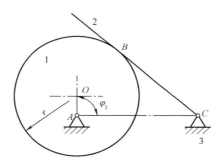

图 2-24　题 2-11 图

第 3 章　平面连杆机构及其设计

3.1　平面连杆机构的特点及应用

连杆机构又称为低副机构，是由若干刚性构件用低副（转动副、移动副）连接组成的机构。在连杆机构中，如果各运动构件均在相互平行的平面内运动，则称为平面连杆机构；否则，称为空间连杆机构。

3.1.1　平面连杆机构的特点

由于组成低副的两元素为面接触，因此平面连杆机构具有以下优点：在传递同样载荷的条件下，压强较小，可以承受较大的载荷；便于润滑、耐磨损；几何形状比较简单，便于加工制造；当原动件的运动规律一定时，可以通过改变各杆件的相对长度关系，使从动件得到不同的运动规律。缺点是：运动副磨损后的间隙不能自动补偿，容易积累运动误差；运动中的惯性力难以平衡；设计比较复杂；当构件数和运动副数较多时，效率较低；不易精确地实现复杂的运动规律等。因此，平面连杆机构一般用于速度较低的场合。

3.1.2　平面连杆机构的应用

平面连杆机构广泛应用在各种机械装置和仪器仪表中，如牛头刨床的横向进给机构、家用缝纫机的踏板机构、雷达天线的调整机构等。另外，人造卫星太阳能板的展开机构、惯性筛的振动机构、太阳伞的收放机构、车轮的转向机构等也都用到连杆机构。

近年来，随着科技的发展，国内外在连杆机构方面的研究也有了长足发展，不再局限于单自由度四杆机构的研究，也注重多自由度多杆机构的分析和综合。

3.2　平面四杆机构的基本类型和特性

3.2.1　平面四杆机构的基本类型

全部用转动副连接的平面四杆机构称为铰链四杆机构。它是平面四杆机构的基本形式，其他形式的四杆机构可以认为是它的演化形式。如图 3-1（a）所示，在此机构中，固定构件 4 称为机架，与机架用转动副相连接的杆 1 和杆 3 称为连架杆，机架对边的杆 2 称为连杆。在连架杆中，能做整周回转的称为曲柄；若不能整周回转而仅能在某一角度内摆动的，则称为摇杆。若组成转动副的两构件能做整周相对运动，则该转动副又称为整转副，否则称为摆动副。对于铰链四杆机构而言，机架和连杆总是存在的，因此可按照连架杆是曲柄还是摇杆，将铰链四杆机构分为曲柄摇杆机构、双曲柄机构和双摇杆机构三种基本形式。

1. 曲柄摇杆机构

如图 3-1（a）所示，若 A 为整转副，D 为摆动副，即连架杆 1 为曲柄，连架杆 3 为摇杆，则此铰链四杆机构就是曲柄摇杆机构。在此机构中，当曲柄为原动件，摇杆为从动

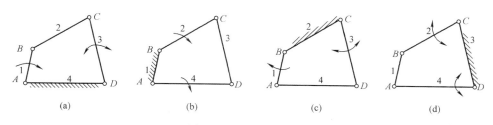

图 3-1　铰链四杆机构

（a）曲柄摇杆机构；（b）双曲柄机构；（c）曲柄摇杆机构；（d）双摇杆机构

时，将曲柄的连续转动转化成摇杆的往复摆动；反之，摇杆为原动件，曲柄为从动件时，可将摇杆的往复摆动转化成曲柄的连续转动。前者应用最为广泛。

如图 3-2 所示的调整雷达天线俯仰角的曲柄摇杆机构，曲柄 1 做缓慢的匀速转动，通过连杆 2 使摇杆 3 在一定角度范围内摆动，从而调整雷达天线的俯仰角。

如图 3-3 所示的家用缝纫机踏板机构，则是以踏板 1（摇杆）为原动件，通过连杆 2 带动曲拐（曲柄）3 回转，再由带传动驱动机头主轴做连续转动。

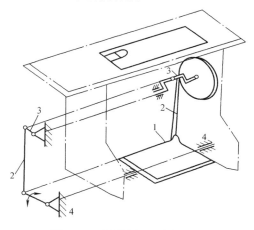

图 3-3　家用缝纫机踏板机构

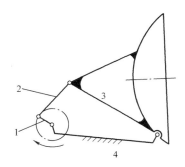

图 3-2　雷达调整机构

2. 双曲柄机构

如图 3-1（b）所示，若 A、D 均为整转副，即两连架杆均为曲柄的铰链四杆机构称为双曲柄机构。在此机构中，主动曲柄做匀速转动时，从动曲柄做变速转动。图 3-4 所示为惯性筛机构，4 为机架，当主动曲柄 1 等速回转时，通过连杆 2 使曲柄 3 做变速回转，再由连杆 5 带动筛子 6 做变速往返移动，使物料实现筛分。

在双曲柄机构中用得最多的是平行四边形机构，或称平行双曲柄机构，如图 3-5（a）所示，ABCD对边分别平行并且相等。这种机构的运动特点是其两曲柄可以相同的角速度同向转动，而连杆做平移运动，如机车车轮的联动机构和摄影

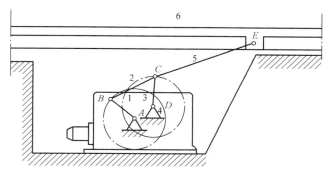

图 3-4　惯性筛机构

平台升降机构。必须指出，平行四边形机构在运动过程中，当两曲柄与连杆共线（即四个铰链中心处于同一直线）时，在原动曲柄转向不变的条件下，从动曲柄会出现转动方向不确定的现象。为了避免这种现象的发生，常在机构中安装一惯性较大的轮形构件（称为飞轮），借助它的转动惯性使从动曲柄转向不变。或者如图 3-5（b）所示，采用两组相同机构用错位排列的方法，以保持从动曲柄的转向不变。

如图 3-5（c）所示，虽然其对边 AB、CD 两杆的长度也相等，但 BC 与 AD 两构件并不平行，称为反平行四边形机构。现在很多公交车车门开闭机构就是利用反平行四边形机构运动时两曲柄转向相反的运动特性使两扇车门同时敞开或关闭。

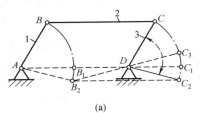
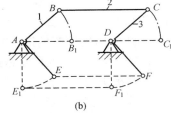
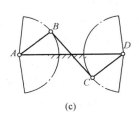

（a）　　　　　　　　　　　（b）　　　　　　　　　　　（c）

图 3-5　平行四边形机构

也可以利用第三个平行曲柄来消除平行四边形机构在这种位置的运动不确定状态，如图 3-6 所示的机车驱动轮联动机构。

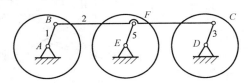

图 3-6　机车驱动轮联动机构

3. 双摇杆机构

两连架杆均为摇杆的铰链四杆机构称为双摇杆机构。如图 3-7 所示，鹤式起重机的主体机构 ABCD 就是双摇杆机构。当主动摇杆 AB 摇动时，从动摇杆 CD 也随之摇动，位于连杆 BC 延长线上的重物悬挂点 E 做近似的水平直线运动，从而避免了重物因不必要的升降而发生事故和损耗能量。在双摇杆机构中，若两摇杆长度相等，则形成等腰梯形机构。图 3-8 所示为汽车前轮转向机构。

虽然机构中任意两构件之间的相对位置关系不因哪个构件是固定件而改变，但是改换机架后，连架杆随之变更，活动构件相对于机架的绝对运动也发生了变化。因此，机构的一种演化形式是改换机架派生出多种其他机构。如图 3-1（a）

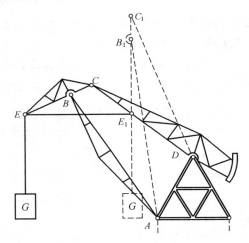

图 3-7　鹤式起重机机构

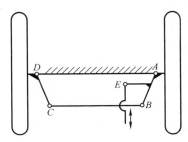

图 3-8　汽车前轮转向机构

所示的机构为曲柄摇杆机构，将机架 4 变更为 1 时，则成为如图 3-1（b）所示的双曲柄机构；而将机架 4 变更为 3 时，则成为如图 3-1（d）所示的双摇杆机构。这种通过更换机架而得到的机构称为原机构的倒置机构。

3.2.2 平面四杆机构的基本特性

平面连杆机构的工作特性可以反映机构传递和变换运动与力的性能，也是四杆机构类型选择和运动设计的主要依据。由于铰链四杆机构是平面四杆机构的基本形式，其他的四杆机构可以认为是由它演化而来的，所以在此只着重研究铰链四杆机构的一些基本知识，其结论可以很方便地应用到其他形式的四杆机构上。

1. 转动副为整转副的条件

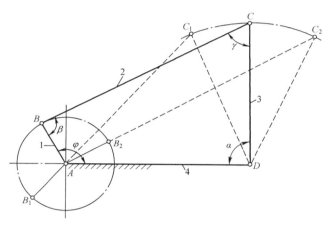

在工程实际中，通常要求原动件做整周转动，即要求机构的主动件是曲柄。下面以图 3-9 所示的铰链四杆机构为例来分析转动副为整转副的条件。

分别用 l_1、l_2、l_3、l_4 表示铰链四杆机构中各杆件的长度。假定杆 1 为曲柄，杆 2 为连杆，杆 3 为摇杆，杆 4 为机架。因为杆 1 为曲柄，所以杆 1 与杆 4 夹角 φ 的变化范围为 $0°\sim360°$；当摇杆处于左右极限位置时，曲柄与连杆两次共线，所以杆 1 与杆 2 的夹角 β 的变化范围也是 $0°\sim$

图 3-9 曲柄摇杆机构

$360°$；杆 3 为摇杆，它与相邻两杆的夹角 α、γ 的变化范围小于 $360°$。显然，A、B 为整转副，C、D 不是整转副。当 AB 杆与 BC 杆两次共线时可分别得到 $\triangle ADC_1$ 和 $\triangle ADC_2$。

在 $\triangle ADC_1$ 中，由三角形的边长关系可得

$$l_4 \leqslant (l_2 - l_1) + l_3$$
$$l_3 \leqslant (l_2 - l_1) + l_4$$

整理为

$$l_1 + l_4 \leqslant l_2 + l_3 \tag{3-1}$$
$$l_1 + l_3 \leqslant l_2 + l_4 \tag{3-2}$$

在 $\triangle ADC_2$ 中，由三角形的边长关系可得

$$l_1 + l_2 \leqslant l_3 + l_4 \tag{3-3}$$

将式（3-1）～式（3-3）两两相加，得

$$l_1 \leqslant l_2, \quad l_1 \leqslant l_3, \quad l_1 \leqslant l_4 \tag{3-4}$$

即 AB 杆应为最短杆之一。

分析式（3-1）～式（3-4），可以得出转动副 A 为整转副的条件如下：

（1）最短杆长度＋最长杆长度≤其余两杆长度之和，此条件又称为杆长条件。

（2）组成该整转副的两杆中必有一杆为最短杆。

在图 3-9 中假定杆 2 为机架，可以得出同样的结果，可见转动副 B 也是整转副。

曲柄是连架杆，整转副处于机架上才能形成曲柄。因此，具有整转副的铰链四杆机构是否存在曲柄，还应根据选择哪个杆件为机架来判断。

（1）取最短杆为机架时，机架上有两个整转副，是双曲柄机构。

（2）取最短杆的邻边为机架时，机架上只有一个整转副，是曲柄摇杆机构。

（3）取最短杆的对边为机架时，机架上没有整转副，是双摇杆机构。这种具有整转副而没有曲柄的铰链四杆机构常用于电风扇的摇头机构中。

如果铰链四杆机构中的各杆长度不满足杆长条件，说明该机构不存在整转副。无论取哪个构件作为机架，都只能得到双摇杆机构。

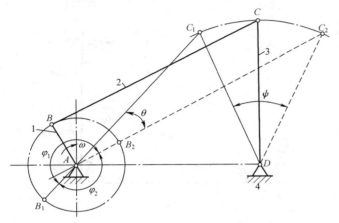

图 3 - 10   有急回运动特性的曲柄摇杆机构

2. 急回运动特性

如图 3 - 10 所示，曲柄 AB 在转动一周的过程中，有两次与连杆 BC 共线，这时摇杆 CD 的位置 C_1D 和 C_2D 分别为其左、右极限位置，机构所处的这两个位置称为极位。摇杆 CD 处于两极限位置时所夹的角 ψ 称为摇杆的摆角，对应的曲柄 AB 所夹的锐角 θ 称为极位夹角。

当曲柄由位置 AB_1 顺时针转到位置 AB_2 时，曲柄转角 $\varphi_1 = 180° + \theta$，这时摇杆由左极限位置 C_1D 摆到右极限位置 C_2D，摇杆摆角为 ψ；而当曲柄顺时针转过角度 $\varphi_2 = 180° - \theta$ 时，摇杆由位置 C_2D 摆回到位置 C_1D，其摆角仍然是 ψ。虽然摇杆来回摆动的摆角相同，但对应的曲柄转角不相等（$\varphi_1 > \varphi_2$）；假定曲柄匀速转动，对应的时间也不相等（$t_1 > t_2$），从而反映了摇杆往复摆动的快慢不同。令摇杆自 C_1D 摆至 C_2D 为工作行程，这时铰链 C 的平均速度 $v_1 = \widehat{C_1C_2}/t_1$；摇杆自 C_2D 摆回至 C_1D 为空回行程，这时 C 点的平均速度 $v_2 = \widehat{C_1C_2}/t_2$。显然 $v_1 < v_2$，表明当曲柄等速转动时，摇杆来回摆动的平均速度不同，摇杆的这种运动特性称为急回运动特性。牛头刨床、往复式输送机等机械就是利用这种急回特性来缩短非生产时间，提高生产效率的。

为了反映从动件摇杆的急回运动特性，可用返行程速度变化系数（或称行程速比系数）K 表示，即

$$K = \frac{v_2}{v_1} = \frac{\widehat{C_1C_2}/t_2}{\widehat{C_1C_2}/t_1} = \frac{t_1}{t_2} = \frac{\varphi_1}{\varphi_2} = \frac{180° + \theta}{180° - \theta} \qquad (3 - 5)$$

将式（3-5）整理后，可得极位夹角为

$$\theta = 180° \times \frac{K - 1}{K + 1} \qquad (3 - 6)$$

式（3-6）表明 θ 和 K 之间存在一一对应的关系。显然，θ 越大，急回运动的性质也越显著。

机构急回运动特性在工程上有三种应用。上述应用只是其中的一种。第二种情况是对某

些颚式破碎机要求快进慢退，使已被夹碎的矿石能及时退出颚板，避免矿石过分粉碎（因对矿石有一定的破碎度要求）。第三种情况是一些设备在正、反行程中均在工作，故无急回要求，如某些机载搜索雷达的摇头机构。

急回机构的急回方向与原动件的回转方向有关，为了避免将急回方向弄错，在有急回要求的设备上应明显标识出原动件的正确回转方向。

对于有急回运动要求的机械，在设计时一般先给定行程速比系数，然后根据要求确定各杆件的实际尺寸。

具有急回运动特性的四杆机构除曲柄摇杆机构外，还有偏置曲柄滑块机构、摆动导杆机构等。设计一个新机构，一般是根据该机构的急回运动特性要求先确定出 K 值，然后计算 θ 值，再确定各构件的其他尺寸。

3. 死点

如图 3 - 10 所示的曲柄摇杆机构，如果以摇杆 3 为原动件，曲柄 1 则成为从动件。当摇杆摆到两极限位置 C_1D 和 C_2D 时，连杆 2 与曲柄 1 处于共线位置。若忽略各杆的质量，这时连杆加给曲柄的力将通过铰链中心 A，此力对 A 点不产生力矩，当机构在此位置启动时，不论驱动力多大都不能使从动曲柄转动。机构的这种位置称为死点位置。死点位置会使机构的从动件出现卡死或运动不确定的现象。为了消除死点位置的不良影响，可以对从动曲柄施加外力，或利用飞轮及构件自身的惯性作用，使机构通过死点位置。

如图 3 - 3 所示缝纫机的踏板机构就是以摇杆为主动件的曲柄摇杆机构。踏板 1 往复摆动，通过连杆 2 驱使曲柄 3 做整周转动，再经过带传动使机头主轴转动。在实际使用中，缝纫机出现踏不动或倒车的现象，就是由于机构经过死点位置引起的。在正常运转时，借助安装在机头主轴上的飞轮（即上带轮）的惯性作用，使缝纫机踏板机构的曲柄冲过死点。

在工程实践中，也常常利用机构的死点位置来实现特定的工作要求，如某些夹紧装置可用于防松。如图 3 - 11 所示的钻床夹具，就是利用铰链四杆机构的死点来保证钻削加工时工件不会松脱。飞机起落架、轮椅的刹车装置也都是利用死点来保证工作的可靠性的。

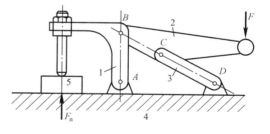

图 3 - 11　钻床夹具

4. 压力角和传动角

如图 3 - 12（a）所示的曲柄摇杆机构，假定曲柄 AB 为主动件，若不考虑构件惯性力和转动副中摩擦力的影响，则连杆 BC 为二力杆，它作用于摇杆 CD 上的力 F 是沿 BC 方向的。作用在从动件上的驱动力 F 与该力作用点绝对速度 v_C 之间所夹的锐角 α 称为压力角。力 F 在 v_C 方向的有效分力为 $F'=F\cos\alpha$。可见压力角越小，有效分力就越大。因此，压力角可作为判断机构传动性能的标志。在连杆设计中，为了便于度量，习惯用压力角 α 的余角 γ 来判断传力性能的好坏，γ 称为传动角。因为 $\gamma=90°-\alpha$，所以 α 越小，γ 越大，机构传力性能越好；反之，机构传力性能越差，传动效率也越低。

机构运转时，传动角一般是变化的。为了保证机构能够正常工作，必须规定最小传动角 $\gamma_{\min}$ 的下限。对于一般机械，通常取 $\gamma_{\min}\geqslant40°$；对于颚式破碎机、冲床等大功率机械，最小传动角应当取大一些，可取 $\gamma_{\min}\geqslant50°$；对于小功率控制机构和仪器仪表，$\gamma_{\min}$ 可取小一些，

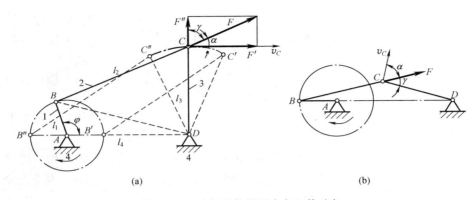

图 3-12　连杆机构的压力角和传动角

（a）曲柄摇杆机构；（b）曲柄和机架共线的位置

只要不发生自锁就可以。

对出现最小传动角 γ_{min} 的位置分析如下：

由图 3-12（a）所示的四杆机构中 $\triangle ABD$ 和 $\triangle BCD$，有

$$BD^2 = l_1^2 + l_4^2 - 2l_1 l_4 \cos\varphi$$
$$BD^2 = l_2^2 + l_3^2 - 2l_2 l_3 \cos\angle BCD$$

由此可得

$$\cos\angle BCD = \frac{l_2^2 + l_3^2 - l_1^2 - l_4^2 + 2l_1 l_4 \cos\varphi}{2l_2 l_3} \tag{3-7}$$

当 φ 变化时，$\angle BCD$ 发生相应的变化。当 $\varphi=0°$ 和 $\varphi=180°$ 时，得两个极限值 $\angle BCD_{min}$ 和 $\angle BCD_{max}$。由于传动角是锐角，若 $\angle BCD$ 在锐角范围内变化，$\angle BCD_{min}$ 即为传动角极小值，此时 $\varphi=0°$；若 $\angle BCD$ 在钝角范围内变化，其传动角应表示为 $\gamma=180°-\angle BCD$。$\angle BCD_{max}$ 对应传动角另一极小值，此时 $\varphi=180°$。如果 $\angle BCD_{min}$ 为锐角、$\angle BCD_{max}$ 为钝角，则将 $\angle BCD_{max}$ 取补角与 $\angle BCD_{min}$ 相比较，取较小值。总之，曲柄摇杆机构的最小传动角一定会出现在曲柄与机架共线的位置。校核压力角时只需将 $\varphi=0°$ 和 $\varphi=180°$ 代入式（3-7），求出 $\angle BCD_{min}$ 和 $\angle BCD_{max}$，按上述方法判断即可。如果作图精确且精度要求不高，可以直接从图上量取。

3.3　铰链四杆机构的演化

除了上述三种形式的铰链四杆机构之外，在机械中还广泛应用着其他形式的四杆机构。不过可以认为这些形式的四杆机构是由基本形式通过用移动副取代转动副、变更杆件长度、变更机架、扩大转动副等途径演化来的。机构的演化不仅是为了满足运动方面的要求，还往往是为了改善受力状况以及满足结构上的需要。

3.3.1　曲柄滑块机构

图 3-13（a）所示的曲柄摇杆机构运动时，铰链 C 以 D 为中心沿圆弧做往复运动。如图 3-13（b）所示，将摇杆 3 做成滑块形式，使其沿圆弧导轨往复滑动，显然其运动性质不发生变化，但此时铰链四杆机构已演化成为具有曲线导轨的曲柄滑块机构。若图 3-13（a）

中摇杆 3 的长度增至无限大，则图 3 - 13（b）中的曲线导轨将变成直线导轨，于是机构就演化成为图 3 - 13（c）所示的偏置曲柄滑块机构。通过调整轨道的运行方向，还可以演化成为图 3 - 13（d）所示的对心曲柄滑块机构。曲柄滑块机构广泛应用在冲床、内燃机和空气压缩机中。当滑块为原动件时，为了保证机构连续运转，应采取一定措施使机构顺利通过死点位置。

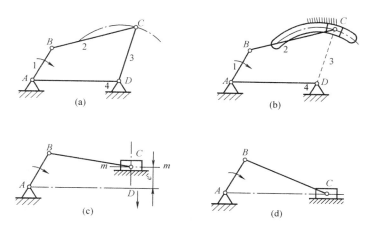

图 3 - 13　曲柄滑块机构

（a）曲柄摇杆机构；（b）具有曲线导轨的曲柄滑块机构；（c）偏置曲柄滑块机构；（d）对心曲柄滑块机构

3.3.2　导杆机构

如图 3 - 14（a）所示的曲柄滑块机构，其各构件间具有不同的相对运动，因而当取不同构件作机架〔见图 3 - 14（b）、（c）、（d）〕或改变构件长度时，将得到不同形式的机构。如图 3 - 14（b）所示，当取曲柄滑块机构中的曲柄作机架时，则演变为导杆机构。杆 4 称为导杆，滑块 3 相对导杆滑动并一起绕 A 点转动。此时，通常取杆 2 为原动件。如图 3 - 14（b）所示，当 $l_1 < l_2$ 时，杆 2 和杆 4 均可整周回转，称为转动导杆机构；如图 3 - 15 所示，当 $l_1 > l_2$ 时，杆 4 只能往复摆动，称为摆动导杆机构。由图 3 - 15 可见，导杆机构的传动角始终等于 90°，具有很好的传力性能，故常用于牛头刨床、插床和回转式油泵之中。

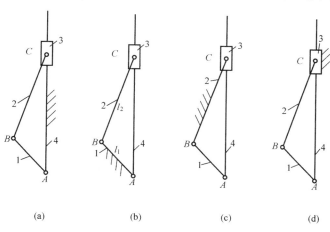

图 3 - 14　曲柄滑块机构的演化

（a）曲柄滑块机构；（b）导杆机构；（c）摇块机构；（d）定块机构

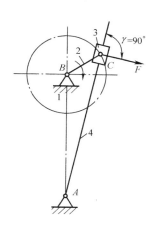

图 3 - 15　摆动导杆机构

3.3.3 摇块机构和定块机构

如图 3-14（a）所示，若取曲柄滑块机构中的杆 2 为机架时，即可得图 3-14（c）所示的摆动滑块机构（又称摇块机构）。这种机构广泛应用于摆缸式内燃机和液压驱动装置中。例如，在图 3-16 所示的卡车车厢自动翻转卸料机构中，当油缸 3 中的压力油推动活塞杆 4 运动时，带动杆 1 绕回转副中心 B 翻转，转到一定角度时，物料自动卸下。

如图 3-14（a）所示，当取曲柄滑块机构中的滑块 3 作机架时，即可得图 3-14（d）所示的固定滑块机构（又称定块机构）。这种机构常用于抽水唧筒（见图 3-17）和抽油泵中。

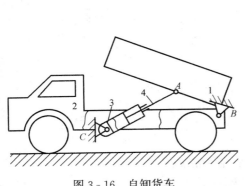

图 3-16　自卸货车

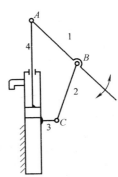

图 3-17　抽水唧筒

3.3.4 双滑块机构

双滑块机构是具有两个移动副的四杆机构，可以认为是由铰链四杆机构中的两杆长度趋于无穷大而演化来的。

按照两个移动副所处的位置不同，可将双滑块机构分成以下四种形式：

（1）两个移动副不相邻的正切机构，如图 3-18 所示。这种机构是从动件 3 的位移与原动件 1 转角的正切成正比。

（2）两个移动副相邻且其中一个移动副与机架相关联的正弦机构，如图 3-19 所示。这种机构是从动件 3 的位移与原动件 1 转角的正弦成正比。正弦和正切机构常见于计算装置中。

（3）两个移动副相邻且均不与机架相关联的滑块联轴器机构，如图 3-20 所示。这种机构的主动件 1 与从动件 3 具有相等的角速度。

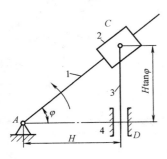

图 3-18　正切机构

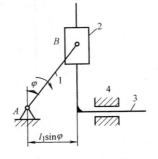

图 3-19　正弦机构

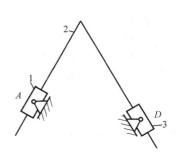

图 3-20　滑块机构

（4）两个移动副都与机架相关联的椭圆仪机构，如图 3-21 所示。当滑块 1 和 3 沿机架滑动时，连杆 2 上的各点（除两滑块的中心点 A、B 及这两中心点的中点外）便描绘出长、短径不等的椭圆。

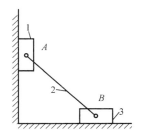

图 3-21　椭圆仪机构

3.3.5　偏心轮机构

图 3-22（a）所示为偏心轮机构。杆 1 为圆盘，其几何中心为 B。因运动时该圆盘绕偏心 A 转动，故称偏心轮，A、B 之间的距离 e 称为偏心距。按照相对运动关系，可画出该机构的运动简图，如图 3-22（b）所示。由图 3-22（b）可知，偏心轮是回转副 B 扩大到包括回转副 A 而形成的，偏心距 e 是曲柄的长度。

同理，图 3-22（c）所示偏心轮机构可用图 3-22（d）来表示。工程上，当曲柄长度很小时，通常都将曲柄做成偏心轮，这样不仅增大了轴颈的尺寸，提高了偏心轴的强度和刚度，而且当轴颈位于中部时，还可安装整体式连杆，简化结构。因此，偏心轮广泛应用于传力较大的剪床、冲床、颚式破碎机、内燃机等机械中。

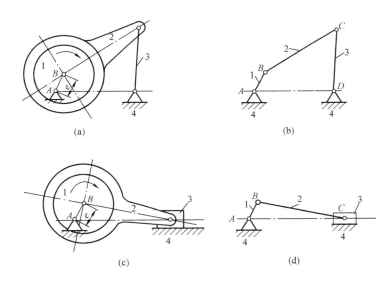

图 3-22　偏心轮机构
（a）、（c）偏心轮机构；（b）曲柄摇杆机构；（d）曲柄滑块机构

除上述所举的实例外，生产中还在很多机械中应用四杆机构。常见的某些多杆机构，也可以看成是由若干个四杆机构组合扩展形成的。

图 3-23 所示为筛料机主体机构的运动简图。这个六杆机构可看成由两个四杆机构组成：第一个是由原动曲柄 1、连杆 2、从动曲柄 3 和机架 6 组成的双曲柄机构；第二个是由曲柄 3（原动件）、连杆 4、滑块 5（筛子）和机架 6 组成的曲柄滑块机构。

应该注意，不是所有的多杆机构都能简单地拆成几个四杆机构的组合，如图 3-24 所示的锯木机机构。

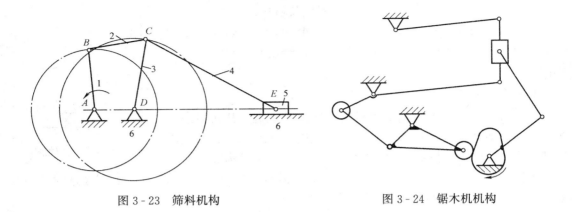

图 3-23　筛料机构　　　　　　　　　图 3-24　锯木机机构

3.4　平面四杆机构的设计

连杆机构设计的基本问题是根据给定的要求选定机构的形式、确定各构件的尺寸，同时还要满足结构条件（如要求存在曲柄、杆长条件等）、动力条件（如适当的传动角）、运动连续性条件等。

生产实践中的要求是多种多样的，给定的条件也各不相同，归纳起来，四杆机构的设计主要有三类问题：

（1）满足预定的连杆位置要求。即要求连杆能够占据一有序系列的预定位置。

（2）满足预定的运动规律要求。即要求两连架杆的转角能够满足预定的对应位移关系。

（3）满足预定的轨迹要求。即要求在机构运动过程中，连杆上某些点的轨迹能符合预定的轨迹要求。

四杆机构设计的方法有图解法、解析法和实验法。图解法直观，解析法精确，实验法简便。随着计算机技术的普及，解析法的应用越来越广泛。下面介绍各种方法的具体应用。

3.4.1　图解法

用图解法设计四杆机构，就是利用各铰链之间相对运动的几何关系，通过作图确定各铰链的位置，从而确定出各杆的长度。

1. 按给定的行程速比系数设计四杆机构

在设计具有急回运动特性的四杆机构时，通常按实际需要先给定行程速度变化系数 K 的数值，然后根据在极限位置的几何关系，结合有关辅助条件来确定机构的尺寸参数。下面以曲柄摇杆机构为例介绍其设计过程。

已知条件：摇杆长度 l_3、摆角 φ 和行程速度变化系数 K。

设计要求：确定其他三杆的尺寸 l_1、l_2 和 l_4。

其设计步骤如下：

（1）由给定的行程速度变化系数 K，按式（3-6）求出极位夹角 θ

$$\theta = 180° \times \frac{K-1}{K+1}$$

（2）选定比例尺 u_l。如图 3-25 所示，任选固定铰链中心 D 的位置，由摇杆长度 l_3 和摆角 φ，作出摇杆两个极限位置 C_1D 和 C_2D。

（3）连接 C_1 和 C_2，并作 C_1M 垂直于 C_1C_2。

（4）作 $\angle C_1C_2N=90°-\theta$，$C_2N$ 与 C_1M 相交于 P 点，由图 3-25 可见，$\angle C_1PC_2=\theta$。

（5）作 $\triangle PC_1C_2$ 的外接圆，在此圆周上任取一点 A 作为曲柄的固定铰链中心。连接 AC_1 和 AC_2，则 $\angle C_1AC_2=\angle C_1PC_2=\theta$。

（6）因极限位置处曲柄与连杆共线，故 $l_2-l_1=\overline{AC_1}u_l$，$l_2+l_1=\overline{AC_2}u_l$，从而得曲柄长度 $l_1=\dfrac{u_l}{2}(\overline{AC_2}-\overline{AC_1})$，$l_2=\dfrac{u_l}{2}(\overline{AC_2}+\overline{AC_1})$ 及 $l_4=\overline{AD}u_l$。

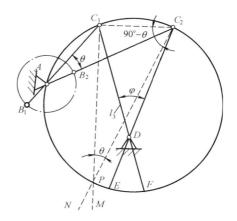

图 3-25　按给定急回要求的设计

而铰链 A 具体位置的确定还需要给定其他附加条件，如给定机架长度 d（或曲柄长度 a、连杆长度 a、杆长比 b/a、机构的最小传动角 $\gamma_{\min}$ 要求等），这时 A 点的位置才可以完全确定。

设计时应注意铰链 A 不能选在劣弧段 $\overset{\frown}{C_1C_2}$ 和 $\overset{\frown}{EF}$ 上，因为此时两极位 C_1D、C_2D 将在两个不连通的可行域内。若铰链 A 选在弧段 $\overset{\frown}{C_1E}$、$\overset{\frown}{C_2F}$ 两弧段上，则当 A 向 E（或 F）点靠近时，机构的最小传动角将随之减小并趋向于零，故铰链 A 适当远离 E（或 F）点较为有利。如果限制条件不很充分，可能会有无穷多解。设计时则应以机构在工作行程中具有较大的传动角为出发点，来确定曲柄轴心的位置。如果给出附加条件，则点 A 位置也确定，此时若所设计的机构不能保证在工作行程中的传动角 $\gamma \geqslant \gamma_{\min}$，则需改选原始数据重新设计。

其他如偏置曲柄滑块机构、摆动导杆机构在已知行程速比系数的情况下的设计和上面的设计基本类似。

2. 按连杆预定的位置设计四杆机构

下面分两种情况来研究此设计问题。

（1）已知活动铰链中心的位置。如图 3-26 所示，已知连杆 BC 的长度和预定要占据的三个位置 B_1C_1、B_2C_2 和 B_3C_3，设计此四杆机构。设计的任务就是确定固定铰链 A、D 的位置，从而确定出各杆件的尺寸。

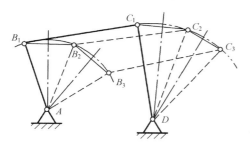

图 3-26　按已知活动铰链中心位置的设计

由于已知连杆的长度，所以可以在连杆上确定出活动铰链的中心 B、C，当连杆依次占据预定的位置时，B、C 两点的轨迹应都是圆弧。故固定铰链中心 A 必位于 B_1B_2 和 B_2B_3 的垂直平分线上，只需要作 B_1B_2 和 B_2B_3 的垂直平分线，找到交点即可得到固定铰链 A 的位置。同样，固定铰链中心 D 必位于 C_1C_2 和 C_2C_3 的垂直平分线上，只需要作 C_1C_2 和 C_2C_3 的垂直平分线，就可以得到固定铰链 D 的位置。

（2）已知固定铰链中心的位置。根据前面介绍的机构倒置的概念，若改取四杆机构的连杆为机架，则原机构中的固定铰链 A、D 将变为活动铰链，而活动铰链 B、C 则变为固定铰链，这样就成为已知固定铰链中心的位置来设计四杆机构了。如图 3-27 所示，已知固定铰链中心 A、D 的位置及机构在运动过程中其连杆上的标线（即在连杆上作出的标志连杆位置的线段）EF 分别要占据的三个位置 E_1F_1、E_2F_2 和 E_3F_3。现要求确定两活动铰链 B、C 的位置。

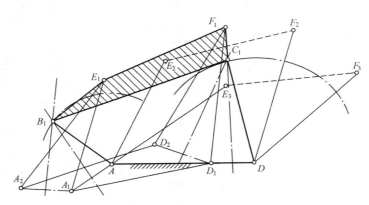

图 3-27　按已知固定铰链中心位置的设计

设计时，以 E_1F_1（或 E_2F_2 或 E_3F_3 均可）为倒置机构中新机架的位置，将四边形 AE_2F_2D、四边形 AE_3F_3D 分别视为刚体（这是为了保持在机构倒置前后连杆和机架在各位置时的相对位置不变）进行移动，使 E_2F_2 与 E_3F_3 均与 E_1F_1 重合。即作四边形 $A_1E_1F_1D_1\cong AE_2F_2D$，四边形 $A_2E_1F_1D_2\cong AE_3F_3D$，由此即可求得 A、D 点的第二、第三位置 A_1、D_1 及 A_2、D_2。由 A、A_1、A_2 三点所确定的圆弧的圆心即为活动铰链 B 的几何中心 B_1；同样，D、D_1、D_2 三点可确定活动铰链 C 的几何中心 C_1。AB_1C_1D 即为所求的四杆机构。

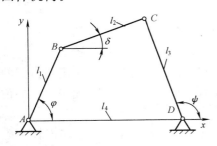

图 3-28　机构封闭多边形

3.4.2　解析法

如图 3-28 所示的铰链四杆机构中，已知连架杆 AB 和 CD 的三对对应位置 φ_1、ψ_1，φ_2、ψ_2 和 φ_3、ψ_3，要求确定各杆的长度 l_1、l_2、l_3 和 l_4。现以解析法求解。由于机构中各杆长度按同一比例增减时，各杆转角间的关系不变，故只需确定各杆的相对长度。取 $l_1=1$，则该机构的待求参数只有三个。

该机构的四根杆组成封闭多边形。取各杆在坐标轴 x 和 y 上的投影，可得

$$\left.\begin{array}{l}\cos\varphi + l_2\cos\delta = l_4 + l_3\cos\psi \\[2mm] \sin\varphi + l_2\sin\delta = l_3\sin\psi\end{array}\right\} \tag{3-8}$$

将 $\cos\varphi$ 和 $\sin\varphi$ 移到等式右边，再将两等式两边求平方相加可消去 δ，整理得

$$\cos\varphi = \frac{l_4^2 + l_3^2 + 1 - l_2^2}{2l_4} + l_3\cos\psi - \frac{l_3}{l_4}\cos(\psi - \varphi)$$

令

$$
\left.\begin{array}{l}
P_0 = l_3 \\
P_1 = - l_3 / l_4 \\
P_2 = \dfrac{l_4^2 + l_3^2 + 1 - l_2^2}{2l_4}
\end{array}\right\} \tag{3-9}
$$

有

$$
\cos\varphi = P_0 \cos\psi + P_1 \cos(\psi - \varphi) + P_2 \tag{3-10}
$$

式（3-10）即为两连架杆转角之间的关系式。将已知的三对对应转角分别代入式（3-10），可得到方程组

$$
\left.\begin{array}{l}
\cos\varphi_1 = P_0 \cos\psi_1 + P_1 \cos(\psi_1 - \varphi_1) + P_2 \\
\cos\varphi_2 = P_0 \cos\psi_2 + P_1 \cos(\psi_2 - \varphi_2) + P_2 \\
\cos\varphi_3 = P_0 \cos\psi_3 + P_1 \cos(\psi_3 - \varphi_3) + P_2
\end{array}\right\} \tag{3-11}
$$

解式（3-11）和式（3-9），可求出各杆件长度 l_1、l_2、l_3 和 l_4。各杆件长度乘以任意比例常数，所有的机构都能满足要求。

若仅给定连架杆两对位置，则式（3-11）中只有两个方程，P_0、P_1、P_2 三个参数中的一个可以任意给定，所以有无穷解。若给定连架杆的位置超过三对，则不可能有精确解，只能用优化或实验法求其近似解。该方法同样适用于曲柄滑块机构的设计。

3.4.3　实验法

对于运动要求比较复杂的四杆机构的设计问题，特别是对于按照给定轨迹要求设计的四杆机构问题，以实验法解决更简便可靠。

如图 3-29 所示，已知两连架杆 1 和 3 之间的四对对应转角为 φ_{12}、φ_{23}、φ_{34}、φ_{45} 和 ψ_{12}、ψ_{23}、ψ_{34}、ψ_{45}，试设计近似实现这一要求的四杆机构。

设计步骤如下：

（1）如图 3-30（a）所示，在图纸上选取一点为固定点 A，并选取适当长度 AB_1 作为连架杆 1 的长度 l_1，根据给定的 φ_i 作出 AB_i。

（2）选取连杆 2 的适当长度 l_2，以 B_i 各点为圆心，l_2 为半径作圆弧 K_i。

（3）如图 3-30（b）所示，在透明纸上选取一点作为连架杆 3 的转动中心 D，并任选 Dd_1 作为连架杆 3 的第一位置，根据给定的 ψ_i 作出 Dd_i；再以 D 为圆心，用连架杆 3 可能的不同长度为半径作许多同心圆弧。

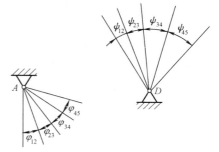

图 3-29　给定连架杆四对位置

（4）将画在透明纸上的图 3-30（b）覆盖在图 3-30（a）上，如图 3-30（c）所示，进行试凑，使圆弧 K_i 分别与连架杆 3 的对应位置 Dd_i 的交点 C_i，均落在以 D 为圆心的同一圆弧上，则图形 AB_1C_1D 即为所求的四杆机构。如果移动透明纸，不能使交点 C_i 落在同一圆弧上，那就需要改变连杆 2 的长度，然后重复以上步骤，直到这些交点正好落在或近似落在透明纸的同一圆弧上为止。

由上述方法求出的图形 AB_1C_1D 只表达所求机构各杆件的相对长度。各杆件的实际尺寸只要与 AB_1C_1D 保持同样比例，都能满足设计要求。

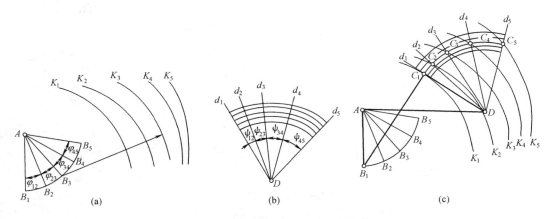

图 3-30　几何实验法设计四杆机构

3.4.4　连杆曲线

四杆机构运动时，其连杆做平面复杂运动，连杆上每一点都可以描出一条封闭曲线——连杆曲线。连杆曲线的形状随点在连杆上的位置和各杆件相对长度的不同而不同。连杆曲线形状的多样性使它有可能用于描绘复杂的轨迹。

连杆平面上除了与连架杆相连接的两点（其轨迹是圆或直线）以外，其他所有位置点的连杆曲线一般为高阶曲线。所以设计四杆机构时，使其连杆上某点实现给定的运动轨迹是十分复杂的。为了便于设计，工程上常常利用事先编好的连杆曲线图谱，从图谱中找出所需的曲线，便可直接查出该四杆机构的各尺寸参数，这种方法称为图谱法。

图 3-31 所示为连杆曲线的绘制模型。这种装置的各杆件长度可以调节，在连杆 2 上固连一块薄板，板上钻有一定数量的小孔，代表连杆平面上不同点的位置。机架 4 与薄板 S 固连。转动曲柄 1，即可将连杆平面上各点的连杆曲线记录下来，得到一组连杆曲线。依次改变 2、3、4 相对杆 1 的长度，就可得出许多组连杆曲线。将它们顺序整理编排成册，即成连杆曲线图谱，如图 3-32 所示。图 3-32 中取原动曲柄 1 的长度等于 1，其他各杆件的长度以相对于原动曲柄长度的比值来表示，图中每一连杆曲线由 72 根长度不等的短线构成，每一短线表示原动曲柄转过 5° 时连杆上该点的位移。若已知曲柄转速，还可以由短线的长度求出该点在相应位置的平均速度。

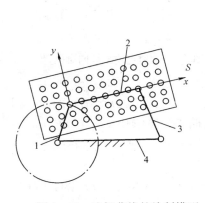

图 3-31　连杆曲线的绘制模型

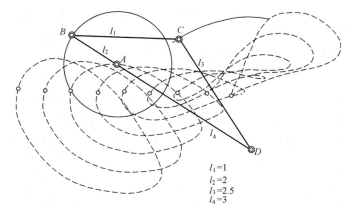

$l_1 = 1$
$l_2 = 2$
$l_3 = 2.5$
$l_4 = 3$

图 3-32　连杆曲线图谱

运用图谱设计实现已知轨迹的四杆机构，可按以下步骤进行：

（1）从图谱中查出形状与要求实现的轨迹相似的连杆曲线。

（2）按照图上的文字说明得出所求四杆机构中各杆件长度的比值。

（3）用缩放仪求出图谱中的连杆曲线和所要求的轨迹之间相差的倍数，并由此确定所求四杆机构中各杆件的真实尺寸。

（4）根据连杆曲线上的小圆圈与铰链 B、C 的相对位置，确定描绘轨迹之点在连杆上的位置。

不同的连杆曲线有不同的特性。有的有尖点［见图 3-33（a）］，有的有交叉点［见图 3-33（b）］。在尖点处，描绘该连杆曲线的点的瞬时速度为零（其加速度不一定为零），尖点的这一特性常用在传送、冲压及进给工艺过程中。电影摄影机的胶片抓片机构就是利用了具有尖点的连杆曲线，还有的连杆曲线具有对称性［见图 3-33（c）］。

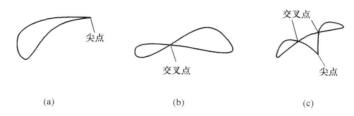

图 3-33　连杆曲线特性

（a）带尖点的连杆曲线；（b）带交叉点的连杆曲线；（c）同时带尖点和交叉点的连杆曲线

双曲柄机构中的连杆曲线形状比较单调，实际应用较少。双摇杆机构中，如果连杆能相对于两连架杆做整周转动，则可以生成封闭的连杆曲线；如果连杆不能做整周转动，则只能生成非封闭的连杆曲线。双摇杆的连杆曲线最常用的一种应用是生成近似直线，如图 3-34（a）所示的 Chebychev 直线机构、图 3-34（b）所示的 Robert 直线机构。这种机构常用作汽车的悬挂机构，车轮安装在连杆上，使车轮在弹跳中能始终垂直于地面。

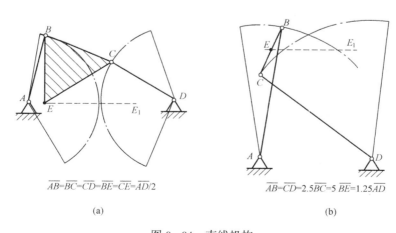

$$\overline{AB}=\overline{BC}=\overline{CD}=\overline{BE}=\overline{CE}=\overline{AD}/2$$

$$\overline{AB}=\overline{CD}=2.5\overline{BC}=5\ \overline{BE}=1.25\overline{AD}$$

（a）　　　　　　　　　　　　　　（b）

图 3-34　直线机构

（a）Chebychev 直线机构；（b）Robert 直线机构

在设计四杆机构时，还要检查所设计的机构是否满足运动连续性要求，即检查其是否有错位、错序问题，并考虑能否补救，若不能补救则必须考虑其他方案。

思考题与习题

3-1　平面四杆机构的基本形式有哪些？试举出几种常用的四杆机构。

3-2　铰链四杆机构曲柄存在的条件是什么？试运用它推导图 3-35 所示偏置导杆机构成为转动导杆机构的条件。（提示：转动导杆机构可视为双曲柄机构）

3-3　如图 3-1 所示，如果图中各杆的长度如下，试判断铰链四杆机构是曲柄摇杆机构、双曲柄机构还是双摇杆机构。

（1）$l_1=24$mm，$l_2=60$mm，$l_3=40$mm，$l_4=50$mm；

（2）$l_1=160$mm，$l_2=260$mm，$l_3=200$mm，$l_4=80$mm；

（3）$l_1=72$mm，$l_2=50$mm，$l_3=52$mm，$l_4=28$mm；

（4）$l_1=55$mm，$l_2=100$mm，$l_3=70$mm，$l_4=120$mm；

（5）$l_1=70$mm，$l_2=50$mm，$l_3=90$mm，$l_4=110$mm。

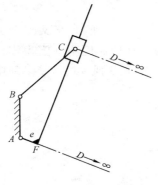

图 3-35　题 3-2 图

3-4　如图 3-1（a）所示，$l_2=50$mm，$l_3=35$mm，$l_4=30$mm，AD 为机架。

（1）若此机构为曲柄摇杆机构，且 AB 杆为曲柄，求 l_1 的取值范围；

（2）若此机构为双曲柄机构，求 l_1 的取值范围；

（3）若此机构为双摇杆机构，求 l_1 的取值范围。

3-5　何谓四杆机构的压力角和传动角？试画出图 3-36 所示各机构的压力角和传动角。（图中标注箭头的构件为原动件）

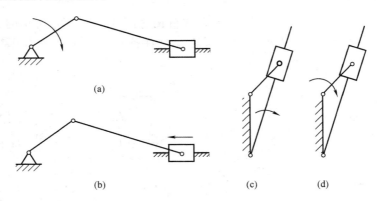

图 3-36　题 3-5 图

3-6　设计一脚踏轧棉机的曲柄摇杆机构。要求踏板 CD 在水平位置上、下各摆 10°，且 $l_{CD}=500$mm，$l_{AD}=1000$mm，如图 3-37 所示。

（1）试用图解法求曲柄 AB 连杆 BC 的长度；

（2）计算此机构的最小传动角。

3-7　设计一曲柄滑块机构。已知滑块的行程 $s=50$mm，偏距 $e=16$mm，行程速度变化系数 $K=1.2$，如图 3-38 所示。试用图解法求曲柄和连杆的长度。

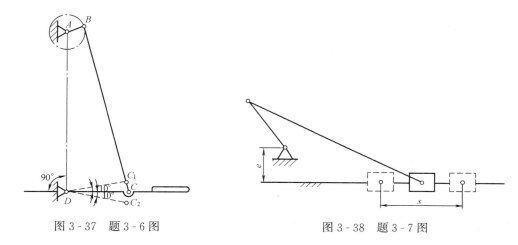

图 3-37　题 3-6 图　　　　　　　　　　图 3-38　题 3-7 图

3-8　设计一导杆机构。已知机架长度 $l_4 = 100\text{mm}$，行程速度变化系数 $K = 1.5$，试用图解法求曲柄长度。

3-9　设计一曲柄摇杆机构。已知摇杆长度 $l_3 = 80\text{mm}$，摆角 $\psi = 40°$，摇杆的行程速度变化系数 $K = 1$，且要求摇杆 CD 的一个极限位置与机架间的夹角 $\angle CDA = 90°$，试用图解法确定其余三杆的长度。

3-10　已知摇杆 CD 的行程速比系数 $K = 1$，摇杆 CD 的长度 $l_{CD} = 150\text{mm}$，摇杆的极限位置与机架所呈角度为 $\psi_1 = 30°$、$\psi_2 = 90°$，试用图解法设计此曲柄摇杆机构。

3-11　设计一铰链四杆机构。已知两连架杆的四组对应位置间的夹角为 $\varphi_{12} = \varphi_{23} = \varphi_{34} = 30°$，$\psi_{12} = \psi_{34} = 15°$，$\psi_{23} = 20°$，试用实验法求各杆的长度，并绘出机构简图。

3-12　已知某操纵装置采用铰链四杆机构，要求两连架杆的对应位置如图 3-39 所示，$\varphi_1 = 45°$、$\psi_1 = 52°10'$，$\varphi_2 = 90°$、$\psi_2 = 82°10'$，$\varphi_3 = 135°$、$\psi_3 = 112°10'$，机架长度 $l_{AD} = 50\text{mm}$，试用解析法求其余三杆长度。

3-13　图 3-40 所示为一椭圆仪的双滑块机构，试证明：当机构运动时，构件 2 的 AB 直线上任一点（除 A、B 及 AB 的中点外）所画的轨迹为椭圆。

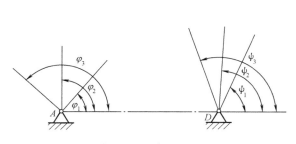

图 3-39　题 3-12 图

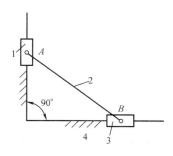

图 3-40　题 3-13 图

第4章 凸 轮 机 构

4.1 凸轮机构的应用、类型和特点

4.1.1 凸轮机构的应用

凸轮机构是机械中的一种常用机构，在各种自动化和半自动化机械中应用非常广泛。

图 4-1 所示为内燃机配气凸轮机构。当凸轮 1 以等角速度回转时，其轮廓驱使从动件 2（阀杆）按预期的运动规律往复移动，适时地启闭阀门。

图 4-2 所示为绕线机中用于排线的凸轮机构。当绕线轴 3 转动时，经齿轮带动凸轮 1 转动，通过凸轮轮廓与尖顶 A 之间的作用，驱使从动件 2 往复摆动，从而使线均匀地缠绕在绕线轴上。

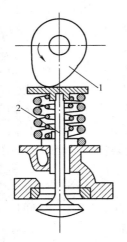

图 4-1 内燃机配气机构

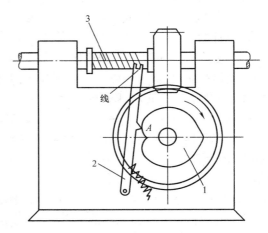

图 4-2 绕线机构

图 4-3 所示为靠模车削凸轮机构。当工件 1 转动时，靠模板 3 和工件 1 一起移动，借助靠模板曲线轮廓的变化，使刀架 2 带动车刀移动，从而车削出与靠模表面轮廓相同的手柄。

图 4-4 所示为一自动机械加工机床中应用的走刀机构。当圆柱凸轮转动时，摆杆上滚子与凸轮的凹槽轮廓接触。随着凸轮的连续转动，摆杆可产生间歇的、按拟订规律的往复运动，摆杆上的不完全齿轮驱动刀架，以配合走刀机构实现进刀和退刀功能。

从以上实例可以看出，凸轮机构一般是由凸轮、从动件和机架三个基本构件组成的高副机构。凸轮是一个具有曲线轮廓或凹槽的构件，通常为主动件做等速转动，也有少数做往复摆动或移动；若凸轮为从动件，则称之为反凸轮机构，勃朗宁重机枪就用到了这种机构。

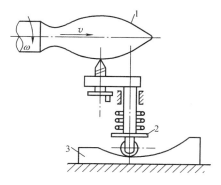

图 4-3 靠模车削加工

1—工件；2—刀架；3—靠模板

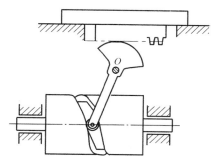

图 4-4 走刀机构

4.1.2 凸轮机构的分类

凸轮机构应用广泛，能够实现许多特定的运动规律，因此机构的类型也较多。其基本类型可根据凸轮和从动件的不同形式来分类。

1. 按凸轮的形状分

（1）盘形凸轮。盘形凸轮轮廓所处的平面与回转轴线垂直，轮廓上各点到回转轴线的距离是按照拟订的运动规律值给定，是凸轮的最基本形式，如图 4-1 和图 4-2 所示。

（2）移动凸轮。移动凸轮相对机架做往复直线移动，轮廓与移动直线在一个平面内，轮廓上各点到移动直线的距离是按照拟订的运动规律值给定。可以将其看成是转轴在无穷远处的盘形凸轮的一部分，如图 4-3 所示。

（3）圆柱凸轮。圆柱凸轮是在圆柱侧面上做出曲线轮廓的构件。凸轮与推杆的运动不在一个平面内，可以将其看成是将移动凸轮卷于圆柱体上形成的，属于空间凸轮机构，如图 4-4 所示。

2. 按从动件的形状与运动方式分

按照从动件的端部形状，可分为尖顶从动件、滚子从动件和平底从动件；按照从动件的运动形式，可分为直动从动件和摆动从动件。凸轮机构从动件的基本类型及主要特点见表 4-1。

表 4-1   凸轮机构从动件的基本类型及主要特点

端部形状	运 动 形 式		主 要 特 点
	直动	摆动	
尖顶			运动副接触面积小，结构紧凑，可实现任意的运动规律；承载能力小，易磨损
滚子			耐磨损，承载能力较大；运动规律有局限性；滚子轴承处有间隙，不宜于高速

续表

端部形状	运 动 形 式		主 要 特 点
	直动	摆动	
平底	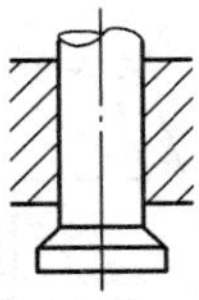	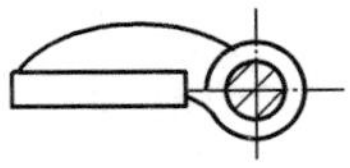	运动副接触面积小，结构紧凑，润滑性能好，适用于高速；但凸轮轮廓不能呈凹形，运动规律受到一定的限制

3. 按凸轮与从动件保持接触的方式分

（1）力封闭凸轮机构。利用从动件的重力、弹簧力使从动件与凸轮保持接触，如图 4 - 1～图 4 - 3 所示。

（2）几何封闭凸轮机构。利用凸轮或从动件的特殊几何结构使从动件与凸轮保持接触，如图 4 - 4 所示。

在直动从动件中，若推杆轴线通过凸轮的回转中心，称为对心直动从动件，否则称为偏置直动从动件。

综合上述分类方法，就可以得到各种不同类型的凸轮机构。图 4 - 1 所示为对心直动平底从动件盘形凸轮机构，图 4 - 2 所示为摆动尖顶从动件盘形凸轮机构。

4.1.3　凸轮机构的特点

凸轮机构的优点主要表现为机构简单紧凑，响应速度快，只要精确地设计出凸轮的轮廓曲线，就可以使推杆得到预期的运动规律，并能够较容易地实现复杂的特定运动规律。但是由于凸轮机构是高副机构，凸轮轮廓与推杆之间为点接触或线接触，极易磨损，不宜传递较大的动力。因此，凸轮机构通常适用于实现特殊要求的运动规律，而传递动力不太大的控制机构中，如自动、半自动机床中的进刀机构、上料机构、内燃机配气机构等。凸轮轮廓加工比较困难。

由于凸轮机构类型中，移动凸轮和圆柱凸轮可以看作是盘形凸轮的特例，盘形凸轮是凸轮机构的最基本形式，所以本章以盘形凸轮为主要讨论对象。

4.2　从动件的常用运动规律

凸轮机构中只要精确地设计出凸轮的轮廓曲线，就可以使从动件得到预期的运动规律，能够实现复杂的特定运动规律。从动件作为凸轮机构的执行构件，其运动规律的选择和设计直接关系到凸轮机构的工作质量，因此必须研究从动件的常用运动规律。

4.2.1　凸轮机构的基本概念

图 4 - 5（a）所示为一对心直动尖顶推杆盘形凸轮机构，图 4 - 5（b）所示为该凸轮机构的位移曲线图。圆心 O 为凸轮的转动轴心，以该轴心到凸轮轮廓曲线的最小距离 r_0 为半径所作的圆称为凸轮的基圆，r_0 称为基圆半径。凸轮轮廓曲线被分成四部分，其中，轮廓线 AB 段为推程段。凸轮轮廓与推杆在 A 点接触时，A 点为推杆处于最低位置处。当凸轮沿逆时针方向转动并转过 δ_0 角度时，凸轮轮廓与推杆接触点由 A 点移动到 B 点，推杆由最低位置 A 被推到最高位置 B'，推杆由最低位置升高到最高位置，这一过程称为推程，而相对应

的凸轮转角 δ_0 称为推程运动角。轮廓线
BC 段为远休止段。当凸轮继续转动并沿逆
时针方向再转过 δ_{01} 角度时，凸轮轮廓与推
杆接触点由 B 点移动到 C 点，由于 BC 段
为以凸轮轴心 O 为圆心的圆弧，所以推杆
将位于最高位置 B′ 停止不动，推杆在最高
位置处于静止的这一过程称为远休止，而
相对应的凸轮转角 δ_{01} 称为远休止角。凸轮
廓线 CD 段为回程段。凸轮轮廓与推杆在
C 点接触时，与接触点 B 一样，推杆仍处
于最高位置处。当凸轮转动并沿逆时针方
向再转过 δ_0' 角度时，凸轮轮廓与推杆接触
点由 C 点移动到 D 点，推杆由最高位置 B′
降到最低位置 A，推杆由最高位置降低到

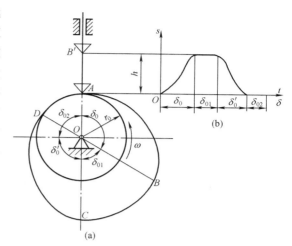

(b)

图 4-5　对心直动尖顶推杆盘形凸轮机构

最低位置的这一过程称为回程，而相对应的凸轮转角 δ_0' 称为回程运动角。凸轮廓线 DA 段
为近休止段。当凸轮继续转动并沿逆时针方向再转过 δ_{02} 角度时，凸轮轮廓与推杆接触点由
C 点移动到 A 点，由于 DA 段为凸轮的基圆圆弧，所以推杆将位于最低位置停止不动，推
杆在最低位置处于静止的这一过程称为近休止，而相对应的凸轮转角 δ_{02} 称为近休止角。凸
轮继续运动时，推杆又将重复上述升—停—降—停的循环过程。推杆在推程或回程运动过程
中移动的距离 h 称为推杆的升程。

4.2.2　从动件常用运动规律

　　由以上分析可知，从动件的位移线图取决于凸轮轮廓曲线的形状。所谓从动件的运动规
律，是指从动件的位移 s_2、速度 v_2 和加速度 a_2 随时间 t 的变化规律。又因为凸轮一般为等
速运动，所以从动件的运动规律常表示为从动件的运动参数随凸轮转角 δ_1 的变化规律。

　　1. 等速运动规律

　　当凸轮机构的从动件以匀速规律运动时，称为等速运动规
律。推程时，凸轮转过推程运动角 δ_t，从动件升程为 h。若以 T
表示推程运动时间，则等速运动时，从动件的速度 $v_2 = v_0 = \dfrac{h}{T}$，位移 $s_2 = v_0 t = h \dfrac{t}{T}$，加速度 $a_2 = \dfrac{\mathrm{d}v_2}{\mathrm{d}t} = 0$。运动线图如
图 4-6 所示。

　　凸轮匀速转动时，ω_1 为常数。故 $\delta_1 = \omega_1 t$，$\delta_t = \omega_1 T$。将这些关
系代入，得出以凸轮转角 δ_1 表示的从动件运动方程

$$\left.\begin{array}{l} s_2 = \dfrac{h}{\delta_t}\delta_1 \\[2mm] v_2 = \dfrac{h}{\delta_t}\omega_1 \\[2mm] a_2 = 0 \end{array}\right\} \qquad (4-1)$$

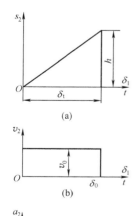

图 4-6　等速运动规律

回程时，凸轮转过回程运动角 δ_h，从动件相应由 $s_2 = h$ 逐渐减小到零，参照式（4-1），可导出回程做等速运动时从动件的运动方程

$$
\left.
\begin{array}{l}
s_2 = h\left(1 - \dfrac{\delta_1}{\delta_h}\right) \\[2mm]
v_2 = -\dfrac{h}{\delta_h}\omega_1 \\[2mm]
a_2 = 0
\end{array}
\right\}
\tag{4-2}
$$

由图 4-6 可见，从动件运动开始时，速度由零突变为 v_0，故 $a_2 = +\infty$；运动终止时，速度由 v_0 突变为零，$a_2 = -\infty$（实际上由于材料有弹性变形，不可能达到无穷大），其惯性力将引起刚性冲击。因此，这种运动规律不宜单独使用，在运动开始和终止段应当用其他运动规律过渡。

2. 等加速等减速运动规律

当凸轮机构的从动件以等加速和等减速规律运动时，称为等加速等减速运动规律。这种运动规律通常令前半行程做等加速运动，后半行程做等减速运动。若加速段和减速段的时间相等，则各段加速度值的绝对值相等，各段的推杆位移自然也相等，各段位移量为 $h/2$，各段所需时间为 $T/2$。从动件推程的前半行程做等加速运动时，经过的运动时间为 $T/2$，对应的凸轮转角为 $\delta_t/2$，将这些参数代入位移方程 $s_2 = \dfrac{1}{2}a_0 t^2$，可得

$$
\frac{h}{2} = \frac{1}{2}a_0\left(\frac{T}{2}\right)^2
$$

故

$$
a_2 = a_0 = \frac{4h}{T^2} = 4h\left(\frac{\omega_1}{\delta_t}\right)^2
\tag{4-3}
$$

将式（4-3）积分两次，代入边界条件 $\delta_1 = 0$ 时，$v_2 = 0$，$s_2 = 0$，得到前半升程从动件做等加速运动时的运动方程

$$
\left.
\begin{array}{l}
s_2 = \dfrac{2h}{\delta_t^2}\delta_1^2 \\[2mm]
v_2 = \dfrac{4h\omega_1}{\delta_t^2}\delta_1 \\[2mm]
a_2 = \dfrac{4h\omega_1^2}{\delta_t^2}
\end{array}
\right\}
\quad \text{（推程等加速段）}
\tag{4-4}
$$

由于从动件的位移 s_2 与凸轮转角 δ_1 的平方成正比，所以其位移曲线为一抛物线，如图 4-7（a）所示。等加速段抛物线可按如下方法作图：在横坐标轴上将长度为 $\delta_t/2$ 的线段分成若干等份，图中为 3 等分，得 1、2、3 各点，过这些点作横轴的垂线，位移 s 的值分别为 $1\times\left(\dfrac{2h}{\delta_0}\right)$、$4\times\left(\dfrac{2h}{\delta_0}\right)$、$9\times\left(\dfrac{2h}{\delta_0}\right)$，其比值是 $1:4:9$；对于后一半的等减速运动过程，反过来从最高点向下看，其位移的比值仍为 $1:4:9$。作图时可在过 O 点的任一斜线 OO' 上，以任意间距截取 9 个等分点，连接直线 $93''$ 并作其平行线 $42''$ 和 $11''$，最后由 $1''$、$2''$、$3''$ 分别向过 1、2、3 点的垂线投影，得到 $1'$、$2'$、$3'$ 点，将这些点连成光滑曲线便得到前半段等加速运动的位移曲线，如图 4-7（a）所示，用同样方法可求得等减速段的位移曲线。

这种运动规律在 O、m、e 各点处加速度出现有限值的突然变化，因而产生有限惯性力

的突变，将引起柔性冲击，所以等加速等减速运动规律只适用于中速凸轮机构。

参照式（4-4），可以导出推程等减速段和回程等加速段、回程等减速段的运动方程

$$\left. \begin{array}{l} s_2 = h - \dfrac{2h}{\delta_t^2}(\delta_t - \delta_1)^2 \\[2mm] v_2 = \dfrac{4h\omega_1}{\delta_t^2}(\delta_t - \delta_1) \\[2mm] a_2 = -\dfrac{4h\omega_1^2}{\delta_t^2} \end{array} \right\} （推程等减速段）$$

$$(4-5)$$

$$\left. \begin{array}{l} s_2 = h - \dfrac{2h}{\delta_t^2}\delta_1^2 \\[2mm] v_2 = -\dfrac{4h\omega_1}{\delta_t^2}\delta_1 \\[2mm] a_2 = -\dfrac{4h\omega_1^2}{\delta_t^2} \end{array} \right\} （回程等加速段）(4-6)$$

$$\left. \begin{array}{l} s_2 = \dfrac{2h}{\delta_t^2}(\delta_t - \delta_1)^2 \\[2mm] v_2 = -\dfrac{4h\omega_1}{\delta_t^2}(\delta_t - \delta_1) \\[2mm] a_2 = \dfrac{4h\omega_1^2}{\delta_t^2} \end{array} \right\} （回程等减速段）\qquad (4-7)$$

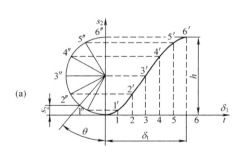

(a)

(b)

(c)

图4-7 等加速等减速运动规律

3. 简谐运动规律

上述运动规律均存在加速度的突变点，使凸轮机构受到冲击。为了克服其缺点，减小冲击对机构产生的危害，可以选择采用简谐运动规律。该运动规律的加速度值按余弦曲线变化，因此也称为余弦加速度运动规律，其方程为

$$s_2 = \frac{h}{2}(1 - \cos\theta)$$

由图4-8可知，当$\theta = \pi$时，$\delta_1 = \delta_t$，故$\theta = \dfrac{\pi}{\delta_t}\delta_1$。

由此可导出从动件推程做简谐运动时的运动方程

$$\left. \begin{array}{l} s_2 = \dfrac{h}{2}\left[1 - \cos\left(\dfrac{\pi}{\delta_t}\delta_1\right)\right] \\[2mm] v_2 = \dfrac{\pi h\omega_1}{2\delta_t}\sin\left(\dfrac{\pi}{\delta_t}\delta_1\right) \\[2mm] a_2 = \dfrac{\pi^2 h\omega_1^2}{2\delta_t^2}\cos\left(\dfrac{\pi}{\delta_t}\delta_1\right) \end{array} \right\} \qquad (4-8)$$

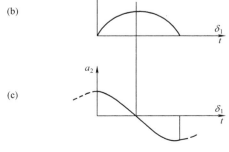

(a)

(b)

(c)

图4-8 简谐运动规律

同理，可求得从动件回程做简谐运动的运动方程

$$\left.\begin{aligned}
s_2 &= \frac{h}{2}\left[1+\cos\left(\frac{\pi}{\delta_t}\delta_1\right)\right] \\
v_2 &= -\frac{\pi h\omega_1}{2\delta_t}\sin\left(\frac{\pi}{\delta_t}\delta_1\right) \\
a_2 &= -\frac{\pi^2 h\omega_1^2}{2\delta_t^2}\cos\left(\frac{\pi}{\delta_t}\delta_1\right)
\end{aligned}\right\} \tag{4-9}$$

由图 4-8 可以看出，这种运动规律只在始末两点才有加速度的突变，产生柔性冲击。但是当从动件被设计为进行无停歇的升—降—升往复运动时，将得到连续的加速度曲线，可完全消除柔性冲击，适用于高速运动。正弦加速度曲线运动规律可以满足这个要求。工程上还应用高次多项式运动规律来避免从动件在运动过程中出现冲击，更多的时候是将几种运动规律组合起来使用。

在选择从动件的运动规律时，除去要考虑刚性冲击与柔性冲击外，还应当对各种运动规律所产生的最大速度 v_{max}、最大加速度 a_{max} 及其影响加以分析和比较。最大速度 v_{max} 越大，则动量 mv 越大，当大质量的从动件突然被阻止时，将出现很大的冲击力。因此，对于大质量的从动件应注意控制最大速度 v_{max} 值，不宜太大；最大加速度 a_{max} 越大，则惯性力越大，由于惯性力而引起的动压力，对机构的强度和磨损都有较大的影响，因此，对于高速运动的凸轮机构注意控制最大加速度 a_{max}，其值不宜太大。

从动件常用运动规律比较见表 4-2。

表 4-2　　从动件常用运动规律比较

运动规律	$v_{max}：(h\omega/\delta_0)(m/s)$	$a_{max}：(h\omega^2/\delta_0^2)(m/s^2)$	特点（设计制造）	冲击	适用范围
等速	1.00	∞	画图容易，制造简单	刚性	低速、轻载
等加速等减速	2.00	4.00	画图、制造均较难	柔性	中速、轻载
余弦加速度	1.57	4.93	画图容易，制造较难	柔性	中速、中载

4.3　凸轮机构基本尺寸的确定

凸轮机构中的基本参数，如压力角、基圆半径、滚子大小等，对机构的受力情况、运动情况、结构尺寸等影响较大。作为设计者在设计凸轮机构时要考虑诸多因素，否则将会使机构产生一系列问题，因此有必要对这些基本尺寸、参数的确定问题加以讨论。

4.3.1　压力角与作用力的关系

如第 3 章所述，作用在从动件上的驱动力与该力作用点绝对速度之间所夹的锐角称为压力角。若不计摩擦，高副中构件间的力总是沿法线方向。因此，对于高副机构，压力角就是接触轮廓法线与从动件速度方向所夹的锐角。

图 4-9 所示为偏置直动尖顶从动件盘形凸轮机构在推程的一个位置，当不计凸轮与推杆之间的摩擦时，凸轮作用于推杆的力 F 沿法线方向，推杆运动方向与力 F 之间的锐角 α

就是压力角。从图 4-9 可以看出，力 F 可分解为沿从动件
运动方向的有用分力 F' 和使从动件紧压导路的有害分力
F''，且 $F''=F'\tan\alpha$。

由此可见，驱动从动件的 F' 一定时，压力角 α 越大，
F'' 越大，机构的效率就越低。当 α 增大到某一数值时，F''
在导路中所引起的摩擦阻力大于 F' 时，机构发生自锁。为
了保证凸轮机构正常工作并具有一定的传动效率，必须对
压力角 α 加以限制。由于凸轮轮廓曲线上各点的压力角一
般是变化的，在设计时应使最大压力角不超过许用值 $[\alpha]$。
许用压力角 $[\alpha]$ 的推荐值如下：推程时，对于直动从动件
凸轮机构，建议取 $[\alpha]=30°$；对于摆动从动件凸轮机构，
建议取 $[\alpha]=45°$。常见的力封闭凸轮机构，回程一般不会
出现自锁。因此，对于这类凸轮机构，通常只校核推程压
力角。

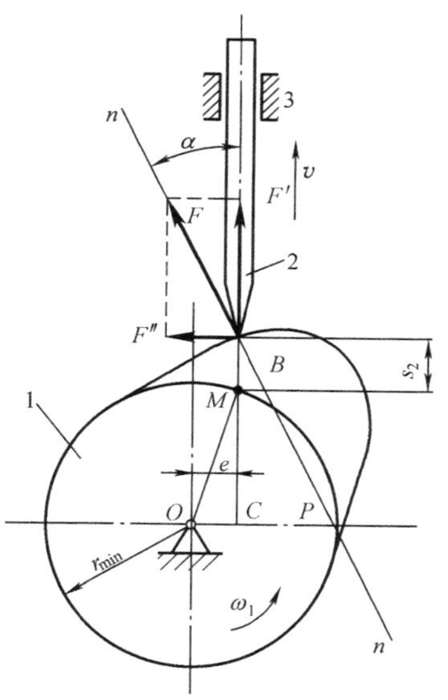

4.3.2　压力角与凸轮机构尺寸的关系

图 4-9　凸轮机构的压力角

设计凸轮时，除了应使机构具有良好的传动性能外，
还希望结构紧凑。由图 4-9 可以看出，在其他条件都不变的情况下，如果增大基圆，则凸
轮的尺寸也将随之增大。但是，基圆半径减小会引起压力角增大。

如图 4-9 所示，过凸轮与从动件的接触点 B 作公法线 nn，它与过凸轮轴心 O 且垂直于
从动件导路的直线相交于 P，P 就是凸轮和从动件的相对速度瞬心。因为 $l_{OP}=\dfrac{v_2}{\omega_1}=\dfrac{\mathrm{d}s_2}{\mathrm{d}\delta_1}$，可
由此得出直动从动件盘形凸轮机构的压力角计算公式为

$$\tan\alpha=\frac{\dfrac{\mathrm{d}s_2}{\mathrm{d}\delta_1}\mp e}{s_2+\sqrt{r_{\min}^2-e^2}} \tag{4-10}$$

式中　s_2——对应凸轮转角 δ_1 的从动件位移。

从式（4-10）可以看出，在其他条件不变的情况下，基圆 $r_{\min}$ 越小，压力角 α 越大。如
果基圆半径过小，压力角就有可能超过许用值。因此在实际设计中，必须在保证凸轮轮廓的
最大压力角满足要求的前提下，合理地确定凸轮的基圆半径。

在式（4-9）中，e 为从动件导路偏离凸轮回转中心的距离，称为偏距。当从动件运动
导路和瞬心 P 在凸轮轴心 O 的同侧时，式中取"－"号，可使压力角减小；反之，当导路
和瞬心 P 在凸轮轴心 O 的异侧时，取"＋"号，压力角将增大。当凸轮逆时针转动时，从
动件偏于凸轮轴心右侧为正偏置，从动件偏于凸轮轴心左侧为反偏置。当凸轮顺时针转动
时，从动件偏于凸轮轴心左侧为正偏置，从动件偏于凸轮轴心右侧为反偏置。因此，为了减
小推程压力角，应采用正偏置。但需注意，用导路偏置法虽减小了推程压力角，却使回程压
力角增大，故偏置从动件多用于回程不会产生自锁的力封闭式凸轮机构中，且偏距不宜
过大。

4.3.3　滚子半径的选择

在选用滚子从动件时，应注意滚子半径的选择。滚子半径大小对凸轮工作廓线有直接的

影响。若滚子半径选择不当，从动件有可能实现不了预期的运动规律。如图 4 - 10 所示，设理论轮廓外凸部分的最小曲率半径用 ρ_{min} 表示，滚子半径用 r_T 表示，则相应位置实际轮廓的曲率半径 $\rho' = \rho_{min} - r_T$。

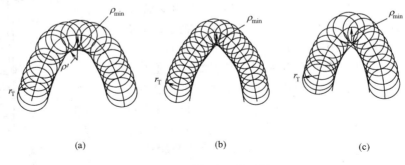

图 4 - 10　滚子半径的选择

(a) $\rho_{min} > r_T$；(b) $\rho_{min} = r_T$；(c) $\rho_{min} < r_T$

如图 4 - 10（a）所示，当 $\rho_{min} > r_T$ 时，$\rho' > 0$，实际轮廓为一平滑曲线，从动件的运动不会出现失真。

如图 4 - 10（b）所示，当 $\rho_{min} = r_T$ 时，$\rho' = 0$，在凸轮实际轮廓上产生了尖点，这种尖点极易磨损。

如图 4 - 10（c）所示，当 $\rho_{min} < r_T$ 时，$\rho' < 0$，实际轮廓曲线发生自交，图中交点以上的轮廓曲线在实际加工时将被切去，致使从动件不能按预期的运动规律运动。

通过上述分析可知，对于外凸的凸轮轮廓曲线，滚子半径 r_T 必须小于理论轮廓的最小曲率半径 ρ_{min}（内凹的理论轮廓曲线对滚子半径的选择没有影响）。用解析法求凸轮轮廓曲线时，可直接求得理论轮廓线上任一点的曲率半径 ρ，从而确定 ρ_{min} 的值，再适当确定滚子半径。

凸轮工作轮廓线的最小曲率半径 ρ_{min} 一般不小于 $1 \sim 5mm$。如果不能满足此要求，应该增大基圆半径或适当减小滚子半径；有时则必须修改从动件的运动规律，使凸轮工作轮廓线出现尖点的地方代以合适的曲线。另外，滚子的尺寸还受强度、刚度的限制，不能做得太小，通常取 $r_T = (0.1 \sim 0.5) r_0$。

4.4　图解法设计凸轮轮廓

用图解法绘制凸轮轮廓时，首先依据所选择的运动规律，画出从动件的位移曲线，然后据此绘制凸轮轮廓曲线。

当确定了从动件的运动形式和运动规律、从动件与凸轮接触部位的形状、凸轮与从动件的相对位置、凸轮转动方向等因素以后，就可用作图方法求凸轮轮廓。作图的原理是应用反转法。将整个凸轮机构绕凸轮转动中心 O 加上一个与凸轮角速度 ω 反向的公共角速度 $-\omega$，这样一来，凸轮将固定不动，从动件将随机架一起以等角速度 $-\omega$ 绕 O 点转动，从动件对凸轮的相对运动并未改变。同时按已知的运动规律对机架做相对运动。由于从动件始终与凸轮轮廓相接触，因此从动件与凸轮轮廓的接触点将会包络出一条凸轮的实际轮廓来。

图 4 - 11 所示为一对心直动尖顶
推杆盘形凸轮机构。当凸轮的轮廓
曲线已经根据预期的推杆运动规律
设计出来，并且凸轮以角速度 ω 绕
轴 O 转动时，推杆的尖顶将沿凸轮
轮廓做相对运动，同时推杆将实现
预期的运动。设给整个凸轮机构加
上一个公共角速度 $-\omega$，使其绕轴心
O 转动。虽然凸轮与推杆之间的相
对运动并未改变，但此时凸轮将静
止不动，而推杆则即随其导轨以角
速度 $-\omega$ 绕轴心 O 转动，又在导轨
内做预期的往复移动。很显然，推
杆的这种复合运动，在其尖端产生
的运动轨迹就是凸轮的轮廓曲线。

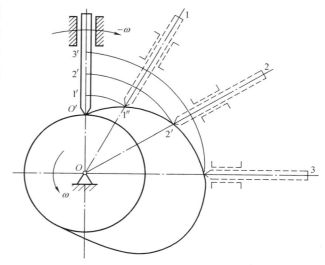

图 4 - 11　对心直动尖顶推杆盘形凸轮

4.4.1　直动从动件盘形凸轮轮廓的绘制

根据从动件与凸轮接触形式的不同，可分为尖顶接触形式、滚子接触形式和平底接触
形式。

1. 直动尖顶从动件盘形凸轮

图 4 - 12（a）所示为一偏置直动尖顶推杆盘形凸轮机构，图 4 - 12（b）所示为给定的推
杆位移曲线。已知凸轮以等角速度 ω 逆时针方向转动，基圆半径为 r_0，推杆导路的偏距为
e。设计时首先选定合适的比例尺，凸轮转动中心 O 为圆心，按基圆半径 r_0 画出基圆，再按
偏距 e 画出推杆导路位置，确定凸轮轮廓上推程的起点 A；按照上述反转法的作图方法，将

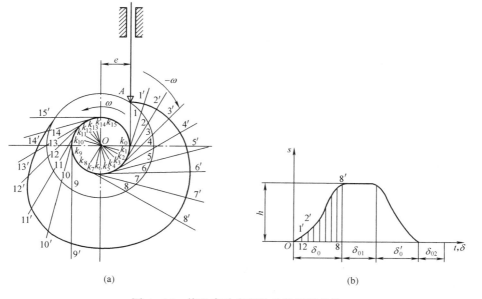

(a)　　　　　　　　　　　　　　　(b)

图 4 - 12　偏置直动尖顶从动件盘形凸轮

图 4-12（b）所示位移曲线上的 $11'$、$22'$、$33'$、…与图 4-12（a）上的 $11'$、$22'$、$33'$、…对应，即可按顺序作出推杆的若干位置。将推杆尖顶所处的一系列位置点 1′、2′、3′、…用平滑曲线连接，其所形成的曲线就是要设计的偏置直动尖顶推杆盘形凸轮机构的凸轮轮廓曲线。

2. 直动滚子从动件盘形凸轮

若将图 4-11 中的尖顶改为滚子，如图 4-13 所示，则其凸轮轮廓可按下述方法绘制：首先，将滚子中心看作尖顶从动件的尖顶，按上述方法求出一条轮廓曲线 β_0；再以 β_0 上各点为圆心，以滚子半径为半径作一系列圆；最后作这些圆的内包络线 β，它便是滚子从动件凸轮的实际轮廓，而 β_0 称为此凸轮的理论轮廓。由作图过程可知，滚子从动件凸轮机构的基圆半径、压力角、升程等几何参数均应当在理论轮廓上量取。

3. 直动平底从动件盘形凸轮

如图 4-14 所示，设计平底从动件盘形凸轮时，首先将从动件导路的中心线与从动件平底的交点 A_0 视为平底从动件的尖顶，按照尖顶从动件凸轮轮廓的绘制方法，求出理论轮廓上一系列点 A_1、A_2、A_3、…，然后过这些点画出一系列平底 A_1B_1、A_2B_2、A_3B_3、…，再作这些平底的内包络线，便得到凸轮的实际轮廓曲线，图中位置 1（A_1B_1）、6（A_6B_6）是平底分别与凸轮轮廓相切于平底的最左位置和最右位置。为了保证平底始终与凸轮轮廓接触，平底左侧长度应大于 m，右侧长度应大于 l。

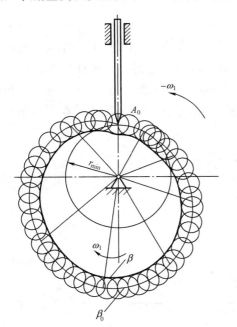

图 4-13　滚子直动从动件盘形凸轮

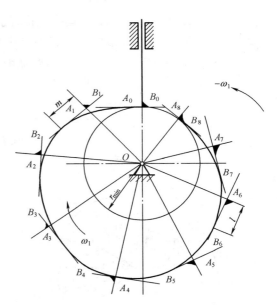

图 4-14　平底直动从动件盘形凸轮

应用图解法进行凸轮廓线设计时，可以根据比例尺从设计图上手工测绘出凸轮机构整个转动周期中平底上的每个切点距导路中心的距离，并找出最大值 l_{max}。考虑到长度上需留有一定的余量，一般平底的长度尺寸 l 可确定为

$$l = 2l_{max} = 5 \sim 7\text{mm}$$

4.4.2 摆动从动件盘形凸轮轮廓的绘制

已知从动件的角位移线图如图 4-15（b）所示，凸轮与摆动从动件的中心距为 l_{OA}，摆动从动件的长度为 l_{AB}，凸轮的基圆半径为 r_{min}，凸轮以等角速度 ω_1 逆时针方向回转，要求绘出此凸轮的轮廓。

用反转法设计凸轮轮廓。作图步骤如下：

（1）根据 l_{OA} 定出 O 点与 A_0 点的位置，以 O 为圆心以 r_{min} 为半径作基圆，再以 A_0 为圆心 l_{AB} 为半径作圆弧交基圆于 B_0 点，B_0 点即为从动件尖顶的起始位置。δ_2^0 称为从动件的初位角。

（2）以 O 点为圆心 OA_0 为半径画圆，并沿 $-\omega_1$ 的方向取角 δ_t、δ_h、δ_s，再将 δ_t、δ_h 各分为与图 4-15（b）相对应的若干等份，得径线 OA_1、OA_2、OA_3、…，这些线即为机架 OA_0 在反转过程中所处的各个位置。

（3）由图 4-15（b），求出从动件摆角 δ_2 在不同位置的数值。据此画出摆动从动件相对于机架的系列位置 A_1B_1、A_2B_2、A_3B_3、…，即 $\angle OA_1B_1 = \delta_2^0 + \delta_2^I$，$\angle OA_2B_2 = \delta_2^0 + \delta_2^{II}$，$\angle OA_3B_3 = \delta_2^0 + \delta_2^{III}$，…。

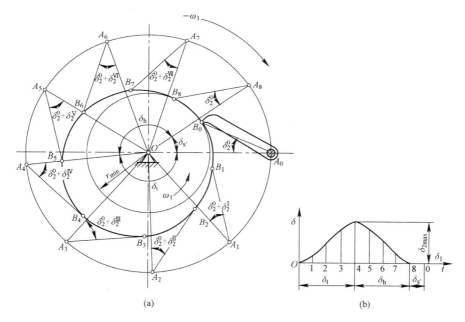

图 4-15 摆动尖顶从动件盘形凸轮

（4）以点 A_1、A_2、A_3、…为圆心、l_{AB} 为半径画圆弧截 A_1B_1 于 B_1 点，截 A_2B_2 于 B_2 点，截 A_3B_3 于 B_3 点，…，最后将点 B_0、B_1、B_2、B_3、…连成光滑曲线，便得到摆动尖顶从动件的凸轮轮廓。

如果采用滚子或平底从动件，则上述凸轮轮廓即为理论轮廓，只要在理论轮廓上选一系列点作滚子或平底，最后作它们的包络线，便可求出相应的实际轮廓。

按照结构需要选取基圆半径并按上述方法绘制的凸轮轮廓，必须校核推程压力角。校核时在凸轮推程轮廓比较陡峭的区段取若干点，作出它们的压力角，测量其中最大值 α_{max}，看是否超过 $[\alpha]$。如果超过 $[\alpha]$，就应重新设计。通常用加大基圆半径的方法减小 α_{max} 来达到要求。滚子从动件凸轮只需校核理论轮廓的压力角，平底从动件凸轮机构的压力角一般很小，不用校核。

4.5　解析法设计凸轮轮廓

图解法可以简便地设计出凸轮轮廓，但由于作图误差较大，所以只适用于对从动件运动规律要求不太严格的场合。对于精度要求高的高速凸轮、靠模凸轮等，必须用解析法进行精确设计。

下面以偏置直动滚子从动件盘形凸轮机构为例，用解析法设计凸轮轮廓。

凸轮轮廓曲线通常用以凸轮回转中心为极点的极坐标来表示：ρ、θ 为理论轮廓上各点的极坐标值；ρ_T、θ_T 为实际轮廓上对应点的极坐标值。也可换算成直角坐标值设计。

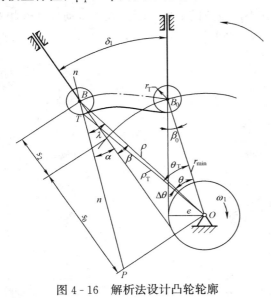

图 4 - 16　解析法设计凸轮轮廓

设已知偏距 e、基圆半径 r_{min}、滚子半径 r_T，从动件运动规律 $s_2 = s_2(\delta_1)$，以及凸轮以等角速度 ω_1 顺时针方向回转。根据反转法原理，可画出相对初始位置反转 δ_1 角的机构位置，如图 4 - 16 所示。此时，从动件滚子中心 B 所在位置也就是凸轮理论轮廓上的一点，其极坐标为

$$\rho = \sqrt{(s_2 + s_0)^2 + e^2} \qquad (4 - 11)$$
$$\theta = \delta_1 + \beta - \beta_0 \qquad (4 - 12)$$

其中

$$s_0 = \sqrt{r_{min}^2 - e^2} \qquad (4 - 13)$$
$$\beta_0 = \arctan \frac{e}{s_0} \qquad (4 - 14)$$
$$\beta = \arctan \frac{e}{s_0 + s_2} \qquad (4 - 15)$$

由于凸轮实际轮廓曲线是理论轮廓曲线的等距曲线，所以两轮廓曲线对应点具有公共的曲率中心和法线。在图 4 - 16 中，过 B 点作理论轮廓的法线交滚子于 T 点，T 点就是实际轮廓上的对应点。由图 4 - 16 可知

$$\lambda = \alpha + \beta \qquad (4 - 16)$$

式中　α ——压力角，其计算公式见式（4 - 10）。

实际轮廓上对应点 T 的极坐标为

$$\rho_T = \sqrt{\rho^2 + r_T^2 - 2r_T\rho\cos\lambda} \qquad (4 - 17)$$
$$\theta_T = \theta + \Delta\theta \qquad (4 - 18)$$

其中

$$\Delta\theta = \arctan \frac{r_T \sin\lambda}{\rho - r_T \cos\lambda} \qquad (4 - 19)$$

当前，计算机辅助设计已广泛应用于解析法设计凸轮轮廓。它不仅能迅速得到凸轮轮廓上各点的坐标值，而且可以在屏幕上画出凸轮轮廓，以便随时修改设计参数，得到最佳设计

方案。其设计过程是先画出程序框图，然后根据程序框图编写源程序。

对于凸轮机构的不同类型以及从动件的各种常用运动规律，都可以编制子程序以备调用。输入不同的数据，计算机就会输出相应的凸轮轮廓和最大压力角值。

思考题与习题

4-1　图 4-17 所示为一直动偏置尖顶从动件盘形凸轮机构。已知 AB 段为凸轮的推程轮廓线，试在图上标注推程运动角 δ_t。

4-2　图 4-18 所示为一直动偏置尖顶从动件盘形凸轮机构。已知凸轮是一个以 C 为中心的圆盘，试在图上绘制轮廓上 D 点的压力角。

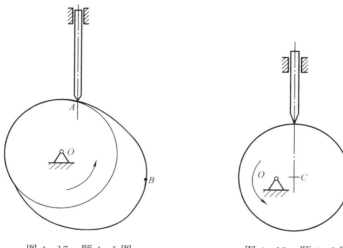

图 4-17　题 4-1 图　　　　　　　图 4-18　题 4-2 图

4-3　已知从动件升程 $h=30$mm，$\delta_t=120°$，$\delta_s=30°$，$\delta_h=150°$，$\delta_{s'}=60°$，从动件在推程做等加速等减速运动，在回程做等速运动，试绘出其运动线图。

4-4　设计图 4-19 所示直动偏置滚子从动件盘形凸轮。已知凸轮以等角速度顺时针方向回转，偏距 $e=10$mm，凸轮基圆半径 $r_{min}=60$mm，滚子半径 $r_T=10$mm，从动件的升程及运动规律与题 4-3 相同，试用图解法绘出凸轮的轮廓。

4-5　设计一直动平底从动件盘形凸轮机构。已知凸轮以等角速度 ω_1 逆时针方向回转，凸轮的基圆半径 $r_{min}=40$mm，从动件升程 $h=20$mm，$\delta_t=120°$，$\delta_s=30°$，$\delta_h=120°$，$\delta_{s'}=90°$，从动件在推程和回程均做等加速等减速运动。试绘出凸轮的轮廓。

4-6　在图 4-20 所示自动车床控制刀架移动的摆动滚子从动件盘形凸轮机构中，已知 $l_{OA}=60$mm，$l_{AB}=36$mm，$r_{min}=35$mm，$r_T=10$mm。从动件的运动规律如下：当凸轮以等角速度 ω_1 逆时针方向回转 150° 时，从动件以等加速等减速运动规律向上摆 18°；当凸轮自 150° 转到 180° 时，从动件停止不动；当凸轮自 180° 转到 300° 时，从动件以简谐运动摆回原处；当凸轮自 300° 转到 360° 时，从动件又停止不动。试绘出其运动线图及凸轮轮廓曲线。

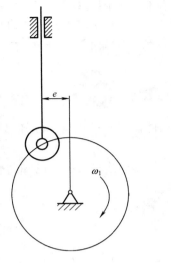

图 4 - 19　题 4 - 4 图

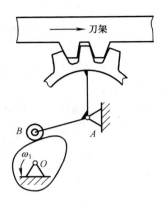

图 4 - 20　题 4 - 6 图

第 5 章 齿 轮 传 动

5.1 齿轮传动的特点和分类

5.1.1 齿轮传动的特点

齿轮传动是应用最为广泛的机械传动之一，它依靠轮齿齿廓接触来传递任意两轴间的运动和动力。齿轮传动适用的圆周速度和功率范围广，传动比准确、稳定，并且传动效率较高、工作可靠性高、寿命长。但是对制造和安装精度要求较高，成本较高，且不适宜于远距离两轴之间的传动。

5.1.2 齿轮传动的分类

齿轮传动的类型很多，按照两轴的相对位置和齿向，齿轮传动可分类如下：

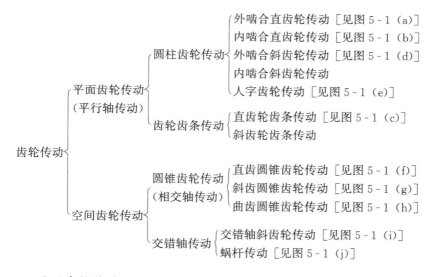

1. 平面齿轮传动

做平面相对运动的齿轮传动称为平面齿轮传动，其特点是组成齿轮传动的两齿轮的轴线相互平行。图 5-1（a）所示为外啮合齿轮传动，两轮转向相反；图 5-1（b）所示为内啮合齿轮传动，两轮转向相同；图 5-1（c）所示为齿轮齿条传动，齿条做直线移动。图 5-1（a）、（b）、（c）中各轮齿的齿向与齿轮轴线的方向平行，称为直齿轮。图 5-1（d）中的轮齿的齿向相对于齿轮的轴线倾斜了一个角度，称为斜齿轮。图 5-1（e）所示为人字齿轮，它可视为由螺旋角方向相反的两个斜齿轮所组成。

2. 空间齿轮传动

做空间相对运动的齿轮传动称为空间齿轮传动，其特点是组成空间齿轮传动的两齿轮的轴线不平行。

（1）用于相交轴间的齿轮传动。图 5-1（f）、（g）、（h）所示为用于相交轴间的锥齿

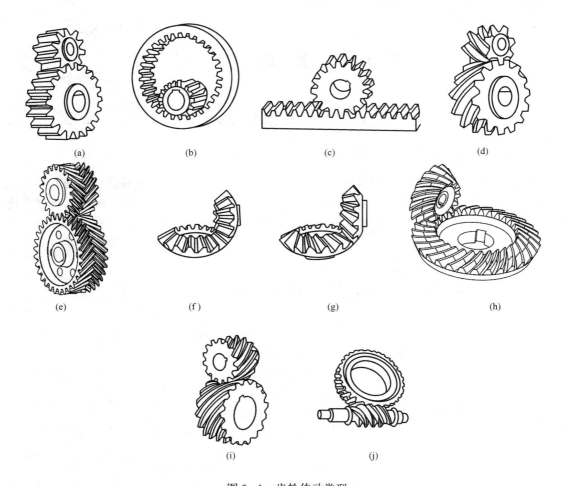

图 5-1　齿轮传动类型

（a）外啮合直齿轮传动；（b）内啮合直齿轮传动；（c）直齿轮齿条传动；（d）外啮合斜
齿轮传动；（e）人字齿轮传动；（f）直齿圆锥齿轮传动；（g）斜齿圆锥齿轮传动；
（h）曲齿圆锥齿轮传动；（i）交错轴斜齿轮传动；（j）蜗杆传动

轮传动。它有直齿［见图 5-1（f）］、斜齿［见图 5-1（g）］和曲线齿［见图 5-1（h）］
之分。

（2）用于交错轴间的齿轮传动。图 5-1（i）、（j）所示为用于交错轴间的齿轮传动，其
中图 5-1（i）为交错轴斜齿轮传动，图 5-1（j）为蜗杆传动。

5.2　齿廓啮合的基本定律

5.2.1　齿廓啮合的基本定律

一对齿轮传递运动和动力，是通过这对齿轮主动轮上的齿廓与从动轮上的齿廓依次啮合
来实现的。对齿轮传动最基本的要求是传动准确、平稳，即要求瞬时传动比必须保持不变。
否则，当主动轮以等角速度回转时，从动轮做变角速度转动，所产生的惯性力不仅影响齿轮
的寿命，而且会使机器产生振动和噪声，影响工作精度。为此，需要研究轮齿的齿廓形状和

齿轮瞬时传动比之间的关系。

一对齿轮的瞬时传动比就是主、从动轮瞬时角速度 ω_1、ω_2 之比，常用 i 表示，即

$$i = \frac{\omega_1}{\omega_2}$$

图 5-2 所示为一对相互啮合传动的齿轮，O_1、O_2 为两齿轮的转动中心，C_1、C_2 为相互啮合的一对齿廓，若两齿廓在某一瞬间在 K 点接触，则齿轮 1 和齿轮 2 在 K 点的速度分别为 $v_{K1} = \omega_1 \overline{O_1 K}$，$v_{K2} = \omega_2 \overline{O_2 K}$。由于两轮的齿廓是连续的接触，故速度 v_{K1}、v_{K2} 在公法线上的速度分量应相等，否则，两齿廓将不是彼此分离就是相互嵌入，不能正常传动。因此，两齿廓接触点间的相对速度 v_{K1K2} 只能沿两齿廓接触点处的公切线方向。

由瞬心概念可知，两啮合齿廓在接触点处的公法线 nn 与其连心线 O_1O_2 的交点 P 即为两齿轮的相对瞬心，故两齿轮此时的传动比为

$$i_{12} = \omega_1/\omega_2 = \overline{O_2 P}/\overline{O_1 P} \qquad (5-1)$$

式（5-1）表明，相互啮合传动的一对齿轮，在任意位置时的传动比，都与其连心线 O_1O_2 被其啮合齿廓在接触点处的公法线所分成的两线段成反比。这一规律称为齿廓啮合基本定律。根据这一定律可知，齿轮的瞬时传动比与齿廓形状有关，可根据齿廓曲线来确定齿轮的传动比；反之，也可以根据给定的传动比来确定齿廓曲线。

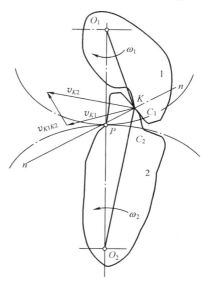

图 5-2 齿廓啮合基本定律

齿廓公法线 nn 与两轮连心线 O_1O_2 的交点 P 称为节点。则对于定传动比传动，要求两齿廓在任意位置啮合时，其节点 P 均为连心线 O_1O_2 上一固定点。故两齿轮定传动比的条件是：不论两齿轮齿廓在何位置接触，过接触点所作的两齿廓公法线与两齿轮的连心线交于一定点。

两齿轮做定传动比传动时，节点为连心线 O_1O_2 上的一个定点，故 P 点在两轮各自运动平面内的轨迹分别是以 O_1 和 O_2 为圆心、$\overline{O_1 P}$ 和 $\overline{O_2 P}$ 为半径所作的圆，这两个圆称为两轮的节圆，其半径用 r_1' 和 r_2' 表示。由于两轮的节圆相切于 P 点，且在 P 点速度相等，因此齿轮传动就可以看成是这对齿轮的节圆在做纯滚动。

5.2.2 共轭齿廓

凡能满足齿廓啮合基本定律的一对齿廓称为共轭齿廓。一般而言，对于预定的传动比，只要给出一轮的齿廓曲线，就可根据齿廓啮合基本定律求出与其共轭的另一条齿廓曲线。因此，理论上能满足一定传动比规律的共轭齿廓曲线有无穷多条。但是在生产实际中，齿廓曲线的选择，除了应满足传动比的要求外，还必须综合考虑设计、制造、安装、强度等要求。对于定传动比传动，通常采用渐开线、摆线、圆弧等几种曲线作为齿轮的齿廓曲线。由于渐开线齿廓具有良好的传递性能，且便于制造、安装、测量和互换使用，因此其应用最为广泛。本章着重介绍渐开线齿廓的齿轮。

5.3　渐开线齿廓及其啮合特点

5.3.1　渐开线的形成

如图 5-3 所示，当一直线 L 沿一圆周做纯滚动时，直线上任意一点 K 的轨迹 AK 即为该圆的渐开线。该圆称为渐开线的基圆，其半径用 r_b 表示。而直线 L 称为渐开线的发生线。

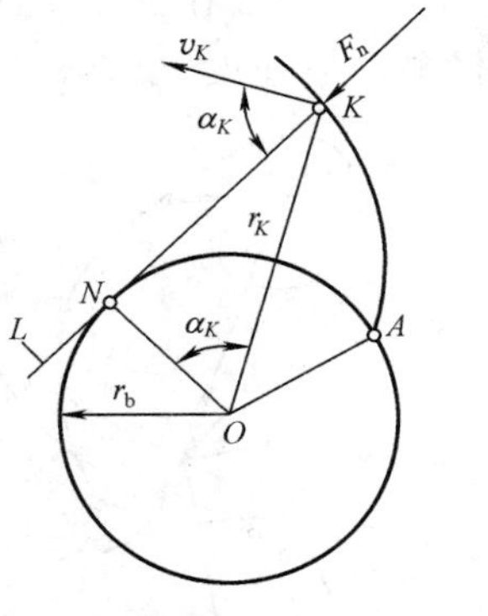

5.3.2　渐开线的特性

由渐开线的形成过程可知，渐开线具有如下特性：

（1）因发生线在基圆上做纯滚动，故发生线在基圆上滚过的一段长度等于基圆上被滚过的弧长，即 $\overline{NK} = \overparen{AN}$。

（2）渐开线任意一点 K 的法线 NK 恒与基圆相切。当发生线沿基圆做纯滚动时，发生线与基圆的切点 N 即为发生线上 K 点的速度瞬心，所以发生线即为渐开线在 K 点的法线。又由于发生线恒切于基圆，故可得出结论：渐开线上任一点的法线恒与基圆相切。

图 5-3　渐开线的形成及性质

（3）渐开线齿廓上各点具有不同的压力角。渐开线上任意一点 K 所受法向力 F_n 的方向线（即渐开线在该点的法线）与该点的线速度方向（垂直于 OK）所夹的锐角 α_K，称为该点的压力角。由图 5-3 可知

$$\cos\alpha_K = \overline{ON} / \overline{OK} = r_b / r_K \qquad (5-2)$$

式（5-2）表明渐开线上各点处的压力角是不相同的。r_K 越大，其压力角也越大；渐开线在基圆上的压力角为零。

（4）渐开线的形状取决于基圆的大小。如图 5-4 所示，基圆越小，渐开线对应点曲率半径越小，则渐开线越弯曲。随着基圆半径增大，渐开线上对应点的曲率半径也增大，当基圆半径为无穷大时，渐开线则成为直线。渐开线齿条的齿廓即为直线。

（5）基圆以内无渐开线。由于渐开线是由基圆开始向外展开的，故基圆内无渐开线。

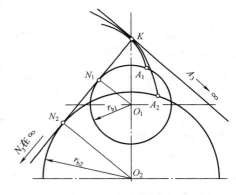

图 5-4　渐开线形状与基圆半径的关系

5.3.3　渐开线齿廓的啮合特点

渐开线齿廓传动具有以下几个特点。

1. 渐开线齿廓能保证定传动比传动

如图 5-5 所示，两齿轮上一对渐开线齿廓在任意点相啮合。由渐开线的性质可知，过点 K 所作的公法线必同时与两基圆相切，即公法线为两轮基圆的一条内公切线 N_1N_2，而在齿轮啮合传动过程中，两基圆的大小和位置都不变，因此其同一方向的内公切线是唯一的，即两齿廓在任意点啮合的公法线是一条定直线，从而与两轮连心线 O_1O_2 的交点 P 是固定的。因此，渐开线齿廓能保证实现定传动比传动。由

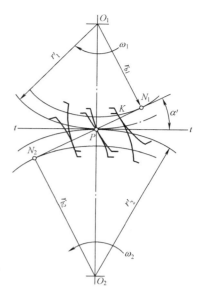

图 5-5 可知，因 $\triangle O_1 N_1 P \backsim \triangle O_2 N_2 P$，两轮的传动比可写成

$$i_{12} = \omega_1 / \omega_2 = \overline{O_2 P} / \overline{O_1 P} = r_{b2} / r_{b1} \qquad (5-3)$$

式（5-3）表明，渐开线齿轮的传动比与两基圆半径成反比，故一对渐开线齿轮瞬时传动比为常数。

2. 渐开线齿廓之间的正压力方向不变

齿轮传动中，两齿廓啮合点的轨迹称为啮合线。如前所述，两渐开线齿廓在任意点啮合的公法线是一条定直线，而啮合点必在公法线上。所以，啮合线与两齿廓接触点的公法线始终重合，也是两基圆的一条内公切线 $N_1 N_2$。

啮合线与两齿轮节圆的内公切线 tt 所夹的锐角 α' 称为啮合角，它在数值上恒等于节圆上的压力角。

需注意，节圆和啮合角是一对齿轮啮合传动时才具有的参数，单个齿轮没有节圆和啮合角。

图 5-5 渐开线齿廓的啮合特点

在渐开线齿廓的啮合过程中，两齿廓间的正压力始终沿着公法线方向，而啮合线和啮合角是恒定不变的，因而两齿廓间的正压力方向在啮合过程中保持不变，始终与两轮基圆的内公切线 $N_1 N_2$ 重合。这对于齿轮传动的平稳性是十分有利的。

3. 渐开线齿廓传动具有可分性

一对渐开线齿轮在实际工作中，由于制造、安装误差等原因，其中心距会有所变化，但这仅仅只改变了两轮的节圆半径，而其基圆半径不变，根据式（5-3），其传动比仍然保持不变。渐开线齿轮传动中心距变化不影响其传动比的特性，称为中心距的可分性。这种特性给渐开线齿轮的制造和安装带来方便，是渐开线齿轮传动的又一优点。

另外，渐开线齿轮还具有工艺性好、互换性好等优点，所以在近代齿轮机构中，广泛地采用渐开线作为齿轮的齿廓曲线。

5.4 渐开线标准齿轮各部分的名称及几何尺寸计算

以直齿圆柱齿轮为例，图 5-6 所示为一外齿轮的一部分，其齿顶及齿根分别位于同轴线的两圆柱面上，每个轮齿两侧为形状相同而方向相反的渐开线齿廓。由于直齿轮齿向平行于齿轮轴线，因此，直齿圆柱齿轮的基本参数、几何尺寸计算都在垂直于轴线的端面内进行。

5.4.1 直齿圆柱齿轮各部分的名称

（1）齿顶圆。过齿轮的齿顶所作的圆称为齿顶圆，其直径和半径分别用 d_a 和 r_a 表示。

（2）齿根圆。相邻两齿的空间部分为齿槽。过齿轮各齿槽底部所作的圆称为齿根圆，其直径和半径分别用 d_f 和 r_f 表示。

（3）分度圆。为了便于计算齿轮各部分的尺寸，在齿顶圆与齿根圆之间规定一个圆作为计算的基准，称该圆为齿轮的分度圆，其直径和半径分别用 d 和 r 表示。

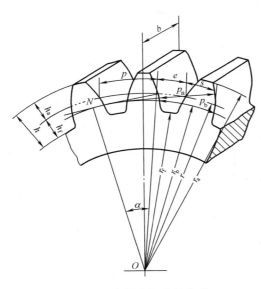

图 5-6　齿轮各部分的名称

（4）基圆。形成齿廓渐开线的圆称为基圆，其直径和半径分别用 d_b 和 r_b 表示。

（5）齿顶高。轮齿介于齿顶圆与分度圆之间的径向距离称为齿顶高，用 h_a 表示。

（6）齿根高。轮齿介于分度圆与齿根圆之间的径向距离称为齿根高，用 h_f 表示。

（7）全齿高。轮齿介于齿顶圆与齿根圆之间的径向距离称为全齿高，用 h 表示，显然 $h = h_a + h_f$。

（8）齿厚、齿槽宽和齿距。为了使齿轮能在两个方向传动，轮齿两侧齿廓是完全对称的。在齿轮的任意圆周 d_K 上，一个轮齿两侧齿廓间的弧长称为该圆上的齿厚，用 s_K 表示；一个齿槽两侧齿廓间的弧长称为该圆上的齿槽宽，用 e_K 表示；相邻两齿同侧齿廓间的弧长称为该圆上的齿距，用 p_K 表示。显然 $p_K = s_K + e_K$。在分度圆上齿厚、齿槽宽和齿距分别用 s、e 和 p 表示，且 $p = s + e$。

（9）法向齿距。相邻两齿同侧齿廓间在公法线方向上的距离称为法向齿距，用 p_n 表示。由渐开线性质可知，$p_n = p_b$（p_b 为基圆齿距）。

（10）齿宽。齿轮上有齿部分的轴向尺寸称为齿宽，用 b 表示。

5.4.2　直齿圆柱齿轮的基本参数

为了计算齿轮各部分几何尺寸，需要规定若干个基本参数，对标准齿轮而言，决定齿轮尺寸和齿形的基本参数有 5 个，即齿数 z、模数 m、压力角 α、齿顶高系数 h_a^* 和顶隙系数 c^*。

（1）齿数 z。齿轮上每一个用于啮合的凸起部分称为齿，一个齿轮圆周表面上的轮齿总数称为齿轮齿数。

（2）模数 m。为了确定齿轮各部分尺寸计算的基准，规定了一个直径为 d 的分度圆，由图 5-6 可知，当给定齿轮的齿数 z 及齿距 p 时，分度圆直径即可由 $d = zp/\pi$ 求出。但由于 π 为无理数，分度圆直径也将为无理数，它将给齿轮的设计、计算、制造、检验等带来很大不便。为了便于设计、制造、检验及互换使用，人为地将 p/π 规定为标准值（整数或较完整的有理数），此值称为模数 m，单位为 mm，即 $m = p/\pi$。模数已经标准化，计算几何尺寸时应采用我国规定的标准模数系列，见表 5-1。

表 5-1　　　　　　　　　　标准模数系列（GB/T 1357—2008）

第一系列	0.1	0.12	0.15	0.2	0.25	0.3	0.4	0.5	0.6	0.8
	1	1.25	1.5	2	2.5	3	4	5	6	8
	10	12	16	20	25	32	40	50		
第二系列	0.35	0.7	0.9	1.75	2.25	2.75	(3.25)	3.5	(3.75)	4.5	5.5
	(6.5)	7	9	(11)	14	18	22	28 (30)	36	45	

注　本表适用于渐开线圆柱齿轮，对斜齿轮是指法向模数。

　　模数是齿轮的一个重要参数。齿数相同的齿轮，模数越大则轮齿也越大，齿轮尺寸也越大，轮齿抗弯能力也越强。而当模数一定时，齿数 z 不同，则齿廓渐开线的形状也不同。

　　(3) 压力角 α。渐开线齿轮上各点的压力角各不相同，离基圆越远的圆，半径越大，该圆上的压力角也越大。通常所说的齿轮压力角是指分度圆上的压力角，用 α 表示。国家标准中规定分度圆上的压力角为标准值，$\alpha = 20°$。在一些特殊场合，也有用分度圆压力角为 $14.5°$、$15°$、$22.5°$、$25°$ 等的齿轮。

　　对于分度圆，现在可以给出一个完整的定义：齿轮上具有标准模数和标准压力角的圆即为分度圆。分度圆与节圆有原则的区别：分度圆是单个齿轮所固有的，每个齿轮都有一个大小确定的分度圆；而节圆是表示一对齿轮啮合特性的圆，当一对齿轮啮合时，各自节圆的大小随中心距的变化而变化，对于未安装使用的单个齿轮，节圆是不存在的。

　　(4) 齿顶高系数 h_a^*、顶隙系数 c^*。轮齿介于齿顶圆与齿根圆之间径向距离称为全齿高，用 h 表示；而分度圆以上的齿高称为齿顶高，用 h_a 表示；分度圆以下的齿高称为齿根高，用 h_f 表示。其值分别为 $h_a = h_a^* m$ 和 $h_f = (h_a^* + c^*)m$，其中，h_a^* 和 c^* 分别为齿顶高系数和顶隙系数。GB/T 1356—2001 规定了这两个系数的标准值：

　　正常齿制　　　　　　　　$h_a^* = 1$，$c^* = 0.25$

　　短齿制　　　　　　　　　$h_a^* = 0.8$，$c^* = 0.3$

5.4.3　渐开线标准直齿圆柱齿轮的几何尺寸计算

　　所谓标准齿轮是指模数、分度圆压力角、齿顶高系数和顶隙系数均为标准值，且分度圆上的齿厚与齿槽宽相等的齿轮。

　　为了便于计算渐开线标准直齿圆柱外齿轮的几何尺寸，现将其计算公式列于表 5-2 中。

表 5-2　　　　　　　　　　　　标准直齿圆柱齿轮的几何尺寸计算公式

名　称	代　号	计　算　公　式
齿顶高	h_a	$h_a = h_a^* m = m$　　$(h_a^* = 1)$
齿根高	h_f	$h_f = (h_a^* + c^*)m = 1.25m$　　$(c^* = 0.25)$
全齿高	h	$h = h_a + h_f = 2.25m$
分度圆直径	d	$d = mz$
齿顶圆直径	d_a	$d_a = d + 2h_a = d + 2m$
齿根圆直径	d_f	$d_f = d - 2h_f = d - 2.5m$
基圆直径	d_b	$d_b = d\cos\alpha$
齿距	p	$p = \pi m$
齿厚	s	$s = p/2 = \pi m/2$
齿槽宽	e	$e = p/2 = \pi m/2$
基圆齿距	p_b	$p_b = p\cos\alpha$
中心距	a	$a = (d_1 + d_2)/2 = m(z_1 + z_2)/2$

5.4.4 齿条和内齿轮的尺寸

1. 齿条

如图 5-7（a）所示，齿条与齿轮相比有以下主要特点：

（1）齿条相当于齿数无穷多的齿轮，故齿轮中的圆在齿条中都变成了直线，即齿顶线、分度线、齿根线等。

（2）齿条的齿廓是直线，所以齿廓上各点的法线是平行的，又由于齿条做直线移动，故其齿廓上各点的压力角相等，并等于齿廓直线的齿形角。

（3）齿条上各同侧齿廓是平行的，所以在与分度线平行的各直线上其齿距相等（即 $p_i = p = \pi m$）。

齿条的基本尺寸可参照外齿轮的计算公式进行计算。

2. 内齿轮

图 5-7（b）所示为一内齿圆柱齿轮的一部分，其轮齿分布在空心圆柱体的内表面上，与外齿轮相比有以下不同点：

（1）内齿轮的轮齿相当于外齿轮的齿槽，内齿轮的齿槽相当于外齿轮的轮齿。

（2）内齿轮的齿根圆大于齿顶圆。

（3）为了使内齿轮齿顶的齿廓全部为渐开线，其齿顶圆必须大于基圆。

因此，内齿轮除了下列基本尺寸计算与外齿轮不同之外，其他尺寸可参照外齿轮的计算公式进行。

齿顶圆　$d_a = (z - 2h_a^*)m$

齿根圆　$d_f = (z + 2h_a^* + 2c^*)m$

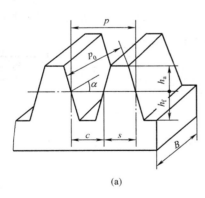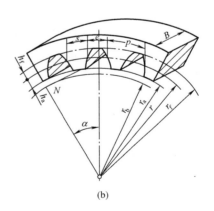

（a）　　　　　　　　　　　（b）

图 5-7　齿条和内齿轮

（a）齿条；（b）内齿圆柱齿轮

5.5　渐开线直齿圆柱齿轮的啮合传动

5.5.1　一对渐开线齿轮正确啮合的条件

渐开线齿廓能够实现定传动比传动，但这不等于说任意两个渐开线齿轮都能够搭配起来正确地啮合传动。要保证渐开线齿轮正确啮合，还必须满足一定的条件。

　　齿轮传动时，每一对齿仅啮合一段时间便要分离，而由后一对齿接替。为了使一对齿轮能正确啮合（见图 5-8），必须保证处于啮合线上的各对轮齿都能正确地进入啮合状态。为此，一对相互啮合的齿轮的法向齿距必须相等，即 $p_{b1}=p_{b2}$。又因为 $p_b=\pi m\cos\alpha$，所以，两齿轮正确啮合的条件为

$$m_1\cos\alpha_1=m_2\cos\alpha_2$$

　　由于模数 m 和压力角 α 均已标准化，故正确啮合条件为

$$\left.\begin{array}{l}m_1=m_2=m\\ \alpha_1=\alpha_2=\alpha\end{array}\right\} \qquad (5-4)$$

　　式（5-4）表明，渐开线齿轮的正确啮合条件是两轮的模数和压力角必须分别相等。这样，一对齿轮的传动比可表示为

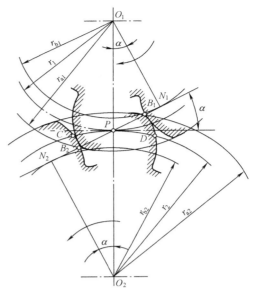

图 5-8　渐开线齿轮的啮合传动

$$i=\frac{\omega_1}{\omega_2}=\frac{d_2'}{d_1'}=\frac{d_{b2}}{d_{b1}}=\frac{d_2}{d_1}=\frac{z_2}{z_1} \qquad (5-5)$$

5.5.2　齿轮传动的中心距和啮合角

　　齿轮传动中心距的变化虽然不影响传动比，但会改变顶隙和齿侧间隙的大小。在确定中心距时，应满足以下两点要求：

　　（1）保证两轮的顶隙为标准值。一对齿轮传动时，为了避免一轮的齿顶与另一轮的齿槽底部及齿根过渡曲线部分相抵触，并有一定空隙以便储存润滑油，故在一轮的齿顶圆与另一轮的齿根圆之间留有一定的间隙，称为顶隙。顶隙的标准值为 $c=c^*m$。对于图 5-9 所示的标准齿轮外啮合传动，当顶隙为标准值时，两轮的中心距应为

$$a=r_{a1}+c+r_{f2}=(r_1+h_a^*m)+c^*m+(r_2-h_a^*m-c^*m)$$

即

$$a=r_1+r_2=m(z_1+z_2)/2 \qquad (5-6)$$

式（5-6）表明两轮的中心距应等于两轮分度圆半径之和，此中心距称为标准中心距。

　　（2）保证两轮的理论齿侧间隙为零。虽然在实际齿轮传动中，在两轮的非工作齿侧之间要留有一定的齿侧间隙。但齿侧间隙一般都很小，由制造公差来保证。故在计算齿轮的名义尺寸和中心距时，都是按齿侧间隙为零来考虑的。欲使一对齿轮在传动时其齿侧间隙为零，需使一个齿轮在节圆上的齿厚等于另一个齿轮在节圆上的齿槽宽。

　　由于一对齿轮啮合传动时两轮的节圆总是相切，而当两轮按标准中心距安装时，两轮的分度圆也相切，即 $r_1'+r_2'=r_1+r_2$。又因 $i_{12}=\dfrac{r_2'}{r_1'}=\dfrac{r_2}{r_1}$，故此时两轮的节圆分别与分度圆重合。由于分度圆上的齿厚与齿槽宽相等，因此有 $s_1'=e_1'=s_2'=e_2'=\pi m/2$，故标准齿轮在按标准中心距安装时无齿侧间隙。由前述啮合角的定义可知，啮合角等于节圆压力角。因此，当两轮按标准中心距安装时，啮合角也等于分度圆压力角［见图 5-9（a）］。

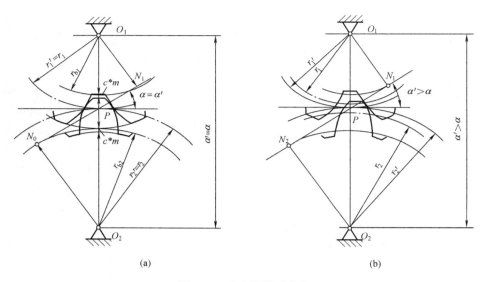

图 5-9　中心距及啮合角

（a）标准安装；（b）非标准安装

5.5.3　一对渐开线齿轮连续传动的条件

一对渐开线直齿圆柱齿轮能够正确啮合，但不一定能够实现连续的定传动比传动。为了研究齿轮连续传动的条件，先来讨论齿轮传动的啮合过程。

一对齿轮啮合传动是从主动轮的齿根推动从动轮的齿顶开始的。如图 5-8 所示，设轮 1 为主动轮并沿顺时针方向回转，则一对齿廓在 B_1 点进入啮合（B_1 点为从动轮的齿顶圆与啮合线的交点，称为初始啮合点），到 B_2 点脱离啮合（B_2 点为主动轮的齿顶圆与啮合线的交点，称为终止啮合点）。从一对轮齿的啮合过程来看，啮合点实际走过的轨迹只是啮合线上的一段，即线段 B_1B_2，称为实际啮合线。当两轮齿顶圆加大时，点 B_1 和 B_2 将分别趋近于点 N_1 和 N_2，实际啮合线将加长，但因基圆内无渐开线，所以实际啮合线不会超过 N_1N_2，即 N_1N_2 是理论上可能的最长啮合线，称为理论啮合线，N_1、N_2 称为啮合极限点。

由上述分析可知，要保证连续传动，必须保证在前一对轮齿尚未脱离啮合时，后一对轮齿就已经进入啮合。为了达到此目的，要求实际啮合线段 B_1B_2 的长度应大于轮齿的法向齿距 p_b，否则将不能连续传动。实际啮合线段的长度与法向齿距的比值称为齿轮传动的重合度，用 ε_α 表示。因此，一对齿轮连续传动的条件是

$$\varepsilon_\alpha = \overline{B_1B_2}/p_b = [z_1(\tan\alpha_{a1} - \tan\alpha') + z_2(\tan\alpha_{a2} - \tan\alpha_1')]/(2\pi) \geqslant 1 \qquad (5-7)$$

式中　　z_1、z_2——两轮的齿数；

α_{a1}、α_{a2}——两轮的齿顶圆压力角；

α'——节圆压力角。

从理论而言，重合度为 1 就能保证齿轮的连续传动，但在实际应用中考虑到制造和安装的误差，为确保齿轮传动的连续，ε_α 应大于或至少等于许用值 $[\varepsilon_\alpha]$。$[\varepsilon_\alpha]$ 根据齿轮的使用要求和制造精度而定，对于一般机械制造业，$[\varepsilon_\alpha]=1.4$；汽车、拖拉机，$[\varepsilon_\alpha]=1.1\sim1.2$；金属切削机床，$[\varepsilon_\alpha]=1.3$。

重合度不仅反映一对齿轮能否实现连续传动，而且还表示同时参与啮合的轮齿的对数。

重合度越大，意味着同时参与啮合的轮齿的对数越多，对提高齿轮传动的平稳性和承载能力有重要意义。

5.6　渐开线齿轮的切制原理及根切现象

5.6.1　齿轮的加工方法

渐开线齿轮齿廓加工方法很多，通常有铸造法、热轧法、冲压法、切制法等。生产上常用的是切制法，按其加工原理可分为成形法和范成法。

1. 成形法

所谓成形法，是指用齿槽形状相同的成形刀具或模具将轮坯齿槽的材料去掉的方法。常用的方法是在铣床上用盘形铣刀 ［见图 5 - 10 （a）］ 或指状铣刀 ［见图 5 - 10 （b）］ 切制轮齿。这种方法的特点是铣刀的轴面形状与齿轮的齿槽形状相同。如图 5 - 10 （a） 所示，切制时，盘形铣刀转动，安装在铣床工作台上的轮坯做轴向移动，铣好一个齿槽后，轮坯轴向退回原位，转过 $360°/z$，铣下一个齿槽，直至加工出全部轮齿。图 5 - 10 （b） 所示为指状铣刀加工的情况，加工方法与用盘形铣刀时相似。不过，指状铣刀一般用于切制大模数齿轮（$m \geqslant 20\text{mm}$），并可用于切制人字齿轮。

这种加工方法简单，不需要专用机床，但生产率低，精度差，只适用于单件生产及精度要求不高的齿轮加工。

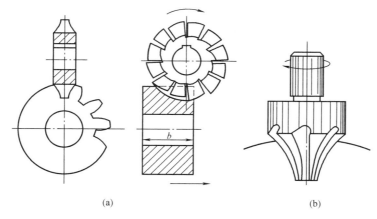

(a)　　　　　　　　　　　　　　　　　　(b)

图 5 - 10　成形法切齿
（a）盘形铣刀；（b）指状铣刀

2. 范成法

范成法又称展成法、包络法，是利用一对齿轮（或齿轮与齿条）无侧隙啮合时，两轮齿廓互为包络线的原理来切制轮齿的加工方法。将其中一个齿轮（或齿条）制成刀具，当它的节圆（或齿条刀具节线）与被加工轮坯的节圆（分度圆）做纯滚动（该运动是由加工齿轮的机床提供的，称为范成运动）时，刀具在与轮坯相对运动的各个位置，切去轮坯上的材料，留下刀具的渐开线齿廓外形，轮坯上刀具的各个渐开线齿廓外形的包络线，便是被加工齿轮的齿廓。可见范成法加工的关键是：①轮坯与刀具的节圆要做纯滚动——范成运动，即轮坯与刀具由加工机床保证按一对齿轮那样做定传动比转动；②刀具要具有渐开线齿廓的刀刃。

在用范成法切制标准齿轮时，要求标准刀具的分度线与轮坯的分度圆相切且做纯滚动，这样切出的齿轮才是分度圆上的齿厚等于齿槽宽的标准齿轮。

范成法可以保证齿形的正确和分齿均匀，用同一把刀具可以加工出模数和压力角相同而齿数不同的齿轮，且范成法制造精度高，适用于大批生产。其缺点是需要专用机床，故加工成本高。

用范成法切制齿轮时，常用的刀具有齿轮插刀、齿条插刀和齿轮滚刀。

（1）齿轮插刀加工。图 5-11 所示为用齿轮插刀加工齿轮的情形。齿轮插刀可看作是一个具有刀刃的外齿轮，其模数和压力角均与被加工齿轮相同。加工时插刀沿轮坯轴线方向做往复切削运动，同时，插刀与轮坯按恒定的传动比 $i = \dfrac{\omega_刀}{\omega_坯} = \dfrac{z_坯}{z_刀}$ 做范成运动。在切削之初，插刀还需向轮坯中心做径向进给运动，以便切出轮齿的高度。此外，为防止插刀向上退刀时擦伤已切好的齿面，轮坯还需做小距离的让刀运动。这样，刀具的渐开线齿廓就在轮坯上切出与其共轭的渐开线齿廓。

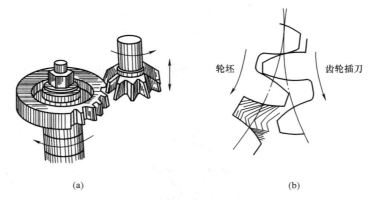

(a) 　　　　　　　　　　　　　　　(b)

图 5-11　齿轮插刀切齿

（2）齿条插刀加工。用齿条插刀切齿是模仿齿条与齿轮的啮合过程，把刀具做成齿条状，如图 5-12 所示。加工时轮坯以角速度 ω 转动，齿条插刀以速度 $v = r\omega$ 移动（即范成运动），其中 r 为被加工齿轮的分度圆半径。其切齿原理与齿轮插刀切齿原理相似。

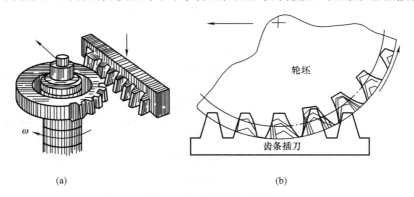

(a) 　　　　　　　　　　　　　　　(b)

图 5-12　齿条插刀切齿

（3）齿轮滚刀加工。不论用齿轮插刀还是齿条插刀加工齿轮，其切削都是不连续的，不仅影响生产率的提高，还限制了加工精度。因此，在生产中更广泛地采用齿轮滚刀来切制齿轮。图 5-13 所示为用齿轮滚刀切制齿轮的情况。用滚刀来加工直齿轮时，滚刀的轴线与轮坯端面之间的夹角应等于滚刀的导程角 γ。这样，在切削啮合处滚刀螺旋的切线方向恰好与轮坯的齿向相同。滚刀在轮坯端面上的投影相当于一个齿条。滚刀转动时，一方面产生切削运动，另一方面相当于齿条在移动，从而与轮坯转动一起构成范成运动。故滚刀切制齿轮的原理与齿条插刀相似，只不过滚刀的螺旋运动代替了插刀的切削运动和范成运动。此外，为了切制具有一定轴向宽度的齿轮，滚刀还需沿轮坯轴线方向做缓慢的进给运动。

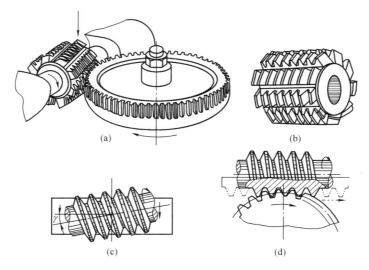

图 5-13 齿轮滚刀切齿
(a) 用齿轮滚刀加工齿轮；(b) 齿轮滚刀；(c) 齿轮滚刀的安装位置；(d) 滚齿加工剖面图

5.6.2 渐开线齿廓的根切问题

1. 根切现象

用范成法加工齿轮时，有时候刀具的顶部会过多地切入轮齿根部，因而将齿根的渐开线切去一部分，这种现象称为根切。

如图 5-14 (a) 所示，虚线表示该轮齿的理论齿廓，实线表示发生根切后的齿廓。产生严重根切的齿轮，不但削弱了轮齿根部的抗弯强度，而且会使两啮合齿轮实际啮合线缩短，从而使重合度降低，影响传动的平稳性，因此，应尽量避免根切现象的产生。

2. 标准齿轮不发生根切的最少齿数

为了避免根切，首先要了解发生根切的原因。图 5-14 (b) 所示为使用齿条插刀加工标准齿轮。图中齿条插刀的分度线与被切轮坯的分度圆相切于节点 P，刀具的齿顶线与啮合线的交点已超过了被切齿轮极限啮合点 N_1。图 5-14 (b) 中，B_1 点为轮坯齿顶圆与啮合线的交点，根据啮合原理可知：刀具将从位置 1 开始切削齿廓的渐开线部分，而当刀具行至位置 2 时，齿廓的渐开线已全部切出。如果刀具的齿顶线恰好通过 N_1 点，则当范成运动继续进行时，该切削刃即与切好的渐开线齿廓脱离，因而就不会发生根切现象。但是若如图所示刀具的顶线超过了 N_1 点，当范成运动继续进行时，刀具还将继续切削，超过极限点 N_1 部分的刀具范成廓线将与已加工完成的齿轮渐开线廓线发生干涉，从而导致根切现象的发生。

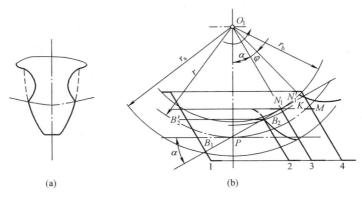

图 5-14　渐开线齿廓的根切

(a) 根切；(b) 根切的原因

由以上分析可知，只要齿条刀具的齿顶线超过被加工齿轮的基圆与啮合线的切点 N_1，即只要 $\overline{PB_2} > \overline{PN_1}$，就会发生根切现象。

为了不发生根切，则应使 $\overline{PB_2} \leqslant \overline{PN_1}$。由于刀具的模数、压力角与齿顶高系数与被加工齿轮相同，因此可以增加被加工齿轮的齿数，来满足 $\overline{PB_2} \leqslant \overline{PN_1}$。即应使 $h_a^* m \leqslant \overline{PN_1} \sin\alpha$，此时刀具的齿顶不超过啮合极限点 N_1。

由此可求得，为了避免根切，被切齿轮的最少齿数为

$$z_{\min} = \frac{2h_a^*}{\sin^2\alpha}$$

对于 $h_a^* = 1$，$\alpha = 20°$ 的标准直齿圆柱齿轮，不发生根切的最少齿数 $z_{\min} = 17$。在工程实际中，轮齿若有轻微的根切，对齿轮的承载能力影响甚微。因此，有时为了减小齿轮尺寸，允许取最少齿数为 14。

5.6.3　变位齿轮及其尺寸

1. 变位齿轮的概念

用标准齿条刀具加工齿轮，按照刀具分度线与被加工齿轮分度圆的相对位置，可分为两种情况。

(1) 若齿条刀具的分度线（又称中线）与轮坯的分度圆相切并做纯滚动，这时加工出来的齿轮为标准齿轮，此种安装形式称为标准安装 [见图 5-15 (a)]。

(2) 若在加工齿轮时，不采用标准安装，而是将刀具相对于轮坯中心向外移出或向内移近一段距离 [见图 5-15 (b)、(c)]，则刀具的中线将不再与轮坯的分度圆相切。刀具移动的距离 xm 称为径向变位量，其中，m 为模数，x 为变位系数。这种用改变刀具与轮坯相对位置来加工齿轮的方法称为变位修正法，这样加工出来的齿轮称为变位齿轮。

在加工齿轮时，若将刀具远离轮坯中心向外移出 [见图 5-15 (b)]，则称为正变位，变位系数 $x > 0$，加工出来的齿轮称为正变位齿轮；若将刀具向轮坯中心移近 [见图 5-15 (c)]，则称为负变位，变位系数 $x < 0$，加工出来的齿轮称为负变位齿轮。

2. 变位齿轮的几何尺寸

如图 5-15 (d) 所示，对于正变位齿轮，被切齿轮分度圆相切的已不再是刀具的中线，而是刀具的节线。刀具节线上的齿槽宽较分度线上的齿槽宽增加至 $2\overline{KJ}$，由于轮坯分度圆

与刀具节线做纯滚动,故知其齿厚也增大了 $2\overline{KJ}$。由 $\triangle IJK$ 可知,$\overline{KJ} = xm\tan\alpha$。因此,正变位齿轮的齿厚为

$$s = \pi m/2 + 2\overline{KJ} = (\pi/2 + 2x\tan\alpha)m$$

又由于齿条刀具的齿距恒等于 πm,故知正变位齿轮的齿槽宽为

$$e = (\pi/2 - 2x\tan\alpha)m$$

又由图 5-15(d)可见,当刀具正变位 xm 后切出的正变位齿轮,其齿根高较标准齿轮减小了 xm,即

$$h_f = h_a^* m + c^* m - xm = (h_a^* + c^* - x)m$$

而其齿顶高,若不计它对顶隙的影响,为了保持齿全高不变,应较标准齿轮增大 xm,此时应为

$$h_a = (h_a^* + x)m$$

其齿顶圆半径和齿根圆半径分别为

$$r_a = r + (h_a^* + x)m$$
$$r_f = r - (h_a^* + c^* - x)m$$

对于负变位齿轮,上述公式同样适用,只需注意到其变位系数 x 为负即可。

将相同模数、齿数和压力角的变位齿轮与标准齿轮的尺寸相比较[见图 5-15(e)],可以明显看出它们之间的差别。

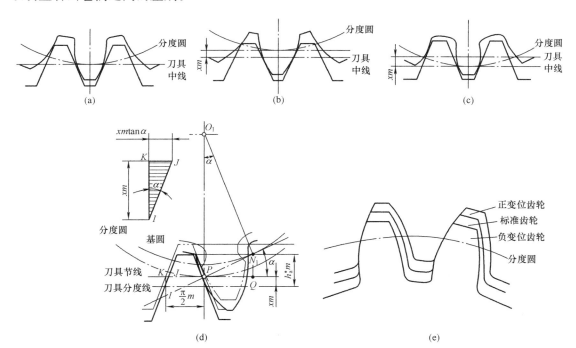

图 5-15 标准齿轮与变位齿轮的比较

(a)加工标准齿轮;(b)加工正变位齿轮;(c)加工负变位齿轮;
(d)变位齿轮的几何尺寸;(e)标准齿轮和变位齿轮的尺寸比较

3. 变位齿轮的优点

变位齿轮与标准齿轮相比有下列优点:

（1）采用正变位，可以加工出齿数 $z < z_{min}$ 而不发生根切的齿轮，使齿轮传动的尺寸减小，结构更加紧凑。

（2）正变位齿轮的齿厚及齿顶高比标准齿轮的大，负变位齿轮的齿厚及齿顶高比标准齿轮的小。当实际中心距 a' 不等于标准中心距 a（$a' > a$ 或 $a' < a$）时，可以采用变位齿轮配凑中心距，以满足实际中心距的要求。

（3）一对标准齿轮相互啮合时，小齿轮齿廓渐开线的曲率半径和齿根厚度较小，啮合次数较多，强度较低。这时，可以通过正变位来提高小齿轮的抗弯能力，从而提高一对齿轮传动的总体强度。

由于变位齿轮与标准齿轮相比具有很多优点，而且仍可使用标准刀具加工，所以在工程中得到广泛应用。

5.7 齿轮的失效形式及设计准则

齿轮传动按其工作条件可分为闭式齿轮传动和开式齿轮传动。闭式传动的齿轮封闭在刚性的箱体内，因而能保证良好的润滑和洁净的工作条件。重要的齿轮传动都采用闭式传动，如汽车、机床、航空发动机的传动装置等。开式传动的齿轮是外露的，不能保证良好的润滑，而且易落入灰尘、杂质，工作条件差，齿轮易于磨损，因而多用于低速传动和不重要的场合，如农业机械、建筑机械等。

5.7.1 齿轮的失效形式

一般齿轮传动的失效主要是指轮齿的失效。至于齿轮的其他部分（如齿圈、轮辐、轮毂等），其强度和刚度都较富裕，很少发生破坏，通常只按经验设计。轮齿的失效形式是多种多样的，常见的有轮齿折断、齿面点蚀、齿面胶合、齿面磨损、齿面塑性变形等。

1. 轮齿折断

轮齿折断一般发生在齿根部位。因为轮齿在传递动力时的受载情况，相当于一个悬臂梁，轮齿根部产生的弯曲应力最大，并且有应力集中作用。

轮齿折断有多种原因，在正常工作下主要有两种：一种是因多次重复的弯曲应力和应力集中造成的齿根弯曲疲劳折断；另一种是因短时过载或冲击载荷而造成的过载折断。两种折断均发生在轮齿受拉应力的一侧。轮齿折断，可能从根部整体折断［见图 5-16（a）］，一般发生在齿宽较小的直齿圆柱齿轮；也可能局部折断［见图 5-16（b）］，一般发生在齿宽较大的直齿圆柱齿轮、斜齿圆柱齿轮和人字齿轮上。

为了提高轮齿的抗折断能力，可采取以下措施：增大齿根处过渡圆角半径及消除加工刀痕以减小齿根应力集中，增大支承的刚性使轮齿受载较为均匀，降低表面粗糙度值，采用表面强化处理等。

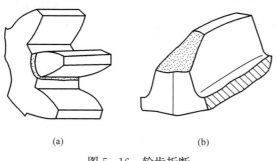

(a)   (b)

图 5-16 轮齿折断

(a) 整体折断；(b) 局部折断

2. 齿面点蚀

点蚀是齿面疲劳损伤的现象之一，如图 5-17 所示。在润滑良好的闭式齿轮传动中，齿轮工作了一段时间后，在轮齿工作表面上会产生一些细小的麻点状凹坑，称为齿面疲劳点蚀。疲劳点蚀主要是由于轮齿啮合时，齿面的接触应力按脉动循环变化，在这种脉动循环变化的接触应力的多次重复作用下，在轮齿表面层会产生疲劳裂纹，裂纹的扩展使金属微粒剥落下来而形成。点蚀的出现往往会产生强烈的振动和噪声，导致齿轮失效。

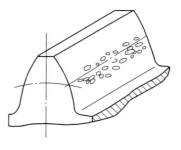

图 5-17　齿面点蚀

在开式齿轮传动中，齿面磨损的速度较快，当齿面还没有形成疲劳裂纹时，表层材料已被磨掉，很少出现点蚀。

提高齿面硬度，降低表面粗糙度值和润滑油的黏度，采用正变位传动等，均可减缓或防止点蚀产生。

3. 齿面胶合

胶合是比较严重的黏着磨损。对于高速重载传动，齿面间的压力大，瞬时温度高，润滑效果差，当瞬时温度过高时，会使油膜破裂，造成齿面间的黏焊现象，黏焊处被撕脱后，轮齿表面沿滑动方向形成沟痕（见图 5-18），这种胶合称为热胶合。在低速重载传动中，不易形成油膜，摩擦热虽不大，但也可能因重载而出现冷焊黏着，这种胶合称为冷胶合。热胶合是高速、重载齿轮传动的主要失效形式。

减小模数、降低齿高、采用角度变位齿轮以减小滑动系数，提高齿面硬度，采用抗胶合能力强的润滑油（极压油）等，均可减缓或防止齿面胶合。

4. 齿面磨损

在齿轮传动中，齿面随着工作条件的不同会出现多种不同的磨损形式。例如，当轮齿啮合齿面间落入磨料性物质（如砂粒、铁屑、灰尘等杂质）时，较软齿面将产生磨粒磨损（见图 5-19）。齿面磨损严重时，轮齿不仅失去了正确的齿廓形状，而且轮齿变薄易引起折断。齿面磨损是开式齿轮传动的主要失效形式。改用闭式传动是避免齿面磨粒磨损最有效的办法。

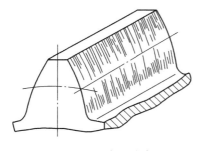

图 5-18　齿面胶合

图 5-19　齿面磨损

对于闭式传动，减轻或防止磨损的主要措施包括：提高齿面硬度；降低齿面粗糙度值；注意润滑油的清洁和定期更换；采用角度变位齿轮传动，以减轻齿面滑动等。对于开式传动，应注意环境清洁，减少磨粒（硬屑）的侵入。

5. 齿面塑性变形

齿面塑性变形属于轮齿永久变形的一种失效形式。在重载传动时，齿面表层的材料可能沿着摩擦力的方向产生流动，使齿面产生塑性变形（见图 5-20）。当齿轮受到短期过载或冲

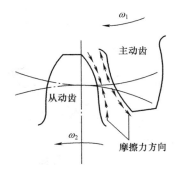

图 5-20　齿面塑性变形

击载荷时，较软材料做成的齿轮可能发生轮齿整体歪斜变形，称为整体塑性变形。

适当提高齿面硬度，采用黏度较大的润滑油，可以减轻或防止齿面塑性流动。

5.7.2　齿轮传动的设计准则

由上述分析可知，齿轮传动在具体的工作情况下，必须具有足够的、相应的工作能力，以保证在整个工作寿命期间不致失效。因此，针对各种工作情况及失效形式，应当建立相应的设计准则。但是，目前对于齿面磨损、塑性变形等失效，尚未建立起工程实际使用而且行之有效的计算方法及设计数据。所以，对于一般使用的齿轮传动，通常只做齿根弯曲疲劳强度和齿面接触疲劳强度的计算。

1. 开式齿轮传动

开式齿轮传动的主要失效形式是轮齿折断和齿面磨损。目前尚无可靠的计算磨损的方法，故先按轮齿弯曲疲劳强度计算出模数。考虑到磨损后轮齿变薄，一般将计算出来的模数增大 10%～15%，再取相近的标准值。

2. 闭式齿轮传动

闭式齿轮传动的主要形式是齿面点蚀和胶合。目前，一般针对齿轮齿面的硬度进行相应的强度计算。当一对齿或其中的一个齿轮为软齿面（≤350HBS 或 38HRC）时，通常轮齿的齿面接触疲劳强度较低，故应先按齿面接触疲劳强度进行设计，然后再校核轮齿的弯曲疲劳强度；而当一对齿轮均为硬齿面（＞350HBS 或 38HRC）时，通常轮齿的弯曲疲劳强度较低，故应先按轮齿弯曲疲劳强度进行设计，然后再校核齿面接触疲劳强度。

5.8　齿轮传动的精度及齿轮的材料

5.8.1　齿轮传动的精度

齿轮用来传递运动和动力，齿轮传动的质量直接影响机器的工作性能和使用寿命。影响齿轮传动质量的误差主要包括由制造和安装时产生的齿形误差、齿向误差、两轴线不平行等。这些误差对齿轮传动带来以下几方面的影响：

（1）影响运动的准确性。从理论上讲，用渐开线作轮齿的工作齿廓，可使其在传动中传动比为一常数，以保证精确地传递运动。但齿轮在加工和安装中都会产生误差，因此，实际齿轮在传动中难以保持传动比恒定，使相啮合齿轮在一转范围内实际转角与理论转角不一致，就会造成从动轮的转速变化，即瞬时传动比的变化。

（2）影响传动的平稳性。由于瞬时传动比不能保持恒定不变，齿轮在一转范围内会出现多次重复的转速波动，造成齿轮传动的平稳性差，会产生过大的冲击、振动和噪声，特别对于高速传动的齿轮是非常重要的，它不仅影响齿轮的使用寿命，而且影响机械的工作精度。

（3）影响载荷分布的均匀性。理论上，直齿轮的一对轮齿在啮合过程中，从齿根到齿顶每一瞬间都在全齿宽上接触。但实际上，由于齿轮的制造和安装误差，轮齿表面并不是在全齿宽上接触，这样就会造成齿面受力不均匀，当传递较大的载荷时，容易引起轮齿的折断，降低齿轮的使用寿命。

GB/T 10095.1—2008 规定了 $m_n \geqslant 0.5\text{mm}$ 的单个渐开线圆柱齿轮同侧齿廓的精度。标准中对齿轮规定了 13 个精度等级。其中，0 级精度最高，第 12 级精度最低，一般使用中，3~5 级属于高精度，6~8 级属于中等精度，9~12 级属于低精度。目前，0、1、2 级精度的齿轮用机械加工的方法实现难度还较大。齿轮副的两个配对齿轮一般取成相同的精度等级。齿轮精度的选用与齿轮的用途、工作条件和技术要求有关，应根据对齿轮传递运动准确性的要求，以及圆周速度、载荷大小等一系列因素来决定。常用齿轮传动精度等级的选择及应用见表 5 - 3。

表 5 - 3   常用齿轮传动精度等级的选择及应用

精度等级	圆周速度 v（m/s）				应　　用
	直齿圆柱齿轮	斜齿圆柱齿轮	直齿锥齿轮	曲线齿锥齿轮	
6	≤15	≤25	≤9	≤20	高速重载的齿轮传动，如飞机、汽车和机床制造业中的重要齿轮，分度机构的齿轮传动
7	≤10	≤17	≤6	≤10	高速中载或中速中载的齿轮传动，如标准系列减速器中的齿轮，汽车和飞机中的齿轮
8	≤5	≤10	≤3	≤7	一般机械中的齿轮，如飞机、汽车和机床中的不重要齿轮；农业机械中的重要齿轮
9	≤3	≤3.5	≤2.5		低速及精度要求低的传动，如农业机械、建筑机械、矿山机械中的一般齿轮

5.8.2　对齿轮材料的基本要求

为了保证齿轮工作的可靠性，提高其使用寿命，由齿轮的失效形式可知，对其材料性能的基本要求是：齿面要硬，齿心要韧。具体而言，齿轮的材料应具备以下条件：

（1）应有足够的硬度，以抵抗齿面磨损、点蚀、胶合、塑性变形等。

（2）齿心应有足够的强度和较好的韧性，以抵抗齿根折断和冲击载荷。

（3）应有良好的加工工艺性能及热处理性能，使之便于加工且便于提高其力学性能。所以，齿轮所用的材料主要是各种牌号的钢材。在某些受力较小的情况下，齿轮也可采用非金属材料，如工程塑料等。

5.8.3　齿轮的常用材料

1. 钢

钢的韧性好，耐冲击，还可通过热处理或化学热处理改善其力学性能及提高齿面的硬度，故最适于用来制造齿轮。

（1）锻钢。锻钢是制造齿轮最常用的材料。锻钢的特点是强度高、韧性好、便于制造等，还可通过各种热处理的方法来改善其力学性能。除尺寸过大或结构形状复杂只宜铸造者外，一般都由锻钢制造齿轮。根据齿面硬度的不同，锻钢可分为软齿面和硬齿面两类。

1）软齿面齿轮。齿面硬度≤350HBS 的齿轮为软齿面齿轮。这类齿轮常用的材料为 45、40Cr、35SiMn、38SiMnMo 等中碳钢或中碳合金钢。一般对轮坯要进行调质或正火处理，热处理后的硬度为 180～280HBS。由于硬度不高，齿轮的轮齿是在热处理以后进行精切加工，加工成本低。在啮合传动中，由于小齿轮比大齿轮的啮合次数多，且小齿轮的齿根厚度较小，抗弯能力较低，因此，为了使两者的强度和使用寿命相当，通常使小齿轮的齿面硬度比大齿轮的齿面硬度高 30～50HBS。这类齿轮常用于对强度、速度及对结构尺寸不加限制的场合。

2）硬齿面齿轮。齿面硬度＞350HBS 的齿轮为硬齿面齿轮。这类齿轮常用的材料为 20Cr、20CrMnTi 等低碳合金钢，一般采用渗碳淬火处理，齿面硬度可达 56～62HRC；也可用 45、40Cr 等中碳钢或中碳合金钢，进行表面淬火处理，齿面硬度为 50～55HRC。这类齿轮在切齿加工后进行热处理，由于热处理会使轮齿变形，所以通常还应进行磨齿等精加工。硬齿面齿轮制造工艺复杂、成本高，常用于高速、重载及精度要求高的齿轮传动中。

（2）铸钢。当齿轮的尺寸较大（大于 400～600mm）或结构复杂，受力较大时，可考虑采用铸钢。铸钢的耐磨性及强度较好，但由于铸造时收缩性大、内应力大，故在切削加工前应进行正火或退火处理，必要时也可进行调质处理。常用的铸钢有 ZG310～570、ZG340～640 等。

2. 铸铁

铸铁性质较脆，抗弯强度、抗冲击能力较差，但耐磨性能较好，一般用于低速轻载、冲击小等不重要的开式齿轮传动中。球墨铸铁的力学性能和抗冲击能力比灰铸铁高，高强度球墨铸铁可以代替铸钢铸造大直径的轮坯。常用的铸铁材料有 HT300、HT350、QT600-3 等。

3. 非金属材料

对高速、轻载及精度不高的齿轮传动，为了降低噪声，可采用非金属材料制造齿轮。常用的非金属材料有塑料、皮革等。制造齿轮的材料有布质塑料、木质塑料、尼龙等。这种齿轮多与另一个由锻钢或铸铁制造的齿轮配合使用，它们的承载能力较低。

5.8.4　常用热处理方法

为了改善齿轮材料的机械性能，钢制齿轮常用以下几种热处理方法。

1. 表面淬火

通过快速加热使齿轮很快地达到淬火温度，然后放在水或油中急速冷却，这种操作称为表面淬火。表面淬火的目的是提高轮齿表面的硬度和强度，并能保持齿心的韧性。表面淬火后齿面硬度可达 56～62HRC，可以承受一定的冲击载荷。通常，硬齿面齿轮的材料用中碳钢或中碳合金钢制造，采用表面淬火处理。

2. 渗碳淬火

对于承受较大冲击载荷的齿轮，一般选用韧性较好的低碳钢或低碳合金钢，进行表面渗碳淬火处理。渗碳淬火后，齿面硬度可达 56～62HRC。因齿面变形较大，需要进行磨齿。

3．调质

淬火后随即进行高温回火，这一联合热处理操作称为调质处理。调质处理的目的是获得较高的齿轮强度和韧性。调质处理后齿面应当一般为 220～280HBS。因硬度较低，可在热处理后进行轮齿精切加工。

4．正火

将齿轮加热到某一温度，保温一段时间，然后放在空气中冷却，这种操作称为正火处理。正火处理的目的是消除内应力，改善机械强度和切削性能。

除上述几种热处理方法外，还可采用渗氮处理等化学热处理方法。

齿轮常用材料、热处理方式及其力学性能见表 5-4。在选择齿轮材料时一般考虑工作条件、齿轮尺寸、毛坯成形方法、热处理、制造工艺等方面。

表 5-4   **齿轮常用材料及其力学性能**

材料	热处理	强度极限 σ_b（MPa）	屈服极限 σ_s（MPa）	齿面硬度 HBS	许用接触应力 $[\sigma_H]$（MPa）	许用弯曲应力 $[\sigma_F]$（MPa）
HT300		300		187～255	290～347	80～105
QT600-3		600		190～270	436～535	262～315
ZG310-570	正火	580	320	163～197	270～301	171～189
ZG340-640		650	350	179～207	288～306	182～196
45		580	290	162～217	468～513	280～301
ZG340-640		700	380	241～269	468～490	248～259
45	调质	650	360	217～255	513～545	301～315
35SiMn		750	450	217～269	585～648	388～420
40Cr		700	500	241～286	612～675	399～427
45	调质后 表面淬火			40～50HRC	927～1053	427～504
40Cr				48～55HRC	1035～1098	483～518
20Cr	渗碳后 淬火	650	400	56～62HRC	1350	645
20CrMnTi		1100	850	56～62HRC	1350	645

5.9   直齿圆柱齿轮传动的强度计算

直齿圆柱齿轮传动的强度计算方法是其他各类齿轮传动计算的基础。其他类型齿轮传动（如斜齿圆柱齿轮传动、圆锥齿轮传动等）的强度计算，都可以通过折合成当量直齿圆柱齿轮传动的方法来进行。

5.9.1   轮齿的受力分析和计算载荷

1．轮齿的受力分析

进行齿轮传动的强度计算时，首先要知道轮齿上所受的力，这就需要对齿轮传动作受力分析。当然，对齿轮传动进行力分析也是计算安装齿轮的轴和轴承的前提。

齿轮传动一般均加以润滑，啮合齿面间的摩擦力通常很小，计算轮齿受力时，可不予考虑。

图 5-21 所示为一对直齿圆柱齿轮啮合传动时的受力情况，轮齿间相互作用的总压力为法向力 F_n，其方向沿啮合线。为了便于分析计算，可按节点 C 处啮合进行受力分析。并将法向力 F_n 分解为相互垂直的两个分力，即圆周力 F_t 和径向力 F_r。

$$\left.\begin{array}{l} F_{t1} = F_{t2} = 2000T_1/d_1 \\ F_{r1} = F_{r2} = F_{t1}\tan\alpha \\ F_{n1} = F_{n2} = F_{t1}/\cos\alpha \end{array}\right\} \tag{5-8}$$

式中　T_1——小齿轮传递的转矩，$T_1 = 9550\dfrac{P}{n_1}$（N·m），P 为传递功率（kW），n_1 为小齿轮转速（r/min）；

　　　　d_1——小齿轮的分度圆直径（通常在分度圆处分析），mm；

　　　　α——压力角，对于标准齿轮，$\alpha = 20°$。

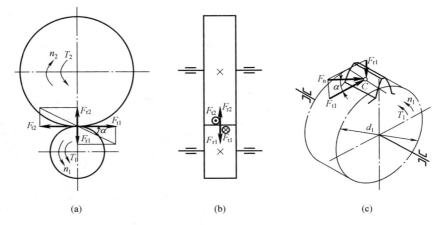

图 5-21　直齿圆柱齿轮的作用力

由式（5-8）及图 5-21 可知，从动轮轮齿上的各力分别与主动轮上的各力大小相等、方向相反。各力的方向判断如下：主动轮圆周力的方向与其回转方向相反，从动轮的圆周力与其回转方向相同。径向力的方向与齿轮回转方向无关，对于两轮（外齿轮）都是由作用点指向各自的轮心。

2. 计算载荷

上述齿轮受力分析中的法向力 F_n 为名义载荷。理论上，F_n 应沿齿宽均匀分布，但实际上，由于传动装置的制造、安装误差、支承刚度等的影响，使得载荷沿齿宽的分布不均匀，即出现载荷集中现象。此外，由于原动机及工作机运转的不平稳、齿轮制造误差、轮齿变形等原因，还会引起附加动载荷。精度越低、圆周速度越高，附加动载荷就越大。因此，齿轮上所受的实际载荷一般都大于名义载荷。在进行齿轮强度计算时，为了考虑这些因素的影响，应当将名义载荷乘以载荷系数，修正为计算载荷进行计算：

$$F_{ca} = KF_n \tag{5-9}$$

式中　K——载荷系数，见表 5-5。

表 5-5	载 荷 系 数 K			
工作机特性	原 动 机			
	电动机	汽轮机、液压马达	多缸内燃机	单缸内燃机
均匀平稳	1～1.2	1.2～1.4	1.4～1.6	1.6～1.8
轻微冲击	1.2～1.6	1.4～1.6	1.6～1.8	1.8～2.0
中等冲击	1.4～1.6	1.6～1.8	1.8～2.0	2.0～2.2
严重冲击	1.6～1.8	1.8～2.0	2.0～2.2	2.2～2.4

注 斜齿：圆周速度低、精度高、齿宽系数小时取小值。直齿：圆周速度高、精度低、齿宽系数大时取大值。齿轮在两轴承之间并对称布置时取小值，齿轮在两轴承之间不对称布置及悬臂布置时取大值。

5.9.2 齿面接触疲劳强度计算

为了防止齿面点蚀失效，需要计算齿轮齿面接触疲劳强度。齿面点蚀与齿面的接触应力大小直接有关，可根据弹性力学中的赫兹公式计算最大接触应力。因为齿轮轮廓上各点的曲率半径是变化的，所以首先应规定出一个计算点。齿轮传动在节点处一般仅有一对轮齿啮合，接触应力较大，因此通常是在节点附近的齿根部分首先发生齿面点蚀。因此，选择齿轮传动的节点作为接触应力的计算点。

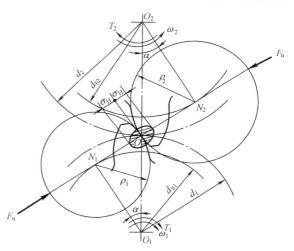

图 5-22 齿面的接触应力

一对渐开线齿轮啮合时，可看作是以齿廓在啮合点处的曲率半径为半径的两圆柱体的接触。因此，如图 5-22 所示的一对轮齿在节点 C 处啮合，可将其近似地看成半径分别为 ρ_1 和 ρ_2 的两圆柱体沿宽度 b 接触。ρ_1 和 ρ_2 分别为两渐开线齿廓在节点 C 处的曲率半径。齿面的接触应力可按计算圆柱体表面接触应力的赫兹公式计算：

$$\sigma_{Hmax} = \sqrt{\frac{1}{\pi\left(\dfrac{1-\mu_1^2}{E_1} + \dfrac{1-\mu_2^2}{E_2}\right)}\frac{F_n}{b\rho_\Sigma}} \tag{5-10}$$

式中 μ_1、μ_2——两圆柱体材料的泊松比；

E_1、E_2——两圆柱体材料的弹性模量，MPa；

ρ_Σ——两圆柱体材料的综合曲率半径。

其中，$\rho_\Sigma = \dfrac{\rho_1 \rho_2}{\rho_2 \pm \rho_1}$，$\rho_1$、$\rho_2$ 为两圆柱体在接触处的曲率半径，"＋"用于外啮合，"－"用于内啮合，mm。

接触疲劳强度的计算准则是其最大接触应力不超过其许用值，即 $\sigma_{Hmax} \leqslant [\sigma_H]$。

将曲率半径 ρ_1 和 ρ_2、齿轮分度圆直径 d_1 和 d_2、齿宽 b、材料常数及计算载荷代入式 (5-10) 中，并由接触疲劳强度条件，可以推得齿面接触疲劳强度的校核计算公式

$$\sigma_{\mathrm{H}} = 21\,260 \sqrt{\frac{KT_1}{bd_1^2} \cdot \frac{u \pm 1}{u}} \leqslant [\sigma_{\mathrm{H}}] \qquad (5\text{-}11)$$

设计计算公式

$$d_1 \geqslant 766 \sqrt[3]{\frac{KT_1}{\psi_{\mathrm{d}}[\sigma_{\mathrm{H}}]^2} \cdot \frac{u \pm 1}{u}} \qquad (5\text{-}12)$$

式中　d_1——小齿轮的分度圆直径，mm；

　　　T_1——小齿轮传递的转矩，N·m；

　　　u——齿数比，$u = z_{\text{大}}/z_{\text{小}}$，在减速传动中，$u = i_{12}$；

　　　ψ_{d}——齿宽系数（见表5-6），$\psi_{\mathrm{d}} = b/d_1$，$b$为齿宽，mm；

　　　$[\sigma_{\mathrm{H}}]$——材料的许用接触应力，见表5-4，MPa。

其中，"＋""－"分别用于外啮合和内啮合。

表5-6	齿　宽　系　数 ψ_{d}	
	齿　面　硬　度	
齿轮相对于轴承的位置	软　齿　面 （大轮或大、小轮硬度≤350HBS）	硬　齿　面 （大、小轮硬度＞350HBS）
对称布置	0.8～1.4	0.4～0.9
非对称布置	0.6～1.2	0.3～0.6
悬臂布置	0.3～0.4	0.2～0.25

需要指出的是，式（5-11）和式（5-12）只适用于一对钢制齿轮，若配对齿轮的材料改变时，应将计算结果乘以如下数值：配对材料为钢对铸铁时乘以0.90；配对材料为铸铁对铸铁时乘以0.83。

另外，一对齿轮啮合时，两齿面上的接触应力是相等的，但两轮的材料不同时其许用接触应力$[\sigma_{\mathrm{H}}]$也不同，在做强度计算时应将$[\sigma_{\mathrm{H}}]_1$与$[\sigma_{\mathrm{H}}]_2$中的较小值代入式（5-11）中计算。

5.9.3　齿根弯曲疲劳强度计算

为了防止轮齿工作时发生疲劳折断，必须限制齿根处的弯曲应力，因此需进行齿根弯曲疲劳强度计算。

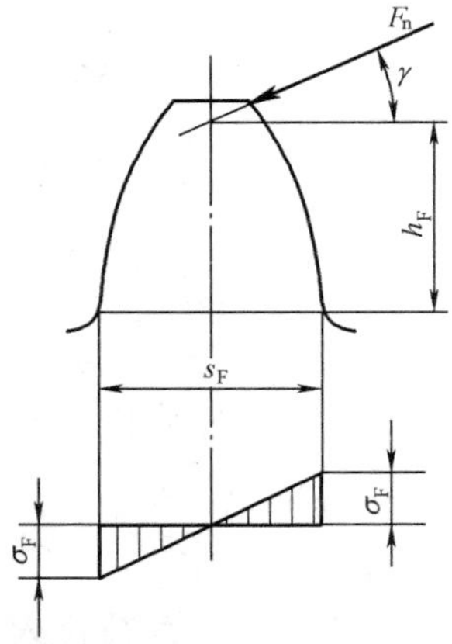

图5-23　齿根弯曲应力

计算轮齿的弯曲应力时，将齿轮看作宽度为b的悬臂梁。因此，齿根所受的弯矩最大，齿根处的弯曲疲劳强度也最弱。根据分析，齿根所受的最大弯矩发生在轮齿啮合点位于单齿啮合区的最高点（见图5-23），因此，齿根弯曲强度也应按载荷作用于单对齿啮合区最高点来计算。

图5-23中，s_{F}为齿根危险截面的厚度，h_{F}为悬臂梁的臂长。由法向力F_{n}和悬臂长h_{F}确定齿根处的弯矩M，由齿宽b和齿厚s_{F}确定齿根处的抗弯截面系数W_{z}，代入梁的抗弯强度条件

$$\sigma_{\max} = \frac{M_{\max}}{W_{\mathrm{z}}} \leqslant [\sigma_{\mathrm{F}}] \qquad (5\text{-}13)$$

可推出齿根弯曲疲劳强度的校核计算公式

$$\sigma_{\mathrm{F}} = \frac{2KT_1 \times 10^3}{bd_1 m} Y_{\mathrm{FS}} \leqslant [\sigma_{\mathrm{F}}] \qquad (5-14)$$

得设计计算公式

$$m \geqslant 1.26 \sqrt[3]{\frac{KT_1 Y_{\mathrm{FS}} \times 10^3}{\phi_d z_1^2 [\sigma_{\mathrm{F}}]}} \qquad (5-15)$$

式中 T_1——小齿轮传递的转矩，N·m；

   z_1——小齿轮齿数；

   m——齿轮的模数，mm；

   Y_{FS}——复合齿形系数（见表 5-7），与轮齿的几何形状有关，同时考虑了应力集中的影响；

$[\sigma_{\mathrm{F}}]$——材料许用弯曲应力，见表 5-4，MPa。

其余各参数的意义和量纲同前。

表 5-7   **复 合 齿 形 系 数 Y_{FS}**

z (z_v)	17	18	19	20	21	22	23	24	25	26	27	28	29
Y_{FS}	4.51	4.45	4.41	4.36	4.33	4.30	4.27	4.24	4.21	4.19	4.17	4.15	4.13
z (z_v)	30	35	40	45	50	60	70	80	90	100	150	200	∞
Y_{FS}	4.12	4.06	4.04	4.02	4.01	4.00	3.99	3.98	3.97	3.96	4.00	4.03	4.06

需要指出，用式（5-14）和式（5-15）进行计算时，由于大、小齿轮的复合齿形系数 Y_{FS1} 和 Y_{FS2} 各不相同，并且两轮的材料不同时其许用弯曲应力 $[\sigma_{\mathrm{F}}]_1$ 与 $[\sigma_{\mathrm{F}}]_2$ 也不相等，因此，校核计算时，应分别验算两个齿轮的轮齿弯曲强度；在设计计算时，应将 $Y_{\mathrm{FS1}}/[\sigma_{\mathrm{F}}]_1$ 和 $Y_{\mathrm{FS2}}/[\sigma_{\mathrm{F}}]_2$ 中的较大值代入式（5-15）中计算，计算所得模数按表 5-1 将其圆整为标准模数。

另外，表 5-4 中齿轮材料的许用弯曲应力 $[\sigma_{\mathrm{F}}]$ 是在轮齿单向受载的试验条件下测出的，若轮齿的工作条件是双向受载，则应将表 5-4 中的数据乘以 0.7。

设计齿轮传动时，应首先按其主要失效形式进行强度计算，确定其主要尺寸，然后对其他失效形式进行必要的校核。例如，软齿面闭式齿轮传动常因齿面点蚀而失效，故通常先按齿面接触疲劳强度设计公式确定传动的尺寸，然后验算轮齿弯曲疲劳强度；而硬齿面闭式齿轮传动抗点蚀能力较强，故可先按弯曲强度设计公式确定模数等尺寸，然后验算齿面接触疲劳强度。

5.9.4 齿轮传动设计参数的选择

1. 齿数选择

若保持齿轮传动中心距不变，增加齿数，除了能增大重合度，改善传动的平稳性外，还可以减小模数，降低齿高，从而减少齿槽中被切掉的金属量，节省制造费用。另外，降低齿高还可以减少磨损及胶合的危险性。但模数变小，齿厚随之减薄，轮齿的弯曲强度也会降低。因此，在一定的齿数范围内，尤其是当承载能力主要取决于齿面接触强度时，以齿数多一些为好。

闭式齿轮传动一般转速较高，为了提高传动的平稳性，减小冲击振动，小齿轮的齿数宜选多一些，可取 $z_1 = 20 \sim 40$；开式齿轮传动一般转速较低，由于轮齿主要为磨损失效，为使轮齿不致过小降低其抗弯能力，应适当减少齿数，使齿轮具有较大的模数，一般可取$z_1=$17～20。

小齿轮齿数确定后，可按齿数比确定大齿轮齿数。一般两者应为互质数，以使相啮合齿对磨损均匀。

2. 齿宽系数的选择

由齿轮强度计算公式可知，轮齿越宽，承载能力越高，且在一定载荷作用下，增大齿宽，可以减小齿轮直径和中心距，使齿轮传动结构紧凑，从而降低圆周速度；但是齿宽增大，会增大载荷沿齿宽分布的不均匀性，对轮齿强度不利。如果齿宽系数取的小，则与前述的结果相反。因此，设计时必须根据齿轮传动的具体工作条件及要求，选择合适的齿宽系数。可参照表5-6选取齿宽系数。

计算出齿轮的分度圆直径d_1后，根据$b=\psi_d d_1$计算齿宽，计算得到的齿宽应加以圆整作为大齿轮的齿宽b_2。通常将小齿轮设计得比大齿轮稍宽一些，确保齿轮传动有足够的啮合宽度，以防两齿轮因装配误差产生轴向错位时令啮合齿宽减小，进而使轮齿的工作载荷增大。一般取小齿轮齿宽$b_1=b_2+(5\sim10)\mathrm{mm}$。

3. 齿数比 u

一对齿轮的齿数比不宜选得过大，否则会使得齿轮传动的外廓尺寸太大，且两齿轮的工作负担差别也过大。一般，对于直齿圆柱齿轮传动，$u\leqslant5\sim8$。齿数比超过8时，宜采用二级或多级传动。

【例5-1】 设计一用于带式输送机的单级减速器中的直齿圆柱齿轮传动。已知减速器的输入功率$P_1=8\mathrm{kW}$，输入转速$n_1=750\mathrm{r/min}$，传动比$i_{12}=3$，输送机单向运转，有轻微冲击。

解 （1）材料选择。带式输送机对减速器的外廓尺寸没有限制，因此为了便于加工，采用软齿面齿轮传动。小齿轮选用45钢，调质处理，齿面平均硬度为230HBS；大齿轮选用45钢，正火处理，齿面平均硬度为190HBS。

（2）参数选择。

1）齿数。采用软齿面闭式传动，取$z_1=24$，$z_2=i_{12}z_1=3\times24=72$。

2）载荷系数。因为载荷有轻微冲击，支承对称布置，查表5-5，可取$K=1.4$。

3）齿宽系数。由于是单级齿轮传动，两支承相对齿轮为对称布置，且两轮均为软齿面，查表5-6，取$\psi_d=1.0$。

4）齿数比。对于单级减速传动，齿数比$u=i_{12}=3$。

（3）确定许用应力。小齿轮的齿面平均硬度为230HBS。许用应力可根据表5-4通过线性插值来计算，即

$$[\sigma_{\mathrm{H}}]_1=513+\frac{230-217}{255-217}\times(545-513)=524(\mathrm{MPa})$$

$$[\sigma_{\mathrm{F}}]_1=301+\frac{230-217}{255-217}\times(315-301)=306(\mathrm{MPa})$$

大齿轮的齿面平均硬度为190HBS，由表5-4用线性插值求得许用应力分别为$[\sigma_{\mathrm{H}}]_2=$491MPa，$[\sigma_{\mathrm{F}}]_2=291$MPa。

（4）计算小齿轮的转矩。

$$T_1 = 9550P_1/n_1 = 9550 \times 8/750 = 101.9(\text{N} \cdot \text{m})$$

（5）按齿面接触疲劳强度设计。取较小的许用接触应力 $[\sigma_H]_2$ 代入式（5-12）中，得小齿轮的分度圆直径为

$$d_1 \geqslant 766 \sqrt[3]{\frac{KT_1}{\psi_d[\sigma_H]_2^2} \frac{u+1}{u}} = 766 \times \sqrt[3]{\frac{1.4 \times 101.9}{1.0 \times 491^2} \times \frac{3+1}{3}} = 70.8(\text{mm})$$

齿轮的模数为

$$m = d_1/z_1 \geqslant 70.8/24 = 2.95(\text{mm})$$

据表 5-1，取标准模数 $m = 3$mm。

若计算所得模数与标准模数相差较大时，取标准模数后使得齿轮尺寸增大较多，这时应适当调整齿数或齿宽系数，使计算所得模数接近标准模数。

（6）计算齿轮的主要几何尺寸。

$$d_1 = mz_1 = 3 \times 24 = 72(\text{mm})$$
$$d_2 = mz_2 = 3 \times 72 = 216(\text{mm})$$
$$d_{a1} = (z_1 + 2h_a^*)m = (24 + 2 \times 1) \times 3 = 78(\text{mm})$$
$$d_{a2} = (z_2 + 2h_a^*)m = (72 + 2 \times 1) \times 3 = 222(\text{mm})$$
$$b = \psi_d d_1 = 1 \times 72 = 72(\text{mm})$$

故取 $b_2 = 72$mm，$b_1 = b_2 + (5 \sim 10)$ mm，可取 $b_1 = 78$mm。

（7）按齿根弯曲疲劳强度验算。由齿数 $z_1 = 24$，$z_2 = 72$，查表 5-7，得复合齿形系数 $Y_{FS1} = 4.24$，$Y_{FS2} = 3.99$。代入式（5-14）得

$$\sigma_{F1} = \frac{2KT_1 \times 10^3}{bd_1m}Y_{FS1} = \frac{2 \times 1.4 \times 101.9 \times 10^3}{72 \times 72 \times 3} \times 4.24 = 77.8(\text{MPa}) < [\sigma_F]_1 = 306\text{MPa}$$

合格。

$$\sigma_{F2} = \frac{2KT_1 \times 10^3}{bd_1m}Y_{FS2} = \frac{2 \times 1.4 \times 101.9 \times 10^3}{72 \times 72 \times 3} \times 3.99 = 73.2(\text{MPa}) < [\sigma_F]_2 = 291\text{MPa}$$

合格。

（8）确定齿轮传动的精度等级。

齿轮传动圆周速度

$$v = \frac{\pi d_1 n_1}{60 \times 1000} = \frac{3.14 \times 72 \times 750}{60 \times 1000} = 2.83(\text{m/s})$$

据表 5-3，选用 9 级精度。

（9）齿轮结构设计（略）。

5.10 斜齿圆柱齿轮传动

5.10.1 齿面的形成与啮合特点

前面仅是就齿轮的一个端面研究直齿圆柱齿轮的啮合原理，当考虑到轮齿的宽度时，基圆就是基圆柱，发生线就是发生面。如图 5-24（a）所示，直齿圆柱齿轮的齿廓曲面是发生面沿基圆柱做纯滚动时，其上与基圆柱母线 NN' 平行的某一条直线 KK' 在空间的轨迹形成了渐开面，即直齿轮的齿廓曲面。当一对直齿圆柱齿轮相啮合时，其齿

廓的公法面既是两基圆柱的内公切面，又是两齿轮传动的啮合面，其接触线是与轴线平行的直线［见图 5 - 24（b）］。因此，这种齿轮的啮合情况是突然沿整个齿宽同时进入啮合和退出啮合，进而轮齿所受的力也是突然加上或突然卸掉，故传动平稳性差，冲击和噪声大。

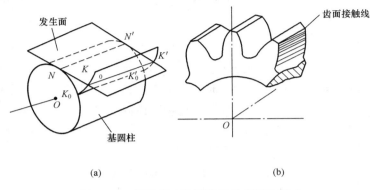

图 5 - 24　渐开线直齿圆柱齿轮齿面的形成

斜齿圆柱齿轮齿面的形成原理和直齿圆柱齿轮相似，所不同的是直线 KK' 与母线 NN' 不平行而是呈一夹角 β_b ［见图 5 - 25（a）］。故当发生面沿基圆柱做纯滚动时，直线 KK' 上任一点的轨迹都是基圆柱的一条渐开线，而整个直线 KK' 上各点所展成的渐开线就形成了渐开线曲面，称为渐开线螺旋面。它在齿顶圆柱和基圆柱之间的部分构成了斜齿轮的齿廓曲面。渐开线螺旋面有如下特点：

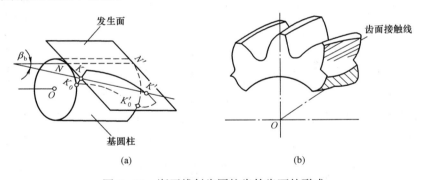

图 5 - 25　渐开线斜齿圆柱齿轮齿面的形成

（1）由于基圆柱的平面与齿廓曲面的交线为斜直线，它与基圆柱的母线的夹角总等于 β_b。

（2）基圆柱面以及和它同轴的圆柱面与齿廓曲面的交线都是螺旋线，但其螺旋角（螺旋线与轴线之间所夹的锐角）不等。基圆柱上的螺旋角用 β_b 表示，分度圆柱面上的螺旋角简称螺旋角，用 β 表示。

（3）端面（垂直于齿轮轴线的平面）齿廓曲线均为渐开线，只是各渐开线的起点不同而已。基圆柱上的螺旋线分别为各端面齿廓渐开线的起点。

从端面看，一对斜齿圆柱齿轮传动，就相当于一对渐开线直齿圆柱齿轮传动，其啮合线为两基圆的内公切线，它也满足齿廓啮合基本定律；沿轴线方向看，一对斜齿齿廓曲面的啮合情况与直齿齿廓相似，两斜齿齿廓的公法面也是两基圆柱的内公切面和传动的啮合面。所不同的是两齿廓的接触线与轴线不平行，因此其啮合过程是由前端面从动轮的齿顶一点开始进入啮合，其接触线由短变长，再由长变短〔见图 5-25（b）〕，最后在后端面主动轮的齿顶一点退出啮合。因此，斜齿轮的轮齿上所受的载荷是逐渐加上，再逐渐卸掉的，故传动较平稳，冲击和噪声小，适用于高速重载传动。

5.10.2 斜齿轮的基本参数和几何尺寸计算

1. 斜齿轮的基本参数

由于斜齿轮的齿面为渐开线螺旋面，因而在不同方向截面上其轮齿的齿形各不相同，有端面（垂直于齿轮轴线的平面）齿形和法向（垂直于螺旋线方向）齿形之分，故其几何参数有端面参数与法向（面）参数之分。用仿形法加工斜齿轮时，刀具沿垂直于法面的方向进刀，故其法面参数（m_n、a_n、h_{an}^*、c_n^* 等）与刀具的参数相同，所以取为标准值。而斜齿轮的端面与直齿轮相同，因此可按端面参数代入直齿轮的计算公式进行斜齿轮基本尺寸的计算，必须建立端面参数与法面参数之间的换算关系。

（1）模数。将斜齿条沿其分度线剖开，如图 5-26（a）所示。图中阴影线部分为轮齿，空白部分为齿槽，由图可见

$$p_n = \pi m_n = p_t \cos\beta = \pi m_t \cos\beta$$
$$m_n = m_t \cos\beta \tag{5-16}$$

（2）压力角。斜齿轮和斜齿条正确啮合时，它们的法面参数和端面参数应分别相同，因此可以方便地分析端面压力角 α_t 与法面压力角 α_n 之间的关系。图 5-26（b）所示为斜齿条的一个轮齿，$\triangle a'b'c'$ 在法面上，$\triangle abc'$ 在端面上，由图可见

$$\tan\alpha_n = \tan\angle b'a'c = \overline{b'c}/\overline{a'b'}, \quad \tan\alpha_t = \tan\angle bac = \overline{bc}/\overline{ab}$$

由于 $\overline{ab} = \overline{a'b'}$，$\overline{a'c} = \overline{ac}\cos\beta$，得

$$\tan\alpha_n = \tan\alpha_t \cos\beta \tag{5-17}$$

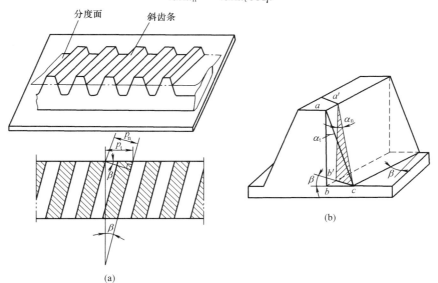

图 5-26 斜齿轮的端面和法面参数

（3）齿顶高系数、顶隙系数。由图 5-26（b）可知，无论从法面或端面来看，斜齿轮的齿顶高及顶隙都是相等的，故有

$$h_{\mathrm{a}} = h_{\mathrm{an}}^* m_{\mathrm{n}} = h_{\mathrm{at}}^* m_{\mathrm{t}}, \quad c = c_{\mathrm{n}}^* m_{\mathrm{n}} = c_{\mathrm{t}}^* m_{\mathrm{t}}$$

由此可得

$$h_{\mathrm{at}}^* = h_{\mathrm{an}}^* \cos\beta, \quad c_{\mathrm{t}}^* = c_{\mathrm{n}}^* \cos\beta \tag{5-18}$$

斜齿轮的法向模数为标准值，按表 5-1 选取，法向压力角、齿顶高系数、顶隙系数的标准值分别为 $\alpha_{\mathrm{n}} = 20°$，$h_{\mathrm{an}}^* = 1$，$c_{\mathrm{n}}^* = 0.25$。

（4）螺旋角。由前述可知，斜齿轮的齿面与分度圆柱面间的交线为螺旋线。螺旋线的切线与齿轮轴线之间所夹的锐角，称为分度圆螺旋角，简称为螺旋角，用 β 表示。螺旋角有左旋和右旋之分。

2. 斜齿轮的几何尺寸计算

斜齿轮的几何尺寸按端面来计算，计算公式见表 5-8。由中心距计算公式可知，可以用改变螺旋角 β 的方法来调整其中心距的大小，故斜齿轮传动的中心距常作圆整，以利于加工。

表 5-8　　　　　　　　　标准斜齿圆柱齿轮传动的几何尺寸计算公式

名　称	代　号	计　算　公　式
螺旋角	β	一般取 $8°\sim20°$
基圆柱螺旋角	β_{b}	$\tan\beta_{\mathrm{b}} = \tan\beta \cos\alpha_{\mathrm{t}}$
法向齿距	p_{n}	$p_{\mathrm{n}} = \pi m_{\mathrm{n}}$
基圆法向齿距	p_{bn}	$p_{\mathrm{bn}} = p_{\mathrm{n}} \cos\alpha_{\mathrm{n}}$
齿顶高	h_{a}	$h_{\mathrm{a}} = h_{\mathrm{an}}^* m_{\mathrm{n}} = m_{\mathrm{n}}$ （$h_{\mathrm{an}}^* = 1$）
齿根高	h_{f}	$h_{\mathrm{f}} = (h_{\mathrm{an}}^* + c_{\mathrm{n}}^*) m_{\mathrm{n}} = 1.25 m_{\mathrm{n}}$ （$c_{\mathrm{n}}^* = 0.25$）
全齿高	h	$h = h_{\mathrm{a}} + h_{\mathrm{f}} = 2.25 m_{\mathrm{n}}$
分度圆直径	d	$d_1 = m_{\mathrm{t}} z_1 = m_{\mathrm{n}} z_1 / \cos\beta$, $d_2 = m_{\mathrm{t}} z_2 = m_{\mathrm{n}} z_2 / \cos\beta$
齿顶圆直径	d_{a}	$d_{\mathrm{a}1} = d_1 + 2h_{\mathrm{a}}$, $d_{\mathrm{a}2} = d_2 + 2h_{\mathrm{a}}$
齿根圆直径	d_{f}	$d_{\mathrm{f}1} = d_1 - 2h_{\mathrm{f}}$, $d_{\mathrm{f}2} = d_2 - 2h_{\mathrm{f}}$
顶隙	c	$c = c_{\mathrm{n}}^* m_{\mathrm{n}} = 0.25 m_{\mathrm{n}}$
中心距	a	$a = (d_1 + d_2)/2 = m_{\mathrm{n}}(z_1 + z_2)/(2\cos\beta)$

5.10.3　斜齿轮传动的正确啮合条件

一对斜齿轮啮合传动，由于存在螺旋角，所以在啮合传动中，除了要求两个齿轮的法面模数及法面压力角应分别相等外，其螺旋角也要满足一定的条件，因此，斜齿轮传动的正确啮合条件为

$$\left.\begin{array}{l} m_{\mathrm{n}1} = m_{\mathrm{n}2} = m_{\mathrm{n}} \\ \alpha_{\mathrm{n}1} = \alpha_{\mathrm{n}2} = \alpha_{\mathrm{n}} \\ \beta_1 = \pm \beta_2 \end{array}\right\} \tag{5-19}$$

式（5-19）中，"＋"用于内啮合传动，"－"用于外啮合传动。由于外啮合的两个斜齿轮的螺旋角大小相等，旋向相反，所以其端面模数和端面压力角也分别相等，即

$$m_{t1} = m_{t2}, \quad \alpha_{t1} = \alpha_{t2} \tag{5-20}$$

5.10.4　斜齿轮传动的重合度

为了便于说明斜齿轮传动的重合度，现将斜齿轮传动与和其端面尺寸相同的一对直齿轮传动进行对比。图 5-27（a）所示为直齿轮传动的啮合情况，轮齿沿整个齿宽在点 B_2 处开始进入啮合，而且也是沿整个齿宽在点 B_1 处脱离啮合，所以 L 为其啮合区，故直齿轮传动的重合度为

$$\varepsilon_\alpha = L / p_{bt}$$

式中　p_{bt}——端面齿距。

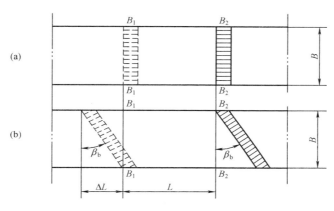

图 5-27　齿轮传动的重合度

（a）直齿轮传动；（b）斜齿轮传动

图 5-27（b）所示为斜齿轮传动的啮合情况，轮齿前端也在点 B_2 处开始进入啮合，由于其轮齿相对于轴线倾斜，这时不是整个齿宽同时进入啮合，而是由轮齿的前端先进入啮合，随着齿轮的转动，才逐渐达到沿全齿宽接触。当轮齿前端在点 B_1 处终止啮合时，也是轮齿的前端先脱离接触，轮齿后端还继续啮合，待轮齿后端到达终止点 B_1，轮齿才完全脱离啮合。由此可见，斜齿轮传动实际的啮合区比直齿圆柱齿轮传动的啮合区增长了 ΔL，故其啮合区长为 $L+\Delta L$，其总重合度为

$$\varepsilon_\gamma = (L + \Delta L) / p_{bt} = \varepsilon_\alpha + \varepsilon_\beta \tag{5-21}$$

其中，$\varepsilon_\alpha = L / p_{bt}$ 称为端面重合度，$\varepsilon_\beta = \Delta L / p_{bt}$ 称为轴向重合度（纵向重合度）。

$$\varepsilon_\beta = B\sin\beta / (\pi m_n) \tag{5-22}$$

由上述可知，斜齿轮的重合度随齿宽 B 和螺旋角 β 的增大而增大，可达到很大的数值，这也是斜齿轮传动平稳、承载能力高的主要原因之一。

5.10.5　斜齿轮的当量齿轮和当量齿数

斜齿轮的法向齿形与端面齿形不同，在用成形法加工斜齿轮时，刀具是沿螺旋形齿槽方向进刀的，因此不仅要知道所要加工的斜齿轮的法向模数和法向压力角，还要按照法向齿形选择铣刀。在计算斜齿轮的轮齿弯曲强度时，由于作用力作用在法平面内，所以也需要知道它的法向齿形。

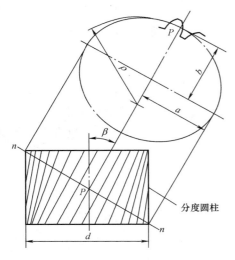

图 5 - 28　斜齿轮的当量齿轮

为了分析斜齿轮的法面齿形，在斜齿轮的分度圆柱面上，过轮齿螺旋线上一点 P，作此螺旋线的法向截面（见图 5 - 28），将分度圆柱剖开，剖面为一椭圆，椭圆上 P 点附近的齿形可以近似地看作斜齿轮的法面齿形。

由图 5 - 28 可知，椭圆的长半轴 $a = d/(2\cos\beta)$，短半轴 $b = d/2$，故椭圆在 P 点的曲率半径为

$$\rho = a^2/b = d/(2\cos^2\beta) \qquad (5 - 23)$$

以 ρ 为分度圆半径作一假想的直齿轮的分度圆，并假设此假想直齿轮的模数和压力角分别等于该斜齿轮的法向模数 m_n 和法向压力角，则该直齿轮的齿形与斜齿轮的法面齿形非常接近。因此，称此假想直齿轮为该斜齿轮的当量齿轮，其齿数即为当量齿数，用 z_v 表示。其值为

$$z_v = \frac{2\rho}{m_n} = \frac{d}{m_n\cos^2\beta} = \frac{m_t z}{m_n\cos^2\beta} = \frac{z}{\cos^3\beta} \qquad (5 - 24)$$

式中　z——斜齿轮的实际齿数。

按式（5 - 24）求得的 z_v 值一般不是整数，也不必圆整为整数。根据计算所得当量齿数数值，既可用于选取铣刀刀号，又可用于计算斜齿轮轮齿的弯曲疲劳强度等。

正常齿标准斜齿轮不发生根切的最少齿数 z_{min} 可由当量齿轮的最少齿数 z_{vmin} 计算出来，即

$$z_{min} = z_{vmin}\cos^3\beta \qquad (5 - 25)$$

式中　z_{vmin}——当量齿轮不发生根切的最少齿数。

由此可知，标准斜齿轮不发生根切的最少齿数比标准直齿轮少，故结构较紧凑。这是斜齿轮传动的又一优点。

5.10.6　斜齿轮传动的强度计算

1. 轮齿上的作用力

在斜齿轮传动中，若略去齿面间的摩擦力，作用于齿面节点 P 的载荷仍垂直于齿面，即为法向载荷 F_n，如图 5 - 29 所示。为便于分析计算，将法向力 F_n 分解为相互垂直的三个分力，即圆周力 F_t、径向力 F_r 和轴向力 F_a。根据图 5 - 29 中的关系可得各力大小的计算公式为

$$\left.\begin{aligned}
F_{t1} &= F_{t2} = 2000T_1/d_1 \\
F_{r1} &= F_{r2} = F_{t1}\tan\alpha_n/\cos\beta \\
F_{a1} &= F_{a2} = F_{t1}\tan\beta \\
F_{n1} &= F_{n2} = F_{t1}/(\cos\beta\cos\alpha_n)
\end{aligned}\right\} \qquad (5 - 26)$$

从动轮上的各力与主动轮上各力大小相等、方向相反。各力方向判断如下：圆周力和径向力的方向确定与直齿轮传动相同，轴向力的方向取决于齿轮的回转方向和轮齿的螺旋方向。判断时，按主动轮的左、右手定则来判定：左旋齿轮用左手，右旋齿轮用右手，判定时

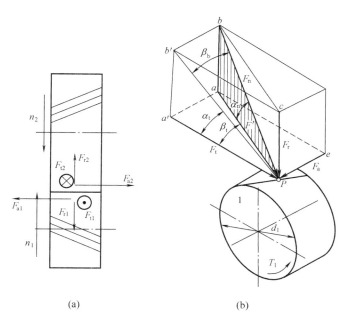

图 5 - 29　斜齿圆柱齿轮受力分析

用手握住齿轮的轴线，让四指弯曲的方向与齿轮的转向相同，则大拇指的指向即为齿轮所受轴向力 F_{a1} 的方向，从动轮所受轴向力 F_{a2} 的方向与其相反。

由式（5 - 26）可知，斜齿轮传动中的轴向力 F_a 与 $\tan\beta$ 成正比。为了防止轴承承受过大的轴向力，β 不宜太大，但若 β 角过小，又失去了斜齿轮传动的优越性。因此，在设计中一般取 $\beta=8°\sim20°$。若要消除轴向力，可采用人字齿轮传动［见图 5 - 1（e）］，这种齿轮因其左右结构完全对称，所产生的轴向力可相互抵消，因此，其螺旋角可以做得大一些（$\beta=15°\sim40°$）。但人字齿轮加工制造较为困难，常用于高速重载传动中。

2. 强度计算

在斜齿轮传动中，载荷作用在法面上，而法面齿形近似于当量齿轮的齿形，因此，斜齿轮传动的强度计算可转换为其当量齿轮的强度计算。由于斜齿轮传动的接触线是倾斜的，齿轮的齿廓逐渐进入接触，又逐渐脱离接触，重合度较大，因此，斜齿轮传动的承载能力比相同尺寸的直齿轮传动有显著提高。

（1）齿面接触疲劳强度计算。斜齿轮齿面接触应力计算可参照直齿圆柱齿轮传动的计算公式，并考虑到斜齿轮传动本身的特点（重合度大、接触线较长、节线附近的载荷集中等），则斜齿圆柱齿轮轮齿表面接触疲劳强度的计算公式为

$$\sigma_H = 20\,780 \sqrt{\frac{KT_1}{bd_1^2}\frac{u\pm1}{u}} \leqslant [\sigma_H] \tag{5 - 27}$$

$$d_1 \geqslant 756 \sqrt[3]{\frac{KT_1}{\psi_d[\sigma_H]^2}\frac{u\pm1}{u}} \tag{5 - 28}$$

式（5 - 27）为校核计算公式，式（5 - 28）为设计计算公式。其中，各参数的意义和量纲均与直齿圆柱齿轮相同，只是许用接触应力 $[\sigma_H]$ 的计算公式与直齿圆柱齿轮不相同，应同时考虑大小齿轮的许用接触应力。

（2）斜齿轮齿根弯曲疲劳强度计算。斜齿圆柱齿轮的弯曲疲劳强度校核计算公式为

$$\sigma_F = \frac{1.9KT_1 \times 10^3}{bd_1 m_n} Y_{FS} \leqslant [\sigma_F] \qquad (5-29)$$

斜齿圆柱齿轮轮齿弯曲疲劳强度的设计计算公式为

$$m_n \geqslant 1.24 \sqrt[3]{\frac{KT_1 Y_{FS} \times 10^3}{\psi_d z_1^2 [\sigma_F]}} \qquad (5-30)$$

式中　m_n——齿轮的法面模数，mm。

其余各参数的意义和量纲均和直齿圆柱齿轮的相同。

由于斜齿轮传动平稳，因此，选取载荷系数 K 时，应考虑到这点。齿形系数 Y_{FS} 应按当量齿数 z_v 在表 5-7 中查取。

【例 5-2】　设计一单级减速器中的斜齿圆柱齿轮传动。已知减速器的输入功率 $P=16$kW，输入转速 $n=1000$r/min，传动比 $i_{12}=4.8$，载荷有中等冲击，双向运转。要求减速器的结构尺寸紧凑。

解　（1）材料选择。由于要求结构尺寸紧凑，故采用硬齿面齿轮传动。小齿轮选用 20Cr，渗碳淬火处理，齿面平均硬度为 58HRC；大齿轮选用 40Cr，表面淬火处理，齿面平均硬度为 52HRC。

（2）参数选择。

1）齿数。由于采用闭式传动，转速较高，故取 $z_1=25$，$z_2=i_{12}z_1=4.8\times25=120$。

2）齿宽系数。两轮均为硬齿面，支承相对于齿轮为对称布置，查表 5-6，取 $\psi_d=0.8$。

3）载荷系数。由于载荷有中等冲击，且采用硬齿面齿轮传动，载荷系数应取较大值，但考虑到为斜齿轮传动，取 $K=1.5$。

4）齿数比。对于单级减速传动，齿数比 $u=i_{12}=4.8$。

5）初选螺旋角。取螺旋角 $\beta=15°$。

（3）确定许用应力。

小齿轮的齿面平均硬度为 58HRC，查表 5-4，得 $[\sigma_H]_1=1350$MPa，$[\sigma_F]_1=645$MPa。因为齿轮双向运转时，轮齿通常为双向受载，故 $[\sigma_F]_1=0.7\times645=452$MPa。

大齿轮的齿面平均硬度为 52HRC，查表 5-4，用线性插值法求得 $[\sigma_H]_2=1071$MPa，$[\sigma_F]_2=503$MPa。因轮齿双向受载，故 $[\sigma_F]_2=0.7\times503=352$MPa。

（4）计算小齿轮上的转矩。

$$T_1 = 9550P/n = 9550 \times 16/1000 = 152.8(\text{N} \cdot \text{m})$$

（5）按齿根弯曲疲劳强度设计。两齿轮的当量齿数为

$$z_{v1} = z_1/\cos^3\beta = 25/\cos^3 15° = 27.7$$
$$z_{v2} = z_2/\cos^3\beta = 120/\cos^3 15° = 133.2$$

查表 5-7，得复合齿形系数 $Y_{FS1}=4.15$，$Y_{FS2}=3.98$。复合齿形系数与许用弯曲应力的比值为

$$Y_{FS1}/[\sigma_F]_1 = 4.15/452 = 0.009\ 18$$
$$Y_{FS2}/[\sigma_F]_2 = 3.98/352 = 0.011\ 31$$

因为 $Y_{FS2}/[\sigma_F]_2$ 较大，故将此比值代入式（5-30）中，得齿轮的模数为

$$m_n \geqslant 1.24 \sqrt[3]{\frac{KT_1 Y_{FS2} \times 10^3}{\psi_d z_1^2 [\sigma_F]_2}} = 1.24 \times \sqrt[3]{\frac{1.5 \times 152.8 \times 3.98 \times 10^3}{0.8 \times 25^2 \times 352}} = 2.15(\text{mm})$$

（6）确定模数。

由上述计算结果可知，$m_n \geqslant 2.15$mm，查表 5 - 1，取 $m_n = 2.5$mm。

（7）计算齿轮的主要几何尺寸。

齿轮传动的中心距

$$a = \frac{m_n(z_1 + z_2)}{2\cos\beta} = \frac{2.5 \times (25 + 120)}{2\cos15°} = 187.65\,(\text{mm})$$

斜齿轮传动的中心距应当圆整为整数以便加工，一般可以通过改变螺旋角的大小来实现。现将中心距取为 $a = 190$mm，则实际螺旋角为

$$\beta = \arccos\frac{m_n(z_1 + z_2)}{2a} = \arccos\frac{2.5 \times (25 + 120)}{2 \times 190} = 17°27'21''$$

齿轮的其余主要尺寸分别为

$$d_1 = \frac{m_n z_1}{\cos\beta} = \frac{2.5 \times 25}{\cos17°27'21''} = 65.51\,(\text{mm})$$

$$d_2 = \frac{m_n z_2}{\cos\beta} = \frac{2.5 \times 120}{\cos17°27'21''} = 314.48\,(\text{mm})$$

$$d_{a1} = d_1 + 2h_{an}^* m_n = 65.51 + 2 \times 1 \times 2.5 = 70.51\,(\text{mm})$$

$$d_{a2} = d_2 + 2h_{an}^* m_n = 314.48 + 2 \times 1 \times 2.5 = 319.48\,(\text{mm})$$

$$b = \psi_d d_1 = 0.8 \times 65.51 = 52.4\,(\text{mm})$$

故取 $b_2 = 50$mm，$b_1 = 55$mm。由于取的模数标准值比计算值大，故 b_2 向小圆整后仍能满足式（5 - 29）的需要。必要时应进行验算。

（8）按齿面接触疲劳强度验算。

$$\sigma_H = 20\,780\sqrt{\frac{KT_1}{bd_1^2}\frac{u+1}{u}} = 20\,780 \times \sqrt{\frac{1.5 \times 152.8}{50 \times 65.51^2} \times \frac{4.8+1}{4.8}}$$

$$= 746.54\,(\text{MPa}) < [\sigma_H]_2 = 1071\text{MPa}$$

合格。

（9）确定齿轮传动精度等级。

齿轮传动圆周速度

$$v = \frac{\pi d_1 n}{60 \times 1000} = \frac{3.14 \times 65.51 \times 1000}{60 \times 1000} = 3.42\,(\text{m/s})$$

据表 5 - 3，选用 9 级精度。

5.11　直齿圆锥齿轮传动

5.11.1　圆锥齿轮传动的特点

圆锥齿轮可用于相交两轴之间的传动，它的运动可以看成是两个圆锥形摩擦轮在一起纯滚动，该圆锥称为节圆锥。对应于直齿圆柱齿轮传动中的五对圆柱，直齿圆锥齿轮传动中有五对圆锥：节圆锥、分度圆锥、齿顶圆锥、齿根圆锥和基圆锥。由于轮齿分布在锥体上，其轮齿的厚度沿锥顶方向逐渐减小。锥齿轮传动中两轴之间的轴交角 Σ 可根据传动的需要来确定，在一般机械中，多采用 $\Sigma = 90°$ 的传动。

圆锥齿轮的轮齿有直齿、斜齿、曲线齿等多种形式。其中，直齿圆锥齿轮由于其设计、

制造和安装均较简便，故应用最广泛。曲齿圆锥齿轮传动平稳、承载能力强，主要用在高速重载传动中。斜齿圆锥齿轮则应用较少。本节仅介绍$\Sigma = 90°$的直齿圆锥齿轮传动。

5.11.2 直齿圆锥齿轮的基本参数和几何尺寸计算

由于圆锥齿轮的轮齿是分布在圆锥面上的，齿形由大端到小端逐渐变小，因此大端参数和小端参数不同。为了设计和检测方便，通常取圆锥齿轮大端的参数为标准值，其模数按表 5-9 选取，大端压力角为标准值，$\alpha = 20°$。

表 5-9　　　　　　　　　　　标准直齿圆锥齿轮的模数　　　　　　　　　　　mm

1	1.125	1.25	1.375	1.5	1.75	2	2.25	2.5	2.75	3	3.25	3.5
3.75	4	4.5	5	5.5	6	6.5	7	8	9	10		

因圆锥体有大端和小端之分，大端尺寸较大，计算和测量的相对误差较小，且便于确定齿轮机构的外廓尺寸，所以直齿圆锥齿轮的几何尺寸计算也是以大端为基准，其齿顶高系数 $h_a^* = 1$，顶隙系数 $c^* = 0.2$。

图 5-30 所示为一对直齿圆锥齿轮传动，轴交角 $\Sigma = \delta_1 + \delta_2 = 90°$，其传动比为

$$i_{12} = \frac{\omega_1}{\omega_2} = \frac{z_2}{z_1} = \cot\delta_1 = \tan\delta_2 \tag{5-31}$$

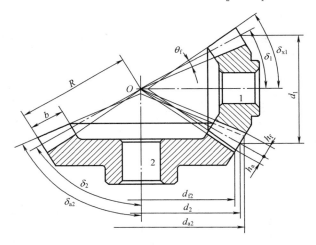

图 5-30 中 R 为分度圆锥的锥顶到大端的距离，称为锥距。齿宽 b 与锥距 R 的比值称为圆锥齿轮的齿宽系数，用 ψ_R 表示，一般取 $\psi_R = b/R = 0.20 \sim 0.35$，常取 $\psi_R = 0.30$，由 $b = \psi_R R$ 计算出的齿宽应圆整，并取大小齿轮的齿宽 $b_1 = b_2 = b$。

根据 GB/T 12369—1990、GB/T 12370—1990 的规定，直齿锥齿轮多采用等顶隙圆锥齿轮传动，即两轮的顶隙从轮齿大端到小端都是相等的。在这种传动中，两轮的分度圆锥和齿根圆锥的锥顶共点。但两轮的齿顶圆

图 5-30 $\Sigma = 90°$ 的直齿圆锥齿轮传动

锥，因其母线各自平行于与之啮合传动的另一圆锥齿轮的齿根圆锥母线，所以其锥顶就不再重合于一点了。圆锥齿轮传动的主要尺寸计算公式见表 5-10。

表 5-10　　　　　　　标准直齿圆锥齿轮传动的几何尺寸计算公式（$\Sigma = 90°$）

名　称	代　号	计　算　公　式
齿顶高	h_a	$h_a = h_a^* m = m$　（$h_a^* = 1$）
齿根高	h_f	$h_f = (h_a^* + c^*)m = 1.2m$　（$c^* = 0.2$）
全齿高	h	$h = h_a + h_f = 2.2m$
顶隙	c	$c = c^* m = 0.2m$
分度圆锥角	δ	$\delta_1 = \arctan(z_1/z_2)$，$\delta_2 = \arctan(z_2/z_1)$

名　称	代　号	计　算　公　式
分度圆直径	d	$d_1=mz_1$，$d_2=mz_2$
齿顶圆直径	d_a	$d_{a1}=d_1+2h_a\cos\delta_1$，$d_{a2}=d_2+2h_a\cos\delta_2$
齿根圆直径	d_f	$d_{f1}=d_1-2h_f\cos\delta_1$，$d_{f2}=d_2-2h_f\cos\delta_2$
锥距	R	$R=\sqrt{d_1^2+d_1^2}/2=m\sqrt{z_1^2+z_2^2}/2$
齿宽	b	$b=\psi_R R$，$\psi_R=0.25\sim0.3$
齿顶角	θ_a	$\theta_a=\arctan(h_a/R)$（不等顶隙齿）；$\theta_a=\theta_f$（等顶隙齿）
齿根角	θ_f	$\theta_f=\arctan(h_f/R)$
顶锥角	δ_a	$\delta_{a1}=\delta_1+\theta_a$，$\delta_{a2}=\delta_2+\theta_a$
根锥角	δ_f	$\delta_{f1}=\delta_1-\theta_f$，$\delta_{f2}=\delta_2-\theta_f$

5.11.3　直齿圆锥齿轮的齿面形成、当量齿轮和当量齿数

一对直齿圆锥齿轮传动时，两轮的节圆锥相切并做纯滚动，由于两者节圆锥顶交于一点 O，运动时两齿轮的相对运动为球面运动［见图 5-31（a）］。

如图 5-31（a）所示，有一发生面 S 与基圆锥相切，当发生面在基圆锥上做纯滚动时，发生面上有一过锥顶的直线 $\overline{OK}$，该线上各点在空间所展开的轨迹为球面渐开线（各渐开线在半径不同的球面上）。两对称的渐开线为直齿锥齿轮的一个齿廓，并向球心收敛，因此形成大端齿廓和小端齿廓。由于一对锥齿轮啮合时，两基圆锥的锥顶也交于一点，所以与它共轭的齿廓也是球面渐开曲面。

球面渐开曲面是向锥顶逐渐收缩的，离锥顶越近，其球面渐开线曲率半径越小。这种球面渐开曲面与直齿圆柱齿轮的渐开曲面有相类似的特性，如切于基圆锥的平面是球面渐开曲面的法面、基圆锥内无球面渐开曲面等。

由于球面渐开曲面无法展成平面，致使锥齿轮的设计和制造遇到许多困难，故引入当量齿轮的概念。

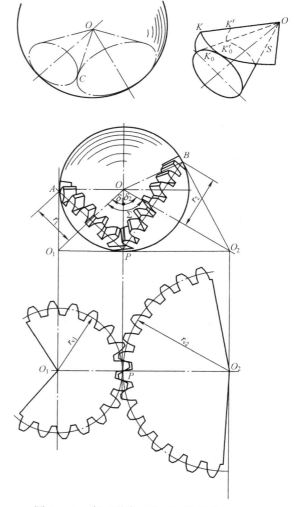

图 5-31　齿面形成、背锥和当量齿轮

图 5-31（b）所示为一对相啮合的直齿圆锥齿轮，$\triangle OAP$ 和 $\triangle OBP$ 分别为两齿轮的分度圆锥。作与分度圆锥面 OAP 和 OBP 垂直相交的圆锥 O_1AP 和 O_1BP，该两圆锥称为圆锥齿轮的背锥。将圆锥齿轮大端的齿廓曲线投影在以 O_1 为锥顶的圆锥面 O_1AP 和 O_1BP 上，再将圆锥齿轮的背锥面展开成平面，可得两个扇形齿轮，将扇形齿轮补足成为完整的圆柱齿轮，则称这个假想的直齿圆柱齿轮为该圆锥齿轮的当量齿轮，其齿数称为圆锥齿轮当量齿数，用 z_v 表示。当量齿轮的齿形与锥齿轮大端的齿形相近，其模数和压力角与圆锥齿轮大端的模数和压力角相等。

图 5-31（b）中圆锥齿轮的分度圆锥角为 δ，齿数为 z，分度圆半径为 r，当量齿轮的分度圆半径为 r_v，则 $r_v = r/\cos\delta$。而 $r = mz/2$，$r_v = mz_v/2$，故

$$z_v = z/\cos\delta \tag{5-32}$$

由于当量齿轮是一个齿形与直齿锥齿轮大端齿形十分相近的假想直齿圆柱齿轮，所以，引入当量齿轮的概念后，就可以将直齿圆柱齿轮的某些原理近似地应用到直齿圆锥齿轮上。例如，用成形法加工直齿圆锥齿轮时，可按当量齿数来选取铣刀刀号；在进行圆锥齿轮的齿根弯曲强度计算时，按当量齿数来查取复合齿形系数。此外，标准直齿圆锥齿轮不发生根切的最少齿数可根据其当量齿轮不发生根切的最少齿数来换算，即圆锥齿轮的最少齿数为

$$z_{\min} = z_{v\min}\cos\delta \tag{5-33}$$

5.11.4　直齿圆锥齿轮的啮合传动

一对直齿圆锥齿轮的啮合传动，就相当于其当量齿轮的啮合传动，所以可以通过当量齿轮的啮合传动来研究。

（1）正确啮合的条件。一对直齿圆锥齿轮的正确啮合条件为：两个锥齿轮当量齿轮的模数和压力角分别相等，即两个锥齿轮大端的模数和压力角应分别相等；此外，还应保证两轮的锥距相等、锥顶重合。

（2）连续传动条件。为保证一对直齿圆锥齿轮能够实现连续传动，其重合度也必须大于等于 1，重合度可按当量齿轮进行计算。

5.11.5　圆锥齿轮传动的强度计算

1. 受力分析

直齿圆锥齿轮传动强度计算的原理和方法与直齿圆柱齿轮相同。在圆锥齿轮啮合传动，若略去齿面间的摩擦力，轮齿间的相互作用力为法向力 F_n。通常将法向力视为集中作用在平均分度圆锥上，即按齿宽中点处来进行受力分析（见图 5-32）。将法向力 F_n 分解为相互垂直的三个分力，即圆周力 F_t、径向力 F_r 和轴向力 F_a 为

$$\left.\begin{array}{l} F_{t1} = F_{t2} = 2000T_1/d_{m1} \\ F_{r1} = F_{a2} = F_{t1}\tan\alpha\cos\delta_1 \\ F_{a1} = F_{r2} = F_{t1}\tan\alpha\sin\delta_1 \\ F_{n1} = F_{n2} = F_{t1}/\cos\alpha \end{array}\right\} \tag{5-34}$$

式中　d_{m1}——小圆锥齿轮的平均分度圆直径，可根据分度圆直径 d_1、锥距 R 和齿宽 b 确定，即

$$d_{m1} = (1 - 0.5\psi_R)d_1 \tag{5-35}$$

从动轮上的各力与主动轮上的各力大小相等、方向相反。各力方向判断如下：主动轮

上圆周力的方向与其回转方向相反，从动轮上圆周力的方向与其回转方向相同；径向力的方向对于两轮而言都是垂直指向齿轮轴线；轴向力的方向都是通过啮合点分别指向各自的大端。

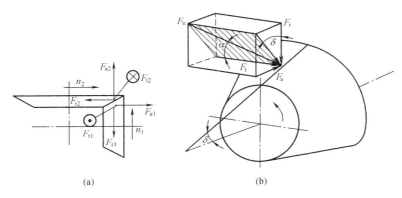

图 5 - 32　直齿圆锥齿轮受力分析

2. 强度计算

直齿圆锥齿轮的失效形式及强度计算与直齿圆柱齿轮基本相同。可以近似认为，一对直齿圆锥齿轮传动和位于齿宽中点的一对当量圆柱齿轮传动的强度相等。将平均分度圆处当量齿轮的有关参数代入直齿圆柱齿轮的强度计算公式，即可得出直齿圆锥齿轮的强度计算公式。略去推导，可得轴交角为 90° 的一对钢制直齿圆锥齿轮传动的强度计算公式如下。

（1）齿面接触疲劳强度计算。其校核计算公式和设计计算公式分别为

$$\sigma_{H} = 21\ 260 \sqrt{\frac{KT_1 \sqrt{u^2+1}}{bd_1^2(1-0.5\psi_R)^2 u}} \leqslant [\sigma_H] \tag{5-36}$$

$$d_1 \geqslant 1020 \sqrt[3]{\frac{KT_1}{(1-0.5\psi_R)^2 \psi_R u [\sigma_H]^2}} \tag{5-37}$$

其中，K、T_1、u 与直齿圆柱齿轮相同；ψ_R 为齿宽系数，一般取 0.2～0.35，常取 0.3；R 为锥距。

（2）齿根弯曲疲劳强度计算。其校核计算公式和设计计算公式分别为

$$\sigma_F = \frac{2360 KT_1 Y_{FS}}{bm^2(1-0.5\psi_R)^2 z_1} \leqslant [\sigma_F] \tag{5-38}$$

$$m \geqslant 1.59 \sqrt[3]{\frac{KT_1}{\psi_R(1-0.5\psi_R)^2 z_1^2 \sqrt{u^2+1}} \frac{Y_{FS}}{[\sigma_F]}} \tag{5-39}$$

式（5-38）和式（5-39）中，Y_{FS} 按圆锥齿轮的当量齿数 z_v，在表 5-7 中查取。计算时，应取 $Y_{FS1}/[\sigma_F]_1$、$Y_{FS2}/[\sigma_F]_2$ 两者中的较大值代入计算。

5.12　齿轮的结构设计

通过齿轮传动的强度计算和几何尺寸计算，主要是确定齿轮的主要参数和尺寸，如齿数、模数、齿宽、螺旋角、分度圆直径等，而齿圈、轮毂等的结构形式及尺寸大小，则需通

过结构设计来确定。

齿轮的结构形式与其几何尺寸、毛坯、材料、加工方法、使用要求、经济性等因素有关。进行设计时，要综合考虑上述各方面的因素。通常先按齿轮的直径大小，选定合适的结构形式，然后再根据荐用的经验数据，进行结构设计。

齿轮的结构形式主要有齿轮轴、实心式齿轮、腹板式齿轮、轮辐式齿轮。

5.12.1 齿轮轴

对于直径很小的钢制齿轮，当齿根圆直径与轴的直径相差较小时（对于圆柱齿轮，齿根圆到键槽底部距离小于 $2m_t$，对于锥齿轮是齿根圆到键槽底部距离小于 $1.6m_t$），应将齿轮与轴做成一体，称为齿轮轴（见图 5-33）；如果齿轮的直径比轴的直径大得较多时，应将齿轮与轴分开。

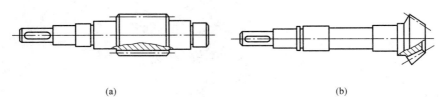

(a)　　　　　　　　　　　　　　(b)

图 5-33　齿轮轴

(a) 圆柱齿轮轴；(b) 圆锥齿轮轴

5.12.2 实心式齿轮

当齿轮的齿顶圆直径 $d_a \leqslant 200\text{mm}$ 时，可做成实心式齿轮。实心式齿轮结构简单、制造方便，为了便于装配和减少边缘的应力集中，孔边、齿顶边缘应切制倒角，如图 5-34 所示。这种结构形式的齿轮常用锻钢制造。

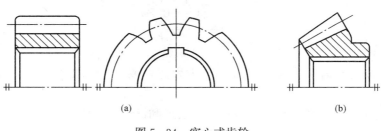

(a)　　　　　　　　　　　　　　(b)

图 5-34　实心式齿轮

(a) 圆柱齿轮；(b) 圆锥齿轮

5.12.3 腹板式齿轮

当齿轮的齿顶圆 $d_a = 200 \sim 500\text{mm}$ 时，可将齿轮做成腹板式结构以节省材料、减轻重量。考虑到制造、搬运等的需要，腹板上常对称开出多个孔，如图 5-35 所示。这种结构的齿轮一般多用锻钢制造，其各部分尺寸由经验公式确定。

5.12.4 轮辐式齿轮

当齿轮的齿顶直径 $d_a > 500\text{mm}$ 时，可将齿轮制成轮辐式结构。轮辐式结构可以减轻重量，如图 5-36 所示。这种结构的齿轮常采用铸钢或铸铁制造，其各部分尺寸按经验公式确定。

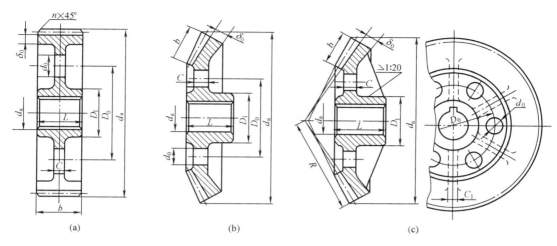

图 5-35 腹板式齿轮

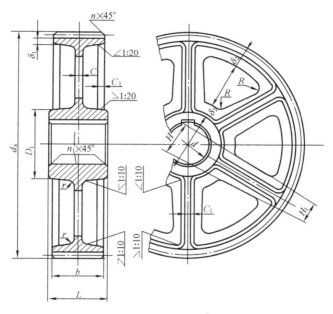

图 5-36 轮辐式结构齿轮

5.13 齿轮传动的效率和润滑

5.13.1 齿轮传动的效率

齿轮传动的功率损失主要包括轮齿啮合中的摩擦损失、润滑油被搅动的油阻损失和轴承中的摩擦损失三部分。齿轮传动的效率是指计入上述三种损失后的平均效率。

闭式齿轮传动的效率 η 为

$$\eta = \eta_1 \eta_2 \eta_3 \qquad\qquad (5-40)$$

式中　η_1——考虑齿轮啮合损失时的效率；

η_2——考虑油阻损失时的效率；

η_3——轴承的效率。

一般闭式圆柱齿轮传动的效率为 $0.97\sim0.98$，开式圆柱齿轮传动的效率为 0.95。

5.13.2　齿轮传动的润滑

润滑的作用是减少齿轮啮合处和轴承的摩擦损失，减少磨损，降低噪声，还可以散热及防锈蚀。因此，对齿轮传动进行适当的润滑，可以大大改善轮齿的工作状况，提高传动效率，确保正常运转及预期的寿命。

开式及半开式齿轮传动，或速度较低的闭式齿轮传动，通常用人工做周期性加油润滑，所用润滑剂为润滑油或润滑脂。

通用的闭式齿轮传动，其润滑方法根据齿轮的圆周速度大小而定。当齿轮的圆周速度 $v<12\mathrm{m/s}$ 时，常将大齿轮的轮齿浸入油池中进行浸油润滑（见图 5-37）。这样，齿轮在传动时，就将润滑油带到啮合的齿面上，同时也将油甩到箱壁上，借以散热。齿轮浸入油中的深度可视齿轮的圆周速度大小而定，对圆柱齿轮通常不宜超过一个齿高，但一般也不应小于 10mm；对锥齿轮应浸入全齿宽，至少应浸入齿宽的一半。在多级齿轮传动中，可借带油轮带到未浸入油池内的齿轮的齿面上（见图 5-38）。油池中的油量多少，取决于齿轮传递功率的大小。对单级传动，每传递 1kW 的功率，需油量为 $0.35\sim0.7\mathrm{L}$；对于多级传动，需油量按级数成倍地增加。

当齿轮的圆周速度 $v>12\mathrm{m/s}$ 时，应采用喷油润滑（见图 5-39），即由油泵或中心供油站以一定的压力供油，借喷嘴将润滑油喷到轮齿的啮合面上。当 $v\leqslant25\mathrm{m/s}$ 时，喷嘴位于轮齿啮入边或啮出边均可；当 $v>25\mathrm{m/s}$ 时，喷嘴应位于轮齿啮出的一边，以便借润滑油及时冷却刚啮合过的轮齿，同时也对轮齿进行润滑。

齿轮传动常用的润滑剂为润滑油或润滑脂。所用润滑剂的选择可根据齿轮材料和圆周速度由相应表查得运动黏度值，再由选定的黏度确定润滑剂的牌号。具体选用方法参见有关设计手册。

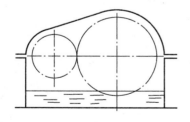　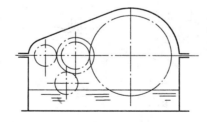　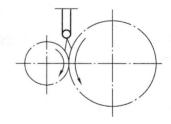

图 5-37　油池润滑　　　　图 5-38　采用惰轮的油池润滑　　　　图 5-39　喷油润滑

实际工作中，必须经常检查齿轮传动润滑系统的状况，如润滑油的质量、油面的高度等。油面过低，则润滑不良；油面过高，则会增加搅油功率损失。对于压力喷油润滑系统，还需检查油压状况。油压过低，会造成供油不足；油压过高，则可能是因为油路不畅通所致，需要及时调整油压。

思考题与习题

5-1　何谓齿廓啮合基本定律？

5-2　渐开线具有哪些重要性质？渐开线齿廓啮合传动具有哪些优点？

5-3　具有标准中心距的标准齿轮传动具有哪些特点？

5-4　一对渐开线齿轮如何能正确啮合？

5-5　节圆与分度圆、啮合角与压力角有何区别？中心距与啮合角之间有何关系？

5-6　何谓重合度？重合度有何重要意义？如何增大重合度？

5-7　何谓根切？发生根切有何危害？如何避免根切？

5-8　齿轮为何要进行变位修正？齿轮正变位后和变位前相比，其参数及基本尺寸哪些不变，哪些起了变化，变大还是变小？

5-9　如何设计变位齿轮传动？

5-10　为什么斜齿轮的标准参数要规定在法面上，而其几何尺寸要按端面参数来计算？

5-11　何谓斜齿轮的当量齿轮？为什么提出当量齿轮的概念？

5-12　斜齿轮传动与直齿轮传动相比有何优点？

5-13　何谓直齿锥齿轮的背锥和当量齿轮？直齿锥齿轮传动的正确啮合条件是什么？

5-14　为什么在一对齿轮传动中小齿轮的材料和齿面硬度都要高于大齿轮？

5-15　若已知一对标准直齿圆柱齿轮传动，其齿数 $z_1=25$，$z_2=100$，模数 $m=4\text{mm}$，试确定这对齿轮的 d_1、d_2、d_{a1}、d_{a2}、d_{f1}、d_{f2} 值及其中心距 a 值。

5-16　已知一对标准安装的标准直齿圆柱齿轮的中心距 $a=120\text{mm}$，传动比 $i=3$，小齿轮齿数 $z_1=20$。试求两齿轮的模数、分度圆半径、齿顶圆半径、齿根圆半径、基圆半径。

5-17　已知一对外啮合标准直齿圆柱齿轮的标准中心距 $a=160\text{mm}$，两齿轮的齿数分别为 $z_1=30$，$z_2=50$，求模数和分度圆直径。

5-18　已知一正常齿制标准直齿圆柱齿轮 $\alpha=20°$，$m=5\text{mm}$，$z=40$，试分别求出分度圆、基圆、齿顶圆上渐开线齿廓的曲率半径和压力角。

5-19　已知一对渐开线标准外啮合圆柱齿轮传动的模数 $m=5\text{mm}$，压力角 $\alpha=20°$，中心距 $a=350\text{mm}$，传动比 $i_{12}=9/5$，试求两轮的齿数、分度圆直径、齿顶圆直径、基圆直径以及分度圆上的齿厚和齿槽宽。

5-20　试比较正常齿制渐开线标准直齿圆柱齿轮的基圆和齿根圆，在什么条件下基圆大于齿根圆，什么条件下基圆小于齿根圆。

5-21　图 5-40 中给出了一对齿轮的齿顶圆和基圆，轮 1 为主动轮且实际中心距大于标准中心距，试在此图上画出齿轮的啮合线，并标出极限啮合点 N_1、N_2，实际啮合的开始点和终止点 B_2、B_1，啮合角 α'，节圆，并说明两轮的节圆是否与各自的分度圆重合。

5-22　用于运输机的单级直齿圆柱齿轮减速器。单向运转，载荷平稳。已知传递功率 $P=15\text{kW}$，$n_1=970\text{r/min}$，$z_1=27$，$m=2.5\text{mm}$，$a=135\text{mm}$，$b_1=75\text{mm}$，$b_2=68\text{mm}$，小齿轮材料为 40Cr 调质，大齿轮材料为 45 钢调质，要求寿命为 15 000h，试校核其强度。

5-23　图 5-41 所示为一对斜齿圆柱齿轮传动。已知 $P_1=22\text{kW}$，$n_1=1470\text{r/min}$，$z_1=27$，$m_n=2.5\text{mm}$，

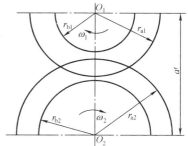

图 5-40　题 5-21 图

$\beta=12°$，转向如图所示。

（1）设轮 1 主动，试计算轮 1 所受的三个力 F_{t1}、F_{r1} 和 F_{a1} 的大小，并在图中过啮合点分别标出它们的方向。

（2）上述轮 1 的旋转方向改变时，三个力的方向有何变化？

5-24　已知两级斜齿圆柱齿轮减速器的条件，如图 5-42 所示，问：

（1）轮 3 螺旋角旋向应如何选择才能使中间轴两轮的轴向力方向相反？

（2）轮 3 螺旋角 β 应取多大才能使中间轴的轴向力抵消？（提示：中间轴轮 2 和轮 3 所受扭矩大小相等，方向相反）

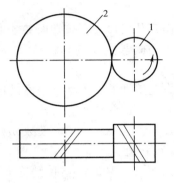 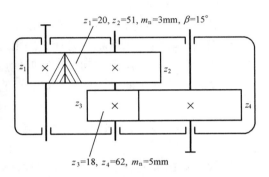

　　图 5-41　题 5-23 图　　　　　　　　　　　　图 5-42　题 5-24 图

5-25　试求 $\beta=20°$ 和 $\beta=30°$ 的正常齿制渐开线标准斜齿圆柱齿轮不发生根切的最小齿数。

5-26　已知一对斜齿轮传动的 $z_1=20$，$z_2=40$，$m_n=8mm$，$\beta=15°$（初选值），$B=30mm$，$h_{an}^*=1$。试求中心距 a（应圆整，并精确计算 β）、ε_γ 及 z_{v1}、z_{v2}。

5-27　已知一对等顶隙渐开线标准直齿锥齿轮的 $\Sigma=90°$，$z_1=17$，$z_2=43$，$m=3mm$，试求分度圆锥角、分度圆直径、齿顶圆直径、齿根圆直径、外锥距、顶锥角、根锥角和当量齿数。

5-28　有一对标准直齿锥齿轮传动，试问：

（1）当 $\Sigma=90°$，$z_1=14$，$z_2=30$ 时，小齿轮是否会发生根切？

（2）当 $\Sigma=90°$，$z_1=14$，$z_2=20$ 时，小齿轮是否会发生根切？

第6章 轮　　系

6.1　轮　系　的　分　类

第 5 章对一对齿轮的工作情况进行了研究。然而，在工程实际中仅用一对齿轮往往不能满足对传动系统提出的多种要求。例如，在钟表中为了使时针、分针和秒针的转速具有一定的比例关系，在机床中为了使主轴具有多级转速，为了使汽车在行驶中根据路况不同而采用不同速度前进或倒车等，经常需要采用若干个彼此啮合的齿轮来传递运动和动力，这种由一系列齿轮组成的传动装置称为轮系。

根据轮系运动时各个齿轮轴线的位置是否固定，可以将轮系分为定轴轮系、周转轮系和复合轮系三类。

6.1.1　定轴轮系

在图 6-1 所示的轮系中，运动和动力由齿轮 1 输入，通过中间一系列齿轮的啮合传动，最终带动齿轮 5 转动。在该轮系的传动过程中，各轮轴线相对于机架的位置均固定不动。这种所有齿轮几何轴线的位置在运转过程中均固定不变的轮系，称为定轴轮系。

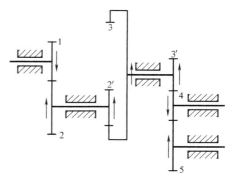

图 6-1　定轴轮系

6.1.2　周转轮系

在图 6-2 所示的轮系中，齿轮 1、3 的轴线重合且固定，即为轴线 OO，齿轮 2 的转轴装在构件 H 上，在构件 H 的带动下绕轴线 OO 转动。这种在运转过程中至少有一个齿轮的几何轴线位置不固定，而是绕着其他齿轮的固定轴线回转的轮系，称为周转轮系。

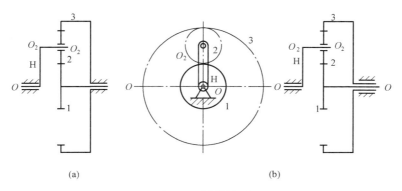

（a）　　　　　　　　　　　　　　　　（b）

图 6-2　周转轮系

（a）行星轮系；（b）差动轮系

在周转轮系中，齿轮 1、3 绕固定轴线回转，称为中心轮或太阳轮；齿轮 2 既绕自己的轴线做自转，又随构件 H 绕定轴齿轮 1、3 的公共轴线做公转，就像行星的运动一样，故称其为行星轮；支承行星轮的构件 H 则称为系杆或行星架。

在周转轮系中，通常以中心轮或系杆作为运动的输入或输出构件，故又称其为周转轮系的基本构件。基本构件都是绕着同一固定轴线回转的。

根据周转轮系所具有的自由度数目的不同，周转轮系可进一步分为行星轮系和差动轮系两类。

1. 行星轮系

在图 6-2（a）所示的周转轮系中，将中心轮 3（或 1）固定，则整个轮系的自由度为 1。这种自由度为 1 的周转轮系称为行星轮系。为了使行星轮系具有确定的运动，需要一个原动件。

2. 差动轮系

在图 6-2（b）所示的周转轮系中，中心轮 1、3 均不固定，则整个轮系的自由度为 2。这种自由度为 2 的周转轮系称为差动轮系。为了使差动轮系具有确定的运动，需要两个原动件。

此外，周转轮系还可根据其基本构件的不同加以分类。设轮系中的中心轮用 K 表示，系杆用 H 表示。在图 6-2 所示的轮系中，基本构件为两个中心轮 1、3 和系杆 H，通常称其为 2K-H 型周转轮系。而如图 6-3 所示的轮系，其基本构件是 1、3、4 三个太阳轮，行星架 H 只起支持行星轮 2 和 2′ 的作用，不是基本构件，称其为 3K 型周转轮系，在轮系的型号中不含 H。在实际机械中采用最多的是 2K-H 型周转轮系。

3. 复合轮系

在实际机械中所用的轮系，往往既包含定轴轮系部分，又包含周转轮系部分［见图 6-4（a）］，或者是由几部分周转轮系组成的［见图 6-4（b）］，这种轮系称为复合轮系。

各种轮系传动比的计算方法将在后续内容中加以介绍。

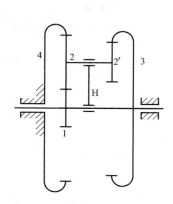

图 6-3 3K 型周转轮系

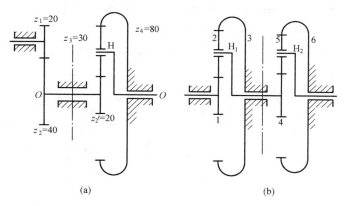

图 6-4 复合轮系

（a）定轴轮系和周转轮系组成的复合轮系；（b）两周转轮系组成的复合轮系

6.2 轮 系 的 传 动 比

所谓轮系的传动比，是指轮系中输入轴与输出轴的角速度（或转速）之比。轮系传动比的确定包括计算传动比的大小和确定输入轴与输出轴的转向关系。

6.2.1 定轴轮系传动比的计算

现以图 6-1 所示的轮系为例来讨论定轴轮系传动比的计算方法。

设齿轮 1 的轴为输入轴，齿轮 5 的轴为输出轴，各轮的角速度和齿数分别用 n_1、n_2、$n_{2'}$、n_3、$n_{3'}$、n_4、n_5 和 z_1、z_2、$z_{2'}$、z_3、$z_{3'}$、z_4、z_5 表示，则该轮系传动比 i_{15} 的大小可计算如下。

由图 6-1 可知，齿轮 1 到齿轮 5 之间的传动，是通过一对对齿轮依次啮合来实现的。为此，首先求出该轮系中各对啮合齿轮传动比的大小：

$$i_{12} = n_1/n_2 = z_2/z_1$$
$$i_{2'3} = n_{2'}/n_3 = n_2/n_3 = z_3/z_{2'}$$
$$i_{3'4} = n_{3'}/n_4 = n_3/n_4 = z_4/z_{3'}$$
$$i_{45} = n_4/n_5 = z_5/z_4$$

将以上各式两边分别连乘，可得

$$i_{12}i_{2'3}i_{3'4}i_{45} = \frac{n_1}{n_2}\frac{n_2}{n_3}\frac{n_3}{n_4}\frac{n_4}{n_5} = \frac{n_1}{n_5}$$

即

$$i_{15} = \frac{n_1}{n_5} = i_{12}i_{2'3}i_{3'4}i_{45} = \frac{z_2 z_3 z_4 z_5}{z_1 z_{2'} z_{3'} z_4}$$

上式说明，定轴轮系的传动比等于组成该轮系中的各对啮合齿轮传动比的连乘积，也等于各对啮合齿轮中从动轮齿数的连乘积与各对啮合齿轮中主动轮齿数的连乘积之比，即

$$定轴轮系传动比的大小 = \frac{轮系中所有从动轮齿数的连乘积}{轮系中所有主动轮齿数的连乘积} \qquad (6-1)$$

在图 6-1 所示的轮系中，齿轮 4 同时与齿轮 3′ 和齿轮 5 相啮合，它既是前者的从动轮，又是后者的主动轮，z_4 在分子、分母中同时出现而被约去，即齿轮 4 的齿数不影响轮系传动比的大小，但它能改变从动轮的转向。这种齿轮称为惰轮（或过轮、中介轮）。

轮系的传动比计算，不仅需要知道传动比的大小，还需要确定输入轴和输出轴之间的转向关系。下面分以下几种情况进行讨论。

1. 平面定轴轮系

图 6-1 所示的轮系由圆柱齿轮组成，各轮的轴线互相平行，这种轮系称为平面定轴轮系。在该轮系中各轮的转向不是相同就是相反，因此可以规定：当两者转向相同时，其传动比为正，用"＋"表示；反之为负，用"－"表示。

根据这一规定，图 6-1 所示轮系的传动比为

$$i_{15} = -\frac{z_2 z_3 z_5}{z_1 z_{2'} z_{3'}} \qquad (6-2)$$

式（6-2）同时表示了轮系传动比的大小和首末轮的转向关系。

当然，也可用式（6-1）只计算平面定轴轮系传动比的大小，而首末轮的转向可以用画箭头的方法来表示，如图 6-1 所示。

2. 空间定轴轮系

如果轮系中各轮的轴线不是全部平行的，该轮系就称为空间定轴轮系。下面分两种情况讨论。

（1）输入轴与输出轴平行。在实际机器中，输入轴与输出轴相互平行的轮系应用较多。

其传动比大小及首末轮转向的确定方法与平面定轴轮系相同。

（2）输入轴与输出轴不平行。当输入轴与输出轴不平行时，二者在两个不同的平面内转动，转向无所谓相同或相反，因此不能采用在传动比前加"＋""－"号的方法来表示，而只能用画箭头的方法来表明，如图6-5所示。

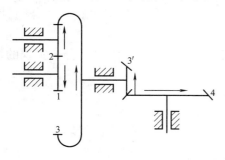

图6-5　输入轴与输出轴
不平行的定轴轮系

6.2.2　周转轮系的传动比

对定轴轮系和周转轮系进行比较，可以发现它们的根本差别就在于周转轮系中有转动的行星架，其上的行星轮既有自转又有公转。故周转轮系的传动比不能直接采用求解定轴轮系传动比的方法来计算。但是如果能通过某种方法将周转轮系中的行星架相对固定，也就是将周转轮系转化为定轴轮系，即可借助此转化轮系，按定轴轮系的传动比公式进行周转轮系传动比的计算，这种方法称为反转法或转化机构法。

根据相对运动原理，假定给整个周转轮系（见图6-6）加上一个与行星架转速大小相等而方向相反的公共角速度（$-\omega_H$）绕 OO 轴线回转，此时，轮系中各构件之间的相对运动关系保持不变，但行星架的角速度变为 $\omega_H - \omega_H = 0$，因而行星架静止不动。这样，周转轮系就转化为假想的定轴轮系，并称其为原周转轮系的转化轮系（或称为转化机构）。转化前后各构件的角速度见表6-1。

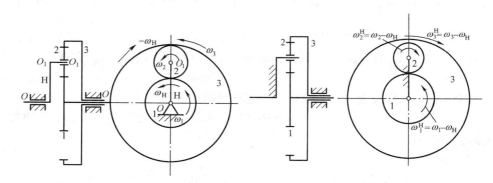

图6-6　周转轮系的转化轮系

下面进一步介绍如何通过转化轮系传动比的计算，得到周转轮系中各构件的角速度关系及传动比。

表6-1　　　　　　　　　　　　　周转轮系转化前后各构件的角速度

构件	原有的角速度	转化轮系中各构件的角速度 （相对于行星架的角速度）
中心轮 1	ω_1	$\omega_1^H = \omega_1 - \omega_H$
行星轮 2	ω_2	$\omega_2^H = \omega_2 - \omega_H$
中心轮 3	ω_3	$\omega_3^H = \omega_3 - \omega_H$
行星架 H	ω_H	$\omega_H^H = \omega_H - \omega_H = 0$

1. 周转轮系传动比的计算

既然周转轮系的转化轮系是定轴轮系，转化轮系中轴线平行的任意两轮间的传动比（是相对运动的传动比）就可按定轴轮系的传动比公式进行计算，即

$$i_{13}^{H} = \frac{\omega_1^H}{\omega_3^H} = \frac{\omega_1 - \omega_H}{\omega_3 - \omega_H} = -\frac{z_2 z_3}{z_1 z_2} = -\frac{z_3}{z_1} \qquad (6-3)$$

其中，i_{13}^{H} 中的上标 H 表示转化轮系中构件 1 与构件 3 的转速比，齿数比前的"—"号表示在转化轮系中轮 1 和轮 3 的转向相反，即转化轮系中的角速度 ω_1^H 与 ω_3^H 的转向相反，而不是指轮 1 与轮 3 在原周转轮系中的角速度 ω_1 与 ω_3 的转向关系。

式（6-3）包含了轮系中各基本构件的角速度和各轮齿数之间的关系。在 ω_1、ω_3、ω_H 中只要知道其中任意两个角速度（含大小和转向）就可以确定第三个角速度（大小和转向），从而可间接地求出周转轮系中各构件之间的传动比。

根据上述原理，在任一周转轮系中，当任意两轮 A、B 及行星架 H 回转轴线平行时，其转化轮系传动比的一般计算公式为

$$i_{AB}^{H} = \frac{\omega_A^H}{\omega_B^H} = \frac{\omega_A - \omega_H}{\omega_B - \omega_H}$$

$$= \pm \frac{转化轮系中从齿轮 A 到齿轮 B 之间所有从动轮齿数的连乘积}{转化轮系中从齿轮 A 到齿轮 B 之间所有主动轮齿数的连乘积} \qquad (6-4)$$

2. 计算周转轮系传动比时的注意事项

（1）式（6-4）只适用于齿轮 A、B 和行星架 H 的轴线平行的场合。

（2）式（6-4）中齿数比前的"＋"号表示转化轮系首、末两轮转向相同，"—"号表示转化轮系首、末两轮转向相反。此处的"＋""—"号不仅表明转化轮系首、末两轮的转向，还直接影响方程求解后各构件角速度之间的数值关系，因此不能忽略。

（3）ω_A、ω_B、ω_H 均为代数值，在计算中必须同时代入正负号。如已知两构件转向相反，则一个取正值，另一个取负值，求得的结果也为代数值，即同时求得了构件角速度的大小和转向。

如果所研究的轮系为具有固定轮的行星轮系，设固定轮为 B 即 $\omega_B = 0$，则式（6-4）可改写为

$$i_{AB}^{H} = \frac{\omega_A^H}{\omega_B^H} = \frac{\omega_A - \omega_H}{0 - \omega_H} = -i_{AH} + 1$$

即

$$i_{AH} = 1 - i_{AB}^{H} \qquad (6-5)$$

【例 6-1】 在图 6-7 所示周转轮系中，已知各轮齿数 $z_1 = 100$，$z_2 = 101$，$z_{2'} = 100$，$z_3 = 99$，试求传动比 i_{H1}。

解 在图 6-7 所示轮系中，齿轮 3 为固定轮（即 $n_3 = 0$），故该轮系为一个 2K-H 型行星轮系。由式（6-5）可得

$$i_{1H} = 1 - i_{13}^{H} = 1 - z_2 z_3 / (z_1 z_{2'})$$

$$= 1 - 101 \times 99 / (100 \times 100) = 1/10\ 000$$

所以

$$i_{H1} = 1/i_{1H} = 10\ 000$$

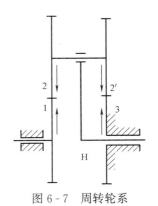

图 6-7 周转轮系

传动比 i_{H1} 为正，表示行星架 H 与齿轮 1 转向相同。

［例 6-1］说明行星轮系可以用少数几个齿轮获得很大的传动比。但要注意，这种类型的行星轮系传动，减速比越大，机械效率越低。

若将图 6-7 所示轮系中齿轮 $2'$ 的齿数改为 99，则

$$i_{1H} = 1 - i_{13}^H = 1 - z_2 z_3/(z_1 z_{2'})$$
$$= 1 - 101 \times 99/(100 \times 99) = -1/100$$
$$i_{H1} = -100$$

当系杆转 100 转时，轮 1 反向转 1 转。［例 6-1］说明行星轮系中从动轮的转向不仅与主动轮的转向有关，而且与轮系中各轮的齿数有关。

【例 6-2】 图 6-8（a）所示的差动轮系中，已知 $z_1 = 48$，$z_2 = 42$，$z_{2'} = 18$，$z_3 = 21$，$n_1 = 100\text{r/min}$，其转向如图所示。（1）当 $n_3 = 80\text{r/min}$ 时，求 n_H；（2）当 $n_3 = -80\text{r/min}$ 时，求 n_H。

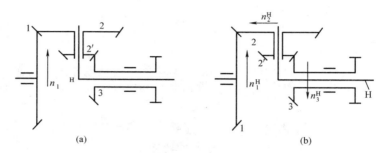

图 6-8　差动轮系及其转化轮系

解　这是一个由锥齿轮组成的差动轮系，其转化轮系为一空间定轴轮系，用画箭头的方法来确定各轮的转向关系，如图 6-8（b）所示。

其转化轮系的传动比为

$$i_{13}^H = \frac{n_1 - n_H}{n_3 - n_H} = -\frac{z_2 z_3}{z_1 z_{2'}} = -\frac{42 \times 21}{48 \times 18} = -\frac{49}{48}$$

（1）当 $n_3 = 80\text{r/min}$ 时，有

$$i_{13}^H = \frac{n_1 - n_H}{n_3 - n_H} = \frac{100 - n_H}{80 - n_H} = -\frac{49}{48}$$

解得

$$n_H = \frac{8720}{97} \approx 89.90(\text{r/min})$$

其结果为正，表明系杆和齿轮 1 的转动方向相同。

（2）当 $n_3 = -80\text{r/min}$，有

$$i_{13}^H = \frac{n_1 - n_H}{n_3 - n_H} = \frac{100 - n_H}{-80 - n_H} = -\frac{z_2 z_3}{z_1 z_{2'}} = -\frac{42 \times 21}{48 \times 18} = -\frac{49}{48}$$

解得

$$n_H = \frac{880}{97} \approx 9.07(\text{r/min})$$

其结果也为正，表明系杆和齿轮 1 的转动方向相同。

分析以上计算结果可知，当 n_1、n_3 转速不变，但 n_3 转向改变时，系杆输出转速 n_H 发生改变。

6.2.3　复合轮系的传动比

如前所述，复合轮系中或者既包含定轴轮系部分又包含周转轮系部分，或者包含几部分周转轮系。在计算复合轮系的传动比时，既不能将其视为定轴轮系处理，也不能将其视为周转轮系来处理，正确的方法如下：

（1）正确划分轮系各组成部分（关键是要将其中的周转轮系部分找出来）。划分轮系时应先将每个基本周转轮系划分出来。根据周转轮系具有行星轮和行星架的特点，首先要找出行星轮，再找出行星架（行星架往往是由轮系中具有其他功用的构件所兼任），以及与行星轮相啮合的所有中心轮。在一个复合轮系中可能包含几个基本周转轮系，一一找出后，剩下的便是定轴轮系部分。

（2）分别列出计算定轴轮系和周转轮系传动比的方程式。

（3）找出各基本轮系之间的联系，将各传动比关系式联立求解，就可求得复合轮系的传动比。

【例 6 - 3】　在图 6 - 4（a）所示的轮系中，设已知各轮齿数，试求传动比 i_{1H}。

解　该轮系是复合轮系，它是由齿轮 1、2 所组成的定轴轮系和由齿轮 $2'$、3、4 与行星架 H 所组成的行星轮系组成，分别计算各轮系的传动比。

定轴轮系部分

$$i_{12} = n_1/n_2 = -z_2/z_1 = -40/20 = -2$$

周转轮系部分

$$i_{2'H} = 1 - i_{2'4}^H = 1 - (-z_4/z_{2'}) = 1 + 80/20 = 5$$

故

$$i_{1H} = i_{12}i_{2'H} = -2 \times 5 = -10$$

结果为负，表明 n_1 与 n_H 转向相反。

【例 6 - 4】　图 6 - 9 所示电动卷扬机减速器中，已知各齿轮齿数为 $z_1 = 24$，$z_2 = 52$，$z_2' = 21$，$z_3 = 97$，$z_3' = 18$，$z_5 = 79$，试求传动比 i_{15}。

解　在该减速器中，齿轮 $2 - 2'$ 的几何轴线不固定，随着内齿轮 5 绕中心轴线的转动而运动，所以是双联行星轮；支持它运动的内齿轮 5 就是系杆；和行星轮 $2 - 2'$ 相啮合的定轴齿轮 1 和齿轮 3 是两个太阳轮，这两个太阳轮都能转动。因此，齿轮 1、$2 - 2'$、3、5（相当于 H）组成一个差动轮系，剩余的齿轮 $3'$、4 和 5 组成一个定轴轮系。

齿轮 3 和 $3'$ 是同一构件，齿轮 5 和系杆是同一个构件，也就是说差动轮系的两个基本构件太阳轮和系杆被定轴轮系封闭起来了。这种通过一个定轴轮系将差动轮系的两个基本构件（太阳轮和系杆）封闭起来而组成的自由度为 1 的复合轮系，通常称为封闭式行星轮系。

在差动轮系中

$$i_{13}^5 = \frac{n_1 - n_5}{n_3 - n_5} = -\frac{z_2 z_3}{z_1 z_{2'}}$$

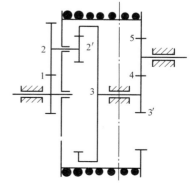

图 6 - 9　电动卷扬机减速器

在定轴轮系中

$$i_{3'5} = \frac{n_{3'}}{n_5} = -\frac{z_5}{z_{3'}}$$

又

$$n_3 = n_{3'}$$

联立以上各式，得

$$i_{15} = 54.38$$

结果为正，表明齿轮1和齿轮5的转向相同。

6.3　轮　系　的　功　能

在各种机械中轮系的应用十分广泛，其主要功用有以下几个方面。

6.3.1　实现大传动比传动

当两轴之间需要较大的传动比时，若仅用一对齿轮传动，则两轮齿数相差很多，尺寸相差悬殊，如图6-10中的虚线所示。这使大小齿轮的强度相差很大，小齿轮易于损坏，而大齿轮的工作能力却得不到充分发挥，所以一对齿轮的传动比一般不得大于8。当两轴间需要较大的传动比时，就需要采用轮系。特别是采用周转轮系，可以用少许几个齿轮，并且在结构紧凑的条件下，得到很大的传动比。［例6-1］中的周转轮系就是实现大传动比的一个实例。

6.3.2　实现分路传动

利用定轴轮系可实现几个从动轴分路输出传动，如图6-11所示。

当电动机带动主动轴转动时，通过该轴上的齿轮1和3，分两路分别将运动传递给滚刀和轮坯，从而使刀具和轮坯之间实现确定的相对运动关系，最终实现范成运动。

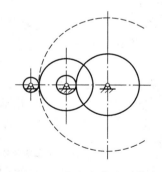

图6-10　实现大传动比传动

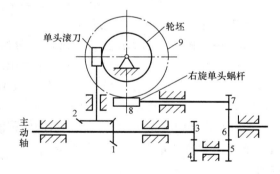

图6-11　滚齿机工作台的传动机构

6.3.3　实现变速、换向传动

在主动轴转速和转向不变的情况下，利用轮系可使从动轴获得不同的转速和转向。例如，汽车变速箱可以使行驶的汽车方便地实现变速和倒车（即变向），在汽车变速箱的传动简图（见图6-12）中，牙嵌离合器的一半A和齿轮1固连在输入轴Ⅰ上，其另一半则和滑移双联齿轮4、6用花键与输出轴Ⅳ相连，齿轮2、3、5、7固连在轴Ⅱ上，齿轮8固连在轴Ⅲ上，这样可在输出轴Ⅳ上获得四种不同转速及换向传动。

变速、换向传动还广泛地应用在金属切削机床等设备上。

6.3.4　在尺寸及重量较小的条件下实现大功率传动

用作动力传动的周转轮系，通常可采用若干个行星轮均匀分布在中心轮四周的结构形式，如图 6-13 所示。这样，用几个行星轮来共同分担载荷，可大大提高承载能力，又因行星轮均匀分布，可使行星轮因公转所产生的离心惯性力和各齿廓啮合处的径向分力得以平衡，因此可以减小主轴承内的作用力，增加运动的平稳性。此外，采用内啮合又有效地利用了空间，而且输入轴与输出轴共轴线，使

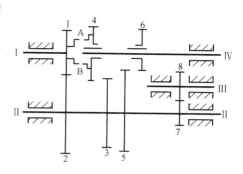

图 6-12　汽车变速箱的传动简图

得径向尺寸非常紧凑。因此，可在结构紧凑的条件下，实现大功率传动。

图 6-13 所示为某蜗轮螺旋桨发动机主减速器传动简图，其右部为差动轮系，左部为定轴轮系，整体为一个自由度的封闭式行星轮系。该轮系中有 4 个行星轮 2，如图 6-13（b）所示，6 个中介轮 5（图中只画出一个）。动力由中心轮 1 输入后，经系杆和内齿轮 3 分两路输向左部，最后在系杆与内齿轮 5 的接合处汇合，输往螺旋桨。由于是功率分路传递，加之采用了多个行星轮均匀分布承担载荷，从而使整个装置体积小、重量轻、传动功率大。

6.3.5　实现运动的合成

由于差动轮系的自由度为 2，必须给定三个基本构件中任意两个的运动后，第三个基本构件的运动才能确定。利用这一特点，差动轮系可用来将两个运动合成为一个运动。

在如图 6-14 所示轮系中，若 $z_1 = z_3$ 则

$$i_{13}^{H} = n_1^{H}/n_3^{H} = (n_1 - n_H)/(n_3 - n_H) = -z_3/z_1 = -1$$

得

$$2n_H = n_1 + n_3 \tag{6-6}$$

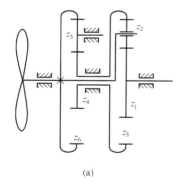

(a)

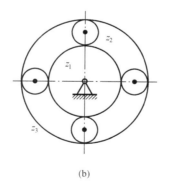

(b)

图 6-13　某蜗轮螺旋桨发动机主减速器传动简图

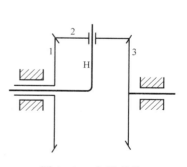

图 6-14　加法机构

式（6-6）说明，行星架的转速是齿轮 1、3 转速的合成，故此种轮系可用作和差运算。这种合成作用在机床、计算机构、补偿装置等中都得到应用。

6.3.6　实现运动的分解

差动轮系不仅能将两个独立的运动合成为一个运动，还可以将一个基本构件的主动转动，按所需比例分解成另两个基本构件的不同转动。汽车后桥的差速器就是利用了差动轮系的这一特性。

图 6-15 所示为汽车后桥上的差速器，发动机通过传动轴驱动齿轮 5，齿轮 4 上固连着行星架 H，其上装有行星轮 2 和 2′。1、2、2′、3、H 组成差动轮系。左右两个后轮分别和圆锥齿轮 1、3 连接，且 $z_1 = z_3$，圆锥齿轮 4 空套在左轮轴上。

当汽车直线行驶时，由于两个后轮所滚过的距离相等，其转速也相等，即 $n_1 = n_3$。在差动轮系中

$$i_{13}^H = \frac{n_1 - n_H}{n_3 - n_H} = -\frac{z_3}{z_1} = -1$$

故

$$n_H = \frac{n_1 + n_3}{2} \qquad (6-7)$$

将 $n_1 = n_3$ 代入式（6-7），有 $n_1 = n_3 = n_H = n_4$，即此时齿轮 1、3、4 及系杆 H 在作为一个整体运动。

当汽车转弯时，设汽车向左转弯行驶，汽车两前轮在梯形转向机构 $ABCD$ 的作用下向左偏转，其轴线与汽车两后轮的轴线相交于 P 点。前后四个轮子须绕同一点 P 转动（见图 6-16），故处于弯道外侧的右轮滚过地面的弧长应大于处于弯道内侧的左轮滚过地面的弧长，左轮与右轮具有不同的转速。两个后轮在与地面不打滑的条件下，其转速应与弯道半径成正比，即

$$\frac{n_1}{n_3} = \frac{r - L}{r + L} \qquad (6-8)$$

式中　r——弯道平均半径；

L——两后轮间距之半。

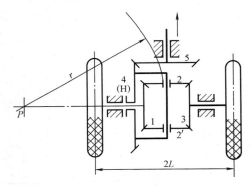

图 6-15　汽车后桥的差速器

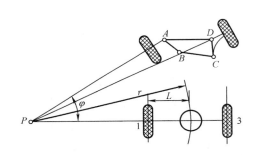

图 6-16　汽车转弯示意

联立式（6-7）和式（6-8），可得两后轮的转速

$$n_1 = \frac{r - L}{r} n_4, \quad n_3 = \frac{r + L}{r} n_4$$

由此可见，齿轮 4 的转速通过差动轮系分解成 n_1 和 n_3 两个转速，这两个转速随弯道的半径不同而有所不同。

这里需要特别说明的是，差动轮系可以将一个转动分解成另两个转动是有前提条件的，即这两个转动之间必须具有一个确定的关系。在上述汽车差速器的实例中，两后轮转动之间的确定关系是由地面的约束条件确定的。

思考题与习题

6-1　齿轮系有什么功用？齿轮系有几种类型？试举例说明。

6-2　定轴轮系中传动比大小应如何计算？怎样确定轮系输出轴的转向？

6-3　什么是转化轮系？如何通过转化轮系计算出周转轮系的传动比？

6-4　周转轮系中主从动件的转向关系用什么方法来确定？两轮传动比的正负号与该周转轮系转化机构中两轮传动比的正负号相同吗？为什么？

6-5　在如图 6-17 所示的钟表机构中，S、M 及 H 分别为秒针、分针及时针。已知 $z_1=8$，$z_2=60$，$z_3=8$，$z_5=15$，$z_7=12$，齿轮 6 与齿轮 7 的模数相同，试求 z_4、z_6 和 z_8。

6-6　图 6-18 所示为一手摇提升装置，其中各轮齿数均已知，试求传动比 i_{15}，并指出当提升重物时手柄的转向（在图中用箭头标出）。

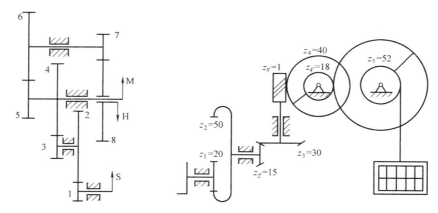

图 6-17　题 6-5 图　　　　　　图 6-18　题 6-6 图

6-7　在如图 6-19 所示的复合轮系中，设已知 $n_1=3549\text{r/min}$，$z_1=36$，$z_2=60$，$z_3=23$，$z_4=49$，$z_5=31$，$z_6=131$，$z_7=94$，$z_8=36$，$z_9=167$，求 n_H 等于多少？

6-8　在如图 6-20 所示的电动三爪卡盘传动轮系中，已知 $z_1=6$，$z_2=z_{2'}=25$，$z_3=57$，$z_4=56$，试求传动比 i_{14}。

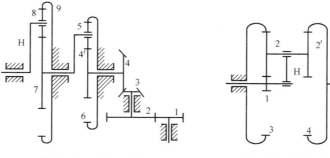

图 6-19　题 6-7 图　　　　　　图 6-20　题 6-8 图

第7章 间歇运动机构

原动件做连续运动时，从动件周期性地出现停歇状态的机构称为间歇运动机构。间歇机构在计数装置、自动机床的进给、送料和刀架的转动机构，包装机械的送进机构和许多轻工机械中都有着广泛的应用。间歇运动机构的类型很多，本章着重介绍棘轮机构、槽轮机构、不完全齿轮机构和凸轮式间歇运动机构。

7.1 棘 轮 机 构

7.1.1 棘轮机构的工作原理

棘轮机构能将往复摆动运动转换成单向间歇转动，常用于工作的进给或分度、防逆转装置和超越离合器中。轮齿式外啮合棘轮机构如图 7-1（a）所示，由主动件摇杆 1、棘爪 2、棘轮 3、止回棘爪 4 等组成，弹簧片 5 使止回棘爪 4 和棘轮 3 保持接触。摇杆 1 可绕回转轴 O 转动，而棘轮 3 则固装于回转轴 O 上，止回棘爪 4 绕机架上的固定轴转动。当摇杆 1 逆时针转动时，棘爪 2 将推动棘轮 3 转过一定角度。当摇杆 1 顺时针转动时，止回棘爪 4 会阻止棘轮 3 顺时针转动，棘爪 2 在棘轮 3 的齿背上滑过，此时棘轮静止不动。因此，当摇杆 1 连续做往复摆动时，棘轮 3 便得到单向的间歇运动。图 7-1（b）所示为轮齿式内啮合棘轮机构，图 7-1（c）所示为摩擦式棘轮机构。

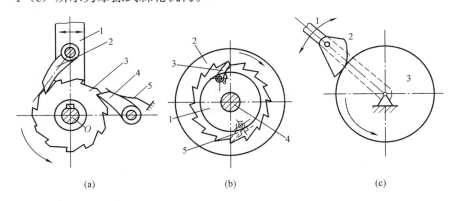

（a） （b） （c）

图 7-1 棘轮机构

（a）轮齿式外啮合棘轮机构；（b）轮齿式内啮合棘轮机构；（c）摩擦式棘轮机构

棘轮机构的优点是结构简单、制造方便、运动可靠，而且棘轮轴每次转过的角度大小可以在较大的范围内调节。其缺点是工作时有较大的冲击和噪声，而且运动精度较差。所以棘轮机构常用于速度较低、载荷不大的场合。

7.1.2 棘轮机构的运动设计

（1）棘轮轮齿的偏斜角。棘轮轮齿工作面相对棘轮半径朝齿体内偏倾一角度 φ（φ 即为棘齿的偏斜角），以保证棘爪能顺利地落到齿根，而不致与齿脱开。如图 7-2 所示，为了使棘爪受力最小，应使棘轮齿顶 A 和棘爪的转动中心 O_2 的连线垂直于棘轮半径 O_1A，即 $\angle O_1AO_2 = 90°$。偏斜角的大小可以从受力分析的关系中得出。轮齿对棘爪作用的力包括正压力 F_N 和摩擦力 F，F_N 可分解为圆周力 F_P（通过棘爪的转动中心 O_2）和径向力 F_T。径向力 F_T 有使棘爪落到齿根的倾向，摩擦力 F 有使棘爪与齿脱开的倾向。为了使棘爪能顺利地落到齿根，必须保证径向力 F_T 大于摩擦力的径向分力，即

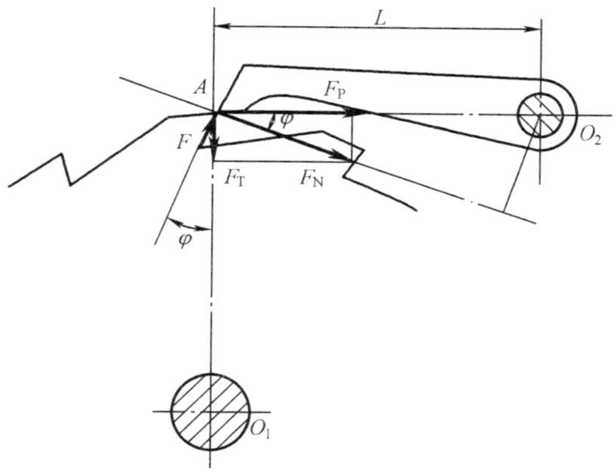

$$F_T > F\cos\varphi$$

因为　　　　$F = F_N f, \quad F_T = F_N \sin\varphi$

图 7 - 2　棘轮轮齿的偏斜角

所以

$$\frac{\sin\varphi}{\cos\varphi} > f$$

$$\tan\varphi > \tan\rho$$

故

$$\varphi > \rho \tag{7-1}$$

其中，ρ 为齿与棘爪之间的摩擦角，$\rho = \arctan f$。当摩擦系数 $f = 0.2$ 时，$\rho = 11°30'$，故通常取偏斜角 $\varphi = 20°$。

（2）棘轮、棘爪的几何尺寸计算及棘轮齿形的画法。棘轮、棘爪的几何尺寸（顶圆直径、齿高、齿顶高、齿槽夹角和棘爪长度）与其他结构尺寸的计算公式以及棘轮齿形的画法可参见《机械设计手册》。

7.2　槽　轮　机　构

7.2.1　槽轮机构的工作原理

槽轮机构又称为马耳他机构，它能将主动轴的匀速连续转动转换为从动轴的间歇转动，常用于各种转位机构中。图 7 - 3（a）所示为外啮合槽轮机构，它由主动拨盘 1、从动槽轮 2 和机架组成。拨盘 1 以等角速度 ω_1 做连续转动，当拨盘上的圆柱销 A 未进入槽轮的径向槽时，由于拨盘 1 固连的凸锁止弧 $\overset{\frown}{mm'm}$ 与槽轮的凹锁止弧 $\overset{\frown}{nn}$ 配合，可防止槽轮运动，故此时槽轮不动。图 7 - 3（a）所示为圆柱销 A 刚进入槽轮径向槽时的位置，此时凹锁止弧 $\overset{\frown}{nn}$ 也刚被松开。此后，槽轮受圆柱销 A 的驱使而转动。当圆柱销 A 在另一边离开径向槽时，凸锁止弧 $\overset{\frown}{mm'm}$ 又与槽轮的凹锁止弧 $\overset{\frown}{nn}$ 配合，槽轮又将静止不动。直至圆柱销 A 再进入槽轮的另一个径向槽时，又重复上述运动。因此，主动拨盘 1 每转一周，从动槽轮 2 做周期性的间歇运动。槽轮机构的结构简单，外形尺寸小，机械效率较高，能较平稳、间歇地进行转位。但因传动时存在柔性冲击，槽轮机构常用于自动机械、轻工机械、仪器仪表等速度不太高的场合。图 7 - 3（b）所示为电影放映机中使用的槽轮机构。当槽轮 2 做间歇运动时，胶片上的画面依次在方框中停留，通过视觉暂留而获得连续的场景。

7.2.2 槽轮的运动系数

在图 7 - 3（a）所示的槽轮机构中，当主动拨盘回转一周时，槽轮 2 的运动时间为 t_d 与拨盘 1 转一周的总运动时间 t 之比称为运动系数 τ

$$\tau = \frac{t_d}{t} \tag{7 - 2}$$

另外，因拨盘 1 一般为等速转动，所以这个时间比可以用转角之比来表示。若拨盘上只有一个圆柱销，拨盘转一周，槽轮转位一次，因此 t_d 和 t 各对应于拨盘 1 的回转角 $2\varphi_1$ 和 2π。为了避免圆柱销 A 与径向槽发生冲击，使槽轮的启动和停止比较平稳，设计槽轮时应使拨盘圆柱销进入和退出径向槽时，其速度方向与槽方向一致。于是由图 7 - 3（a）可知，如果槽轮的槽数为 z，则相邻两槽之间夹角为

$$2\varphi_2 = \frac{2\pi}{z} \tag{7 - 3}$$

由 $\varphi_2 = \frac{\pi}{z}$，$\varphi_1 + \varphi_2 = \frac{\pi}{2}$，可知 $\qquad \varphi_1 = \frac{\pi}{2} - \frac{\pi}{z} = \frac{z - 2}{2z}\pi \tag{7 - 4}$

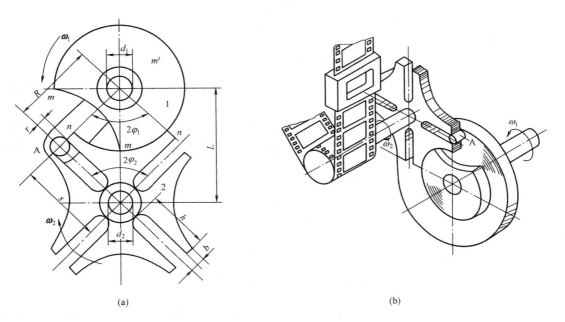

(a) (b)

图 7 - 3 槽轮机构

（a）外啮合槽轮机构；（b）电影放映机中使用的槽轮机构

因此，槽轮转过 $2\varphi_2$ 时拨盘的转角为

$$2\varphi_1 = \frac{z - 2}{z}\pi \tag{7 - 5}$$

将以上角度关系代入式（7 - 2），可得运动系数 τ 为

$$\tau = \frac{t_d}{t} = \frac{2\varphi_1}{2\pi} = \frac{z - 2}{2z} \tag{7 - 6}$$

因为 τ 应当大于零，所以由式（7 - 6）可知，槽轮径向槽数应不小于 3。从式（7 - 6）还可知，运动系数 τ 总是小于 0.5 的，故在这种槽轮机构中，槽轮的运动时间总小于其静止时间。

如果拨盘上的圆柱销数 $n>1$，则可得到 $\tau>0.5$ 的槽轮机构，设圆销在拨盘上均匀分布，其数目为 n，当拨盘转动一周，槽轮将被拨动 n 次，故运动系数 τ 也比一个圆销者大 n 倍，即

$$\tau = \frac{n(z-2)}{2z} < 1 \tag{7-7}$$

由此得

$$n < \frac{2z}{z-2} \tag{7-8}$$

由式（7-8）可知，对于 $z=3$ 的槽轮机构，圆销数 $n=1\sim5$；对于 $z=4$、5 的槽轮机构，$n=1\sim3$；而当 $z\geq6$ 时，则应取 $n=1$、2。

7.3　不完全齿轮机构

不完全齿轮机构与渐开线齿轮机构相似，其不同之处是轮齿没有布满整个圆周。外啮合不完全齿轮机构如图 7-4 所示。当主动轮 1 做连续回转运动时，可使从动轮 2 做间歇的单向回转运动。当轮 1 的凸锁止弧和轮 2 的凹锁止弧配合时，可使轮 2 在一定时间内停歇不动。当轮 1 的齿轮部分和轮 2 的齿轮部分啮合时，可使轮 2 在一定时间内连续转动。不完全齿轮机构的每次间歇运动，可以只由一对齿或若干对齿来完成。主动轮首、末两对齿的啮合过程与普通齿轮机构不同，而中间各对齿的啮合过程则相同。不完全齿轮机构有外啮合和内啮合以及圆柱和圆锥不完全齿轮机构之分。外啮合不完全齿轮机构的主、从动轮转向相反；内啮合不完全齿轮机构，其主、从动轮转向相同，如图 7-5 所示。

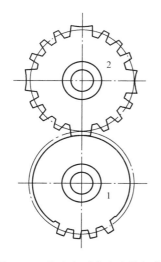

图 7-4　外啮合不完全齿轮机构

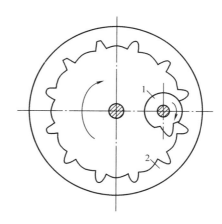

图 7-5　内啮合不完全齿轮机构

不完全齿轮机构运行可靠，结构简单，制造容易，从动轮运动时间和停歇时间之比，即动停比不受机构结构的限制。从运动学角度看，只要适当选取齿轮的齿数，就能够使从动轮得到预期的运动角，并可在一周中做多次停歇；从动力学角度看，从动轮在转动始末，存在着速度突变的现象，从而会引起较大的冲击，因此适用于低速、轻载和冲击不影响正常工作的场合，如计数器、电影放映机和某些具有特殊要求的专用机械中。

7.4　凸轮式间歇运动机构

凸轮式间歇运动机构一般由主动凸轮、从动转盘和机架组成，如图7-6所示。该机构由主动凸轮1、从动转盘2和机架组成，可将凸轮的连续转动变换为转盘的间歇转动。图7-6（a）所示为圆柱凸轮间歇运动机构，图7-6（b）所示为蜗杆凸轮间歇运动机构。图7-6（a）中主动凸轮1上有一条凸脊如同蜗杆称其为弧面凸轮，凸脊曲面由从动件运动规律来确定。从动盘2上均匀地安装圆柱销3，一般常用滚动轴承代替，并可采取预紧的方法消除间隙。凸轮1通过圆柱销3（即滚动轴承）来带动从动盘做间歇转动。这种机构可以通过改变凸轮与从动盘中心距的方法调整圆柱销与凸轮凸脊的配合间隙，借以补偿磨损。

凸轮式间歇运动机构运动可靠、转位精确，定位装置简单、定位精度高、结构简单、机构结构紧凑、动力性能好、机构容易实现转动和停歇时间的各种比例要求。常用于传递交错轴间的分度运动和高速、高精度分度转位的机械中，如卷烟包装、火柴包装、拉链嵌齿、高速冲床、多色印刷机等。

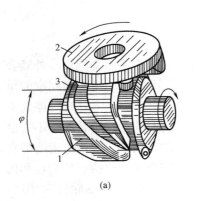

图7-6　凸轮式间歇运动机构
（a）圆柱凸轮；（b）蜗杆凸轮

7-1　棘轮机构有什么传动特点？何时用双向棘爪？这时棘爪的齿形常用什么形状？

7-2　槽轮机构的槽数 z 和圆销数 n 的关系如何？

7-3　何谓槽轮机构的运动系数，其值有什么要求？

7-4　棘轮机构、槽轮机构、不完全齿轮机构和凸轮式间歇运动机构均能使执行构件获得间歇运动，试从各自的工作特点、运动及动力性能分析它们各自的适用场合。

7-5　已知一槽轮机构的槽数 $z=8$，圆销数 $n=1$，若主动拨盘的转速为 $n_1=75\text{r/min}$，求槽轮的运动时间和静止时间及运动系数 τ 的大小。

7-6　某牛头刨床工作台的横向进给丝杠，其导程为5mm，与丝杆轴联动的棘轮齿数为40齿，求棘轮的最小转动角度。

第8章 蜗 杆 传 动

8.1 蜗杆传动的特点和类型

蜗杆传动用来传递两交错轴之间的运动和动力，其中最常用的是两轴交错角 $\Sigma = 90°$ 的减速传动。

如图 8-1 所示，在分度圆柱上具有完整螺旋齿的构件 1 称为蜗杆，而与蜗杆相啮合的构件 2 称为蜗轮。通常，以蜗杆为原动件做减速运动。当其反行程不自锁时，也可以蜗轮为原动件做增速运动。

蜗杆与螺杆类似，也有左旋和右旋之分，除特殊需要外，一般采用右旋。

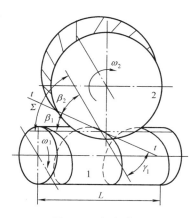

图 8-1 蜗杆传动

8.1.1 蜗杆传动的特点

（1）可以获得很大的传动比，结构紧凑。在动力传动中，一般传动比 $i = 5 \sim 80$；在分度机构或手动机构中，传动比可达 300；若只传递运动，传动比可达 1000。由于传动比大，零件数目又少，因而结构很紧凑。

（2）传动平稳，噪声较低。由于蜗杆齿是连续不断的螺旋齿，它和蜗轮齿是逐渐进入啮合及逐渐退出啮合的，同时啮合的齿对又较多，故冲击载荷小，传动平稳，噪声低。

（3）蜗杆传动具有自锁性。当蜗杆的螺旋升角小于啮合面的当量摩擦角时，蜗杆传动便具有自锁性。但此时只能以蜗杆为主动件带动蜗轮传动，而不能以蜗轮带动蜗杆运动。

（4）传动效率较低，磨损较严重。两者啮合处相对滑动速度较大，易磨损，易发热，故效率较低。

（5）制造成本较高。由于摩擦、磨损及发热严重，蜗轮常需采用价格较昂贵的减摩、耐磨材料（有色金属）来制造，以便于钢制蜗杆配对组成减摩性良好的滑动摩擦副，而且需要良好的润滑装置，故成本较高。

近年来已研究开发出多种新型的蜗杆传动，其效率低等缺点正得到不断改善。

8.1.2 蜗杆传动的类型

根据蜗杆形状的不同，蜗杆传动可分为圆柱蜗杆传动［见图 8-2（a）］、环面蜗杆传动［见图 8-2（b）］和锥蜗杆传动［见图 8-2（c）］三类。其中，环面蜗杆和锥蜗杆的制造较困难，安装要求较高，不如圆柱蜗杆应用广泛。

圆柱蜗杆传动可分为普通圆柱蜗杆传动和圆弧圆柱蜗杆传动，如图 8-3 所示。普通蜗杆传动又分为阿基米德圆柱蜗杆（ZA 蜗杆）、渐开线圆柱蜗杆（ZI 蜗杆）、法向直廓圆柱蜗杆（ZN 蜗杆）。

由于普通圆柱蜗杆传动加工制造简单，应用最广泛，故本章着重介绍以阿基米德蜗杆为代表的普通圆柱蜗杆传动。

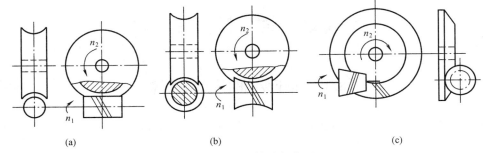

图 8-2　蜗杆传动的类型

（a）圆柱蜗杆传动；（b）环面蜗杆传动；（c）锥面蜗杆传动

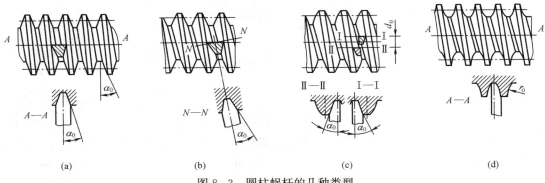

图 8-3　圆柱蜗杆的几种类型

（a）阿基米德蜗杆；（b）法向直廓蜗杆；（c）渐开线蜗杆；（d）圆弧圆柱蜗杆

8.2　普通圆柱蜗杆传动的主要参数及几何尺寸计算

图 8-4 所示为使用阿基米德蜗杆的蜗杆传动。通过蜗杆轴线并垂直于蜗轮轴线的平面，称为中间平面。在中间平面上，蜗杆齿廓为直线，相当于齿条；蜗轮齿廓为渐开线，相当于齿轮。因此，在中间平面上，普通圆柱蜗杆传动就相当于齿条与齿轮的啮合传动。故在设计蜗杆传动时，均取中间平面上的参数（如模数、压力角等）和尺寸（如齿顶圆、分度圆等）作为基准，并沿用齿轮传动的计算关系。

8.2.1　蜗杆传动的主要参数

普通圆柱蜗杆传动的主要参数有模数、压力角、蜗杆头数、蜗轮齿数、蜗杆的分度圆直径等。进行蜗杆传动设计时，首先要正确地选择参数。

1. 模数 m 和压力角 α

和齿轮传动一样，蜗杆传动的几何尺寸也以模数为主要计算参数。蜗杆和蜗轮啮合时，在中间平面上，其正确啮合条件如下：蜗杆的轴向模数 m_{x1}、轴向压力角 α_{x1} 等于蜗轮的端面模数 m_{t2}、端面压力角 α_{t2}，即

$$m_{x1} = m_{t2} = m$$

$$\alpha_{x1} = \alpha_{t2} = \alpha$$

模数 m 的标准值见表 8-1，标准压力角 $\alpha=20°$。

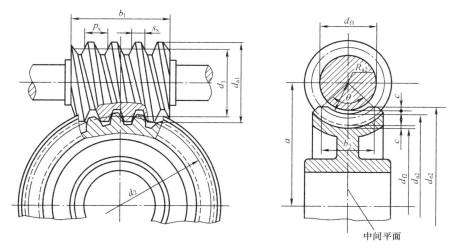

图 8-4　普通圆柱蜗杆传动

表 8-1 　　　　　　　　**蜗杆的基本尺寸和参数（GB/T 10085—2018）**

模数 m(mm)	轴向齿距 p_x(mm)	分度圆直径 d_1(mm)	蜗杆头数 z_1	直径系数 q	齿顶圆直径 d_{a1}(mm)	齿根圆直径 d_{f1}(mm)	分度圆柱导程角 γ	说明
6.3	19.792	(50)	1	7.936	62.6	34.9	7°10′53″	
			2				14°08′39″	
			4				26°44′53″	
		63	1	10.000	75.6	47.9	5°42′38″	
			2				11°18′36″	
			4				21°48′05″	
			6				30°57′50″	
		(80)	1	12.698	92.6	64.8	4°30′10″	
			2				8°57′02″	
			4				17°29′04″	
		112	1	17.778	124.6	96.9	3°13′10″	自锁
8	25.133	(63)	1	7.875	79	43.8	7°14′13″	
			2				14°15′00″	
			4				26°53′40″	
		80	1	10.000	96	60.8	5°42′38″	
			2				11°18′36″	
			4				21°48′05″	
			6				30°57′50″	
		(100)	1	12.500	116	80.8	4°34′26″	
			2				9°05′25″	
			4				17°44′41″	
		140	1	17.500	156	120.8	3°16′14″	自锁

模数 m(mm)	轴向齿距 p_x(mm)	分度圆直径 d_1(mm)	蜗杆头数 z_1	直径系数 q	齿顶圆直径 d_{a1}(mm)	齿根圆直径 d_{f1}(mm)	分度圆柱导程角 γ	说明
10	31.416	(71)	1	7.100	91	47	8°01′02″	
			2				15°43′55″	
			4				29°23′46″	
		90	1	9.000	110	66	6°20′25″	
			2				12°31′44″	
			4				23°57′45″	
			6				33°41′24″	
		(112)	1	11.200	132	88	5°06′08″	
			2				10°07′29″	
			4				19°39′14″	
		160	1	16.000	180	136	3°34′35″	

此外，为了保证蜗杆和蜗轮的正确啮合，对于两轮轴线交错角为 90°时，还应使蜗杆分度圆柱导程角 γ 与蜗轮分度圆柱螺旋角 β 等值且方向相同，即

$$\gamma = \beta$$

2. 蜗杆分度圆直径 d_1、导程角 γ 和直径系数 q

在蜗杆传动中，为了保证蜗杆与配对蜗轮的正确啮合，用范成法切制蜗轮轮齿时，所用滚刀的几何参数必须与蜗杆相同，故 d_1 不同的蜗杆，必须采用不同直径的滚刀。对于同一模数，可以有很多直径不同的蜗杆，因而对每一模数就要配备很多蜗轮滚刀。显然，这样很不经济。为了限制滚刀的数量，便于刀具的标准化，将蜗杆分度圆直径 d_1 定为标准值（见表 8-1），即对应于每一标准模数 m 规定了一定数量的蜗杆分度圆直径 d_1，并将 d_1 与 m 的比值称为蜗杆直径系数 q，即

$$q = \frac{d_1}{m} \tag{8-1}$$

因 d_1 与 m 均为标准值，故 q 为导出值，不一定是整数（见表 8-1）。对于动力传动，q 值为 7～18；对于分度蜗杆传动，q 值为 16～30。

由图 8-5 可知，蜗杆分度圆柱导程角 γ 为

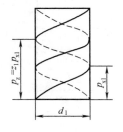
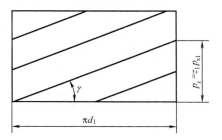

$$\tan\gamma = \frac{p_z}{\pi d_1} = \frac{z_1 p_{x1}}{\pi d_1} = \frac{z_1 \pi m}{\pi d_1}$$

$$= \frac{z_1 m}{d_1} = \frac{z_1}{q} \tag{8-2}$$

式中　z_1——蜗杆头数；

p_{x1}——蜗杆轴向周节（齿距）；

p_z——蜗杆的导程。

图 8-5　蜗杆导程角与导程的关系

从式（8-1）及式（8-2）知，当选用较小的分度圆直径时，蜗杆的刚性小，挠度大，此时蜗轮滚刀为整体结构，强度较

低，刀齿数目少，磨损快，齿形和齿形角误差大，导程角大，效率高。当选用较大的分度圆直径时，蜗杆刚性大，挠度小，此时蜗轮滚刀可以套装，结构强度大，刀齿数目多，刀齿磨损慢，导程角小，传动效率较低，圆周速度大，容易形成油膜，润滑条件好。

蜗杆的导程角越小越容易自锁。导程角 $\gamma \leqslant 3°30'$ 的蜗杆传动具有自锁性。

3. 传动比 i、蜗杆头数 z_1 和蜗轮齿数 z_2

一般蜗杆传动用做减速装置，此时蜗杆为主动件，蜗杆与蜗轮之间的传动比为

$$i_{12} = \frac{n_1}{n_2} = \frac{z_2}{z_1} \tag{8-3}$$

式中　n_1、n_2——蜗杆和蜗轮的转速，r/min；

　　　z_1、z_2——蜗杆头数和蜗轮齿数。

蜗杆头数 z_1 可根据要求的传动比和效率来选定。单头蜗杆的传动比大，易于自锁，但效率低，不宜用于传递功率较大的场合。蜗杆头数多，效率较高，传递功率大，但制造较为困难。一般而言，在动力传动中，在考虑结构紧凑的前提下，应尽量考虑提高效率，所以，当 i 较小时，宜采用多头蜗杆。而在传递运动要求自锁时，常选用单头蜗杆。通常蜗杆头数取为 1、2、4、6，推荐采用值如下：当 $i=8\sim14$ 时，选 $z_1=4$；$i=16\sim28$ 时，选 $z_1=2$；$i=30\sim80$ 时，选 $z_1=1$。

蜗轮齿数 z_2 应根据传动比和蜗杆头数来确定。为保证传动的平稳性和效率，一般取 $z_2=27\sim80$。为了避免加工蜗轮时产生根切，当 $z_1=1$ 时，选 $z_2\geqslant17$；当 $z_1=2$ 时，取 $z_2\geqslant27$。对于动力传动，为保证传动的平稳性，z_2 不应小于 28，一般选 $z_2=32\sim63$ 为宜。蜗轮直径越大、蜗杆越长时，则蜗杆刚度小而易变形，故 z_2 最好不大于 80。对于分度机构，传动比可以很大，z_2 可达数百以上。

需要注意的是，蜗杆传动的传动比不等于蜗轮蜗杆的直径比，也不等于蜗杆与蜗轮的分度圆直径之比。

一般圆柱蜗杆传动减速装置的传动比 i 的公称值可按下列数值选取：5、7.5、10、12.5、15、20、25、30、40、50、60、70、80。其中，10、20、40 和 80 为基本传动比，宜优先采用。

4. 蜗杆传动的标准中心距 a

蜗杆传动的标准中心距为

$$a = 0.5(d_1+d_2) = 0.5m(q+z_2)$$

8.2.2　蜗杆传动的几何尺寸计算

标准普通圆柱蜗杆传动基本几何尺寸及其计算公式参见图 8-4、表 8-1 和表 8-2。

表 8-2　　　　　　　　　　　　圆柱蜗杆基本几何尺寸关系

名　称	计 算 公 式	
	蜗　杆	蜗　轮
分度圆直径	$d_1=mq$，按强度计算取标准值	$d_2=mz_2$
齿顶高	$h_{a1}=m$	$h_{a2}=m$
齿根高	$h_{f1}=1.2m$	$h_{f2}=1.2m$
顶圆直径	$d_{a1}=d_1+2h_{a1}=d_1+2m$	$d_{a2}=m(z_2+2)$（喉圆直径）
根圆直径	$d_{f1}=d_1-2h_{f1}=d_1-2.4m$	$d_{f2}=m(z_2-2.4)$

名　称	计　算　公　式	
	蜗　杆	蜗　轮
径向间隙	$c=0.2m$	
中心距	$a=0.5(d_1+d_2)=0.5m(q+z_2)$	
蜗杆轴向齿距 p_{x1} 蜗轮端面周节 p_{t2}	$p_{x1}=p_{t2}=\pi m$	
蜗杆齿宽 b_1	$z_1=1$，2 时，$b_1=(11+0.06z_2)m$；$z_1=3$，4 时，$b_1=(12.5+0.09z_2)m$ 磨削蜗杆加长量：$m<10\text{mm}$ 时，加长 25mm；$m=10\sim16\text{mm}$ 时，加长 $35\sim40\text{mm}$； $m>16\text{mm}$ 时，加长 50mm	
蜗轮顶圆直径 d_{e2} （也称外圆直径）	$z_1=1$ 时，$d_{e2}\leqslant d_{a2}+2m$；$z_1=2$，3 时，$d_{e2}\leqslant d_{a2}+1.5m$； $z_1=4\sim6$ 时，$d_{e2}\leqslant d_{a2}+m$	
蜗轮齿宽 b_2	$z_1\leqslant3$ 时，$b_2\leqslant0.75d_{a1}$；$z_1=4\sim6$ 时，$b_2\leqslant0.67d_{a1}$	
蜗轮齿顶圆弧半径 R_{a2}	$R_{a2}=0.5d_1-m$	
蜗轮齿根圆弧半径 R_{f2}	$R_{f2}=0.5d_{a1}+0.2m$	
蜗轮齿宽角 θ	$\theta=2\arcsin(b_2/d_1)$	

8.3　蜗杆和蜗轮的常用材料和结构

8.3.1　蜗杆和蜗轮的常用材料

选用蜗杆和蜗轮的材料时不仅要满足强度要求，更重要的是配对材料应具有良好的减摩、耐磨、抗胶合、易磨合的特性。实验证明，在蜗杆齿面粗糙度满足技术要求的前提下，蜗杆、蜗轮齿面硬度差较大，抗胶合能力越强，蜗杆的齿面硬度应当高于蜗轮，故用热处理的方法提高蜗杆的齿面硬度很重要，所以蜗杆材料要具有良好的热处理、切削和磨削性能。

蜗杆一般用碳钢或合金钢制成。高速重载蜗杆常用 15Cr、20Cr、20CrMnTi 和 20MnVB 等经渗碳淬火，硬度为 $56\sim63$HRC，也可用 40、45、40Cr、40CrNi 等经表面淬火，硬度为 $45\sim50$HRC。一般不太重要的传动及低速中载蜗杆，常用 40、45 钢等经调质或正火处理，硬度为 $220\sim230$HBS。

蜗轮材料一般采用与蜗杆材料减摩的较软材料制成。常用的蜗轮材料有铸造锡青铜、铸造铝青铜、灰铸铁、球墨铸铁等。一般根据其齿面间相对滑动速度选用：低速轻载传动（$v_s<2\text{m/s}$），可用灰铸铁 HT150、HT200 等制造；低速重载传动，则用 9-3 铝青铜制造；高速传动，可用 10-1 锡青铜、6-6-3 锡青铜等制造，这类材料具有较好的耐磨性，但价格高，一般用于 $v_s\geqslant3\text{m/s}$ 的重要传动。对于尺寸较大的蜗轮，常采用青铜轮冠，铸铁轮芯。蜗轮的常用材料见表 8-3。

表 8 - 3　　　　　　　　　　蜗轮常用材料和许用应力 $[\sigma_H]$ 值

材料牌号		铸造方法	适用的滑动速度 v_s (m/s)	许用接触应力 $[\sigma_H]$ (MPa)						
蜗轮	蜗杆			滑动速度 v_s (m/s)						
				0.5	1	2	3	4	6	8
10 - 1 锡青铜 ZCuSn10P1	钢（淬火）	砂模	≤25	134						
		金属模		200						
6 - 6 - 3 锡青铜 ZCuSn6Zn6Pb3	钢（淬火）	砂模	≤12	128						
		金属模		134						
		离心浇铸		174						
9 - 3 铝青铜 ZCuA19Fe3	钢（淬火）	砂模	≤10	250	230	210	180	160	120	90
		金属模								
		离心浇铸								
58 - 2 - 2 锰黄铜 ZCuZn58Mn2Pb2	钢（淬火）	砂模	≤10	215	200	180	150	135	95	75
		金属模								
HT150 （120～150HBS）	渗碳钢	砂模	≤2	130	115	90	—	—	—	—
HT200 （120～150HBS）	钢（正火 或调质）									

注　1. 蜗杆未经淬火时，表中值需降低 $15\%\sim20\%$。

　　2. 表中 $[\sigma_H]$ 值是根据跑合和润滑良好的条件给出的，若不能满足这些条件，表中 $[\sigma_H]$ 值应降低约 30%。

　　3. 锡青铜的 $[\sigma_H]$ 值，当传动短时工作时，可将表中值增大 $40\%\sim50\%$。

蜗杆蜗轮的材料选用时还应注意材料的配对。例如，蜗轮采用铸造铝青铜时，蜗杆的材料应选用硬齿面的淬火钢。

8.3.2　蜗杆与蜗轮的结构

蜗杆螺旋部分的直径不大，所以常与轴做成一体，除螺旋部分的结构尺寸取决于蜗杆的几何尺寸（见表 8 - 2）外，其余的结构尺寸按轴的结构尺寸要求确定。图 8 - 6（a）所示结构为常见蜗杆形式，该结构无退刀槽，加工螺旋部分时只能用铣制的办法。图 8 - 6（b）所示的结构有退刀槽，螺旋部分可以车制，也可以铣制，但这种结构的刚度比前一种差。当蜗杆螺旋部分的直径较大时，可将蜗杆与轴分开制作。

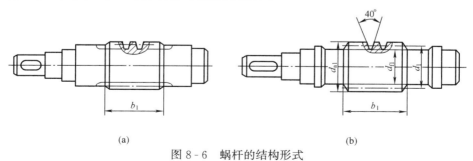

(a)　　　　　　　　　　　　　　　　　(b)

图 8 - 6　蜗杆的结构形式

（a）铣制蜗杆；（b）车制蜗杆

　　蜗轮的结构可制成整体的或组合的。组合蜗轮的齿圈可以铸在或用过盈配合装在铸铁或铸钢的轮芯上。常用的蜗轮结构有以下几种：

　　（1）齿圈式〔见图8-7（a）〕。这种结构有青铜齿圈及铸铁轮芯所组成。为了防止齿圈和轮芯因发热而松动，在接缝处用4～6个紧定螺钉固定，以增强连接的可靠性。

　　（2）螺栓连接式〔见图8-7（b）〕。可用普通螺栓连接，或用铰制孔经螺栓连接，螺栓的尺寸和数目可参考蜗轮的结构尺寸确定，作适当的校核。这种结构便于装拆，多用于尺寸较大或易磨损的蜗轮。

　　（3）整体浇铸式〔见图8-7（c）〕。主要用于铸铁蜗轮或尺寸很小的青铜蜗轮。

　　（4）拼铸式〔见图8-7（d）〕。这是在铸铁轮芯上加铸青铜齿圈，然后切齿而成的结构。只用于成批制造的蜗轮。

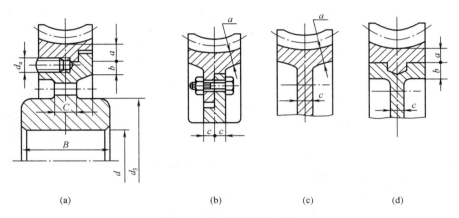

图8-7　蜗轮的结构形式
（a）齿圈式；（b）螺栓连接式；（c）整体浇铸式；（d）拼铸式

8.4　蜗杆传动的受力分析和强度计算

8.4.1　蜗杆传动的失效形式和计算准则

　　蜗杆传动的失效形式与齿轮传动相同，有点蚀、齿面胶合、过度磨损、齿根折断等。但由于材料和结构上的原因，蜗杆螺旋齿部分的强度总是高于蜗轮轮齿的强度，所以失效经常发生在蜗轮轮齿上。因此，一般只对蜗轮轮齿进行承载能力计算。

　　与圆柱齿轮相比，蜗杆和蜗轮齿面间还有沿蜗轮轮齿方向的滑动，且相对滑动速度大、发热量大，增加了产生胶合和磨损失效的可能性。因此，蜗杆传动更容易发生胶合和磨损。尤其在某些条件下（如润滑不良时）蜗杆传动因齿面胶合而失效的可能性更大。因此，蜗杆传动的承载能力往往受到抗胶合能力的限制。

　　目前，对胶合与磨损的计算还缺乏适当的方法和数据，因而通常只是参照圆柱齿轮进行齿面接触疲劳强度和齿根弯曲疲劳强度的条件计算，并在选取许用应力时，适当考虑胶合和磨损失效因素的影响。实践证明，在一般情况下蜗轮轮齿因弯曲疲劳强度不足而失效的情况较少，一般可不考虑弯曲强度的计算，只有在动力传动并且蜗轮齿数很多（如 $z_2 > 80$）或开式传动中才需要考虑弯曲强度的计算，需要计算时可参阅有关书籍。对于闭式传动，蜗杆副多因齿面胶合或点蚀而失效，因此，通常按齿面接触疲劳强度进行设计，而按弯曲疲劳强度进行校核。此外，闭式蜗杆传动散热不良时会降低蜗杆传动的承载能力，加速失效，还应作热平衡计算。对于闭式传动，通常进行蜗轮齿面接触强度计算。

8.4.2 蜗杆传动的受力分析和计算载荷

1. 蜗杆传动的受力分析

蜗杆传动的受力分析和斜齿轮传动相似。在进行蜗杆传动的受力分析时，通常不考虑摩擦力的影响。

分析时，首先要分清主动件和从动件（一般蜗杆主动）螺旋线是右旋还是左旋（一般为右旋），旋转方向是顺时针还是逆时针，用以判断其受力方向。

如图 8-8 所示，以右旋蜗杆为主动件，并沿逆时针方向旋转时的蜗杆螺旋面上的受力情况。作用在节点 C 处的法向载荷 F_{n1} 可分解为三个相互垂直的分力：圆周力 F_{t1}、径向力 F_{r1} 和轴向力 F_{a1}。由于蜗杆和蜗轮的轴线相互垂直交错，根据力的作用原理，可得

$$\left. \begin{array}{l} F_{t1} = \dfrac{2T_1}{d_1} = F_{a2} \\[2mm] F_{t2} = \dfrac{2T_2}{d_2} = F_{a1} \\[2mm] F_{r2} = F_{t2}\tan\alpha = F_{r1} \end{array} \right\} \tag{8-4}$$

式中　T_1、T_2——蜗杆及蜗轮上的公称转矩，N·mm；

　　　d_1、d_2——蜗杆及蜗轮的分度圆直径，mm。

$$T_2 = T_1 i\eta$$

式中　i——传动比；

　　　η——蜗杆传动的效率。

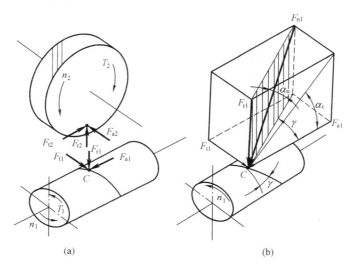

图 8-8　蜗杆传动的受力分析

可见，蜗轮上的轴向力 F_{a2} 与蜗杆上的圆周力 F_{t1} 大小相等方向相反；蜗杆上的轴向力

F_{a1} 与蜗轮上的圆周力 F_{t2} 大小相等方向相反；蜗杆上的径向力 F_{r1} 与蜗轮上的径向力 F_{r2} 大小相等方向相反。若令 $\cos\alpha_n \approx \cos\alpha$，则

$$F_n = \frac{F_{t2}}{\cos\alpha_n\cos\gamma} \approx \frac{2T_2}{d_2\cos\alpha\cos\gamma} \tag{8-5}$$

式中　α_n、α——蜗杆法面压力角及标准压力角，$\alpha_n \approx \alpha = 20°$；

　　　　γ——蜗杆分度圆柱导程角。

各力方向的判别也与斜齿轮相似。一般先确定蜗杆上三个力的方向。因蜗杆是主动件，故其所受圆周力的方向总是与其转动方向相反；径向力的方向总是沿半径指向轴心；轴向力的方向判断同斜齿圆柱齿轮传动，用主动蜗杆左（右）手法则根据螺旋线的旋向和蜗杆的转向来判定。

关于蜗轮上各力的方向，可由式（8-4）及图8-8所示关系确定。

2. 蜗杆传动的计算载荷

蜗杆传动在作强度计算时也应考虑载荷系数 K，则计算载荷 F_{nc} 为

$$F_{nc} = KF_n \tag{8-6}$$

一般取 $K=1\sim1.4$，当载荷平稳，滑动速度 $v_s \leqslant 3\text{m/s}$ 时取小值，否则取大值。

在设计时，若已知蜗杆所需传递的功率 P_1（kW）及转速 n_1（r/min），则蜗轮的公称转矩为

$$T_2 = 9550\frac{P_2}{n_2} = 9550\frac{P_1\eta}{n_2} \tag{8-7}$$

式中　T_2——公称转矩，N·m；

　　　　η——蜗杆传动的效率；

　　　　P_2——蜗轮传递的功率，kW；

　　　　n_2——蜗轮转速，$n_2 = n_1/i$，r/min。

式（8-7）中引入载荷系数 K，则名义转矩变成计算转矩。

8.4.3　蜗轮齿面接触强度计算

蜗轮齿面接触强度计算与斜齿轮类似，仍以赫兹公式为基础，按蜗杆传动在节点处啮合的条件来计算。对钢制蜗杆与青铜蜗轮或铸铁蜗轮配对时，以节点啮合处的相应参数代入赫兹公式，并作一些假定（如一般 $\gamma=5°\sim25°$，取中间值，$\alpha=20°$ 等），代入蜗杆传动的有关参数，引入载荷系数 K，可得蜗轮齿面接触强度的校核计算公式为

$$\sigma_H = \frac{15\,000}{z_2}\sqrt{\frac{KT_2}{m^2d_1}} \leqslant [\sigma_H] \tag{8-8}$$

经过变换，可得设计计算公式

$$m^2d_1 \geqslant \left(\frac{15\,000}{z_2[\sigma_H]}\right)^2 KT_2 \tag{8-9}$$

式中　$[\sigma_H]$——蜗轮材料的许用接触应力，MPa，见表8-3。

设计计算中，按式（8-9）算出 m^2d_1 值，再按表8-1确定相应的 m 和 d_1 后选取标准值。最后按表8-2计算出蜗杆和蜗轮的主要尺寸、中心距等。蜗轮常用材料和许用应力参照表8-3进行选择。

8.5　蜗杆传动的效率、润滑和热平衡计算

8.5.1　蜗杆传动的效率

1. 蜗杆传动的滑动速度 v_s

如图 8-9 所示，当蜗杆传动在节点 C 处啮合时，蜗杆的圆周速度为 v_1，蜗轮的圆周速度为 v_2，v_1 与 v_2 的方向垂直，从而使齿廓之间产生很大的相对滑动，其滑动速度 v_s 为

$$v_s = \sqrt{v_1^2 + v_2^2} = \frac{v_1}{\cos\gamma} \tag{8-10}$$

由于啮合齿面间滑动速度大，易引起较大的摩擦、磨损和发热，因而蜗杆传动效率较低，不适合大功率连续传动。由式（8-10）可见，导程角是影响蜗杆传动啮合效率的最主要的参数之一。

2. 蜗杆传动的效率

与齿轮传动类似，闭式蜗杆传动的总效率 η 包括轮齿啮合摩擦损耗功率的效率 η_1、轴承摩擦损耗功率效率 η_2、考虑浸入油中的零件搅动润滑油时的损耗功率的效率 η_3。因此，总效率为

$$\eta = \eta_1 \eta_2 \eta_3$$

一般取 $\eta_2\eta_3 = 0.95\sim0.97$。$\eta_1$ 是功率损耗的主要部分，其值可根据螺旋传动的效率公式求得。当蜗杆主动时

$$\eta_1 = \frac{\tan\gamma}{\tan(\gamma + \rho_v)} \tag{8-11}$$

式中　γ——蜗杆导程角；

ρ_v——当量摩擦角，$\rho_v = \arctan f_v$，f_v 为当量摩擦系数。

故蜗杆主动时，蜗杆传动的总效率为

$$\eta = (0.95 \sim 0.97)\frac{\tan\gamma}{\tan(\gamma + \rho_v)} \tag{8-12}$$

在传动尺寸尚未设计时，为计算原动机所需功率、蜗轮轴上的转矩等，蜗杆传动的总效率可近似取下列数值。

（1）闭式传动，当 $z_1 = 1$ 时，$\eta = 0.7\sim0.75$；$z_1 = 2$ 时，$\eta = 0.75\sim0.82$；$z_1 = 4$ 时，$\eta = 0.87\sim0.92$；自锁时，$\eta < 0.50$。

（2）开式传动，当 $z_1 = 1$、2 时，$\eta = 0.60\sim0.70$。

8.5.2　蜗杆传动的润滑

蜗杆传动的润滑是一个应当注意的重要问题。由于蜗杆传动时的相对滑动速度 v_s 较大（见图 8-9），效率低，发热量大，若润滑不良时，传动效率将显著降低，并且会产生剧烈的磨损，甚至出现胶合破坏。因此，需要选择合适的润滑油及润滑方式，以减小磨损，控制温升，提高效率和承载能力。

润滑油的黏度和给油方法主要根据齿面间的滑

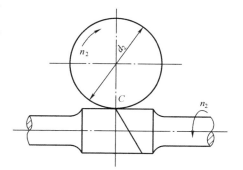
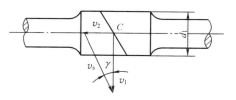

图 8-9　蜗杆传动的滑动速度

动速度及载荷类型进行选择。为提高蜗杆传动的抗胶合性能，宜选用黏度较高的润滑油。对于闭式传动，根据工作条件和滑动速度 v_s，参考表 8-4 选定润滑油黏度和给油方式。当采用油池润滑时，在搅油损耗不致过大的情况下，应有适当的油量，以利于形成动压油膜，且有助于散热。对于蜗杆下置式或蜗杆侧置式的传动，浸油深度应为蜗杆的一个齿高；当蜗杆圆周速度 $v_1 > 4\text{m/s}$ 时，为减小搅油损失，常将蜗杆上置，其浸油深度约为蜗轮外径的1/3。对于开式传动，应选用黏度较高的润滑油或润滑脂。

表 8-4   蜗杆传动的润滑油黏度荐用值和润滑方式

滑动速度 v_s(m/s)	<1	<2.5	<5	5～10	10～15	15～25	>25
工作条件	重载	重载	中载	—	—	—	—
黏度 ν(cSt)，40℃	840	560	336	224	150	112	84
润滑方式	油池润滑			油池或喷油润滑	用压力喷油，压力（Pa）		
					0.7	2	3

8.5.3 蜗杆传动的热平衡计算

蜗杆传动由于效率低，所以工作时发热量大。在闭式传动中，功率损耗将使减速器发热、油温升高，如果热量不能及时散逸，将会使油温继续升高而降低油的黏度（即油稀释），使齿面间润滑条件恶化，从而引起蜗轮齿面磨损加剧，甚至出现胶合。因此，对连续工作的闭式蜗杆传动要进行热平衡计算，以限制箱体内的油温和周围空气温度之差不超过允许值，即

$$\Delta t = \frac{1000 P_1 (1-\eta)}{K_t A} \leqslant [\Delta t] \qquad (8-13)$$

式中　Δt——油温与周围空气温度之差，$\Delta t = t - t_0$；

　　　P_1——蜗杆输入功率，kW；

　　　η——传动效率；

　　　K_t——表面散热系数，一般情况下取 $K_t = 10 \sim 17\text{W/(m}^2 \cdot \text{℃)}$，通风良好时取大值；

　　　A——箱体散热面积，m^2；

　　　t——润滑油的工作温度，一般取 $t = 60 \sim 80\text{℃}(<90\text{℃})$；

　　　t_0——周围空气的温度，常温下可取 $t_0 = 20\text{℃}$；

　$[\Delta t]$——温升允许值，一般为 $60 \sim 70\text{℃}$，并使油温 $t < 90\text{℃}$。

其中，A 是指箱体外壁与空气接触而内壁被油飞溅到的箱壳面积。计算时，可简单按长方体表面积计算，但未与空气接触的表面积不应计入，对凸缘和散热片的面积可近似按其表面积的 50% 计算。设计时，普通蜗杆传动的箱体散热面积 A 可用式（8-14）初步计算：

$$A = 0.33 \left(\frac{a}{100}\right)^{1.75} \qquad (8-14)$$

式中　a——中心距，mm。

当工作温度差超过其允许值或有效的散热面积不足时，则必须采取措施，以提高散热能力。通常采取以下几个措施：

（1）合理设计箱体结构，铸出或焊上散热片以增加散热面积。

（2）蜗杆轴上装设风扇［见图 8-10（a）］，加速空气流通以增大散热系数。这时可取

$K_t = 20 \sim 28$。

（3）在箱体内装设蛇形冷却水管［见图 8 - 10（b）］。

（4）大功率蜗杆传动可采用压力喷油循环冷却润滑［见图 8 - 10（c）］。

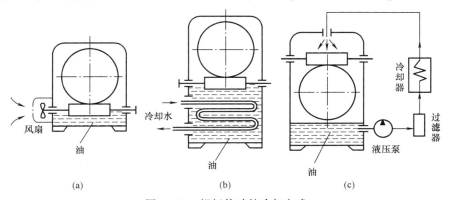

图 8 - 10 蜗杆传动的冷却方式

（a）风扇冷却；（b）冷却水管冷却；（c）压力喷油冷却

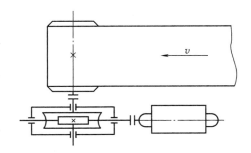

图 8 - 11 带式输送机传动示意

【例 8 - 1】 已知带式输送机（传动示意图见图 8 - 11）中电动机的功率 $P = 5kW$，转速 $n_1 = 1460 r/min$，带式输送机主动滚筒的转速 $n_2 = 94 r/min$，仓库内工作，载荷较平稳，试设计此蜗杆传动。

解 （1）蜗轮轮齿齿面接触强度计算。

1）选材料，确定许用接触应力 $[\sigma_H]$。蜗杆用 45 钢，表面淬火 $45 \sim 50HRC$；蜗轮用 ZCuSn10P1（10 - 1 锡青铜）砂模铸造。由表 8 - 3 查得，$[\sigma_H] = 134MPa$。

2）选蜗杆头数 z_1，确定蜗轮齿数 z_2。因传动比 $i = n_1/n_2 = 1460/94 = 15.5$，取 $z_1 = 2$，则 $z_2 = iz_1 = 15.5 \times 2 = 31$。

3）确定作用在蜗轮上的转矩 T_2。因 $z_1 = 2$，故初步选取 $\eta = 0.80$，则

$$T_2 = 9550 \frac{P_1 \eta}{n_2} = 9550 \times \frac{5 \times 0.8}{94} = 406 (N \cdot m)$$

4）确定载荷系数 K。因工作载荷较平稳，速度较低，取 $K = 1.1$。由式（8 - 10）得

$$m^2 d_1 \geqslant \left(\frac{15\ 000}{z_2 [\sigma_H]} \right)^2 KT_2$$

$$= \left(\frac{15\ 000}{31 \times 134} \right)^2 \times 1.1 \times 406 (mm^3) = 5823 (mm^3)$$

查表 8 - 1，取 $m = 10mm$，$d_1 = 90mm$。

5）计算主要几何尺寸。

蜗杆分度圆直径 $d_1 = 90mm$

蜗轮分度圆直径 $d_2 = mz_2 = 31 \times 10 = 310 (mm)$

中心距 $a = \frac{1}{2}(d_1 + d_2) = 0.5 \times (90 + 310) = 200 (mm)$

上述所定 m、d_1，满足表 8-1 中标准的要求。

（2）热平衡计算。由式（8-13）可知

$$t = \frac{1000P_1(1-\eta)}{K_tA} + t_0$$

1）自然通风良好时，取 $K_t = 16W/(m^2 \cdot ℃)$。

2）散热面积 A，按式（8-14）估算

$$A = 0.33\left(\frac{a}{100}\right)^{1.75} = 0.33 \times \left(\frac{200}{100}\right)^{1.75} = 1.1(m^2)$$

3）蜗杆效率 $\eta \approx 0.80$。

4）常温情况下，$t_0 = 20℃$，则

$$t = \frac{1000 \times 5 \times (1-0.80)}{16 \times 1.1} + 20 = 76.8(℃)$$

$t < 85℃$，故热平衡无问题。

（3）其他几何尺寸计算（略）。

（4）绘制蜗杆和蜗轮零件工作图（略）。

思考题与习题

8-1 蜗杆传动有何特点？什么情况下宜采用蜗杆传动？蜗杆传动有哪些类型？

8-2 蜗杆传动的主要失效形式是什么？其设计准则是什么？

8-3 何谓蜗杆传动的中间平面？蜗杆传动的正确啮合条件是什么？自锁条件是什么？

8-4 试说明蜗杆传动效率低的原因，蜗杆头数 z_1 对效率有何影响，为什么。

8-5 为何将蜗杆分度圆直径 d_1 标准化？

8-6 蜗杆传动的设计计算中有哪些主要参数？如何选择？蜗杆轴向齿距、蜗杆导程、蜗杆头数、蜗杆直径系数及分度圆导程角之间，各有什么关系？

8-7 试总结蜗杆传动中蜗杆和蜗轮所受各分力大小和方向的确定方法，以及蜗杆和蜗轮转动方向的判定方法。

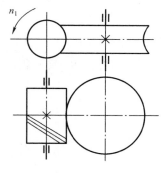

图 8-12 题 8-8 图

8-8 试标注图 8-12 所示蜗杆传动的各力（F_r、F_a、F_t）。

8-9 一蜗轮的齿数 $z_2 = 40$，$d_2 = 200mm$，与一单头蜗杆啮合，试求：

（1）蜗轮端面模数 m_{t2} 及蜗杆轴面模数 m_{x1}；

（2）两轮的中心距 a；

（3）蜗杆的导程角 γ_1、蜗轮的螺旋角 β_2 及两轮轮齿的旋向。

8-10 已知带式输送机（见图 8-11）中电动机功率 $P = 10kW$，转速 $n_1 = 1470r/min$，带式输送机主动滚筒转速 $n_2 = 120r/min$，且工作平稳，试设计该单级蜗杆传动。

第9章 带传动和链传动机构

带传动和链传动机构都是通过中间挠性件（带、链）在两个或多个传动轮之间传递运动和转矩，所以称其为挠性机构。与应用广泛的齿轮传动相比，它们具有结构简单、成本低廉、维修方便等优点，适用于两轴相距较远的场合。

9.1 带传动机构概述

9.1.1 带传动的工作原理及特点

1. 工作原理

根据工作原理不同，带传动可分为摩擦型带传动和啮合型带传动。

带传动通常是由主动轮1、从动轮2和绕在两轮上的环形带3所组成（见图9-1）。对于摩擦型带传动，安装时带以一定的初拉力紧套在两带轮上，使带与带轮的接触面间产生压力。当主动轮回转时，依靠带与带轮接触面间的摩擦力传递圆周力，从而带动从动轮回转，传递运动和动力。

下面主要介绍摩擦型带传动机构，啮合型带传动见9.4。

2. 带传动的特点

带传动具有以下优点：结构简单，成本低廉；带具有良好的挠性，可缓和冲击、吸收振动，因此传动平稳；过载时带与带轮间会打滑，具有过载保护作用，可防止损坏其他零件；适用于中心距较大的传动。

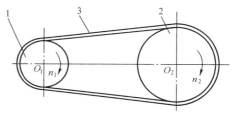

图 9-1 带传动

带传动的缺点：工作时存在弹性滑动现象，使传动比 i 不恒定；为了产生足够大的摩擦力，带需要以较大的张紧力紧套在带轮上，从而会使带轮轴受到较大的压力；带的寿命一般较短；带与带轮间会产生摩擦放电现象，不适用于高温、易燃、易爆的场合。

9.1.2 带传动的主要类型与应用

带传动的类型很多，主要有以下几种（见图9-2）：

   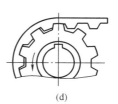

| (a) | (b) | (c) | (d) |

图 9-2 带传动的类型

（a）平带传动；（b）V 带传动；（c）多楔带传动；（d）同步带传动

（1）平带传动。平带传动结构最简单，适用于中心距较大的情况。

（2）V带传动。V带与平带传动相比，在同样张紧力作用下能传递较大的有效圆周力。

（3）多楔带传动。适用于传递功率较大而又要求结构紧凑的场合。

（4）同步带传动。属于啮合传动，适用于高速、高精度仪器装置。

通常，带传动用于中小功率电动机与工作机械之间的动力传递。目前，V带传动应用最广，一般带速为 $v=5\sim25\text{m/s}$，传动比 $i\leqslant7$，传动效率 90% 以上。

近年来平带传动的应用已大为减少，但在多轴传动或高速情况下，平带传动仍然很有效。

9.1.3　V带及其标准

V带有普通V带、窄V带、齿形V带、宽V带等类型，其中普通V带应用最为广泛。

V带由抗拉体1、顶胶和底胶2、包布3组成（见图9-3）。抗拉体是承受负载拉力的主体，带弯曲时顶胶被拉伸，底胶则被压缩。根据抗拉体的材料不同，带可分为帘布结构和线绳结构两种。

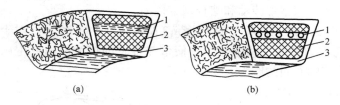

图 9-3　V带的结构
（a）帘布结构；（b）线绳结构

通常V带制成无接头的环形，当带受纵向弯曲时，在带中既不伸长又不缩短的那一层称为中性层（或节面）。带的节面宽度称为节宽，用 b_p 表示。截面高度 h 和节宽 b_p 的比值约为 0.7，楔角 φ 为 $40°$ 的V带称为普通V带。h 与 b_p 之比约等于 0.9 的V带称为窄V带。普通V带和窄V带都已经标准化，按截面尺寸的不同，普通V带有七种型号，由小到大分别为 Y、Z、A、B、C、D、E；窄V带有四种型号，分别为 SPZ、SPA、SPB、SPC。V带横截面尺寸见表9-1。

表 9-1　　　　　　　　　　　V 带 横 截 面 尺 寸　　　　　　　　　　　mm

截型		节宽 b_p	顶宽 b	高度 h	截面面积 $A(\text{mm}^2)$	楔角 φ
普通 V 带	窄 V 带					
Y		5.3	6	4	18	
Z		8.5	10	6	47	
	SPZ			8	57	
A		11.0	13	8	81	
	SPA			10	94	
B		14.0	17	10.5	138	$40°$
	SPB			14	167	
C		19.0	22	13.5	230	
	SPC			18	278	
D		27.0	32	19	476	
E		32.0	38	23.5	692	

在带轮上与所配 V 带的节宽 b_p 相对应的带轮直径称为基准直径 d，其标准系列值见表 9 - 2。V 带在规定的张紧力作用下，位于带轮基准直径上的周长称为基准长度 L_d，V 带基准长度已经标准化，基准长度系列见表 9 - 3。

表 9 - 2　　　　　　　普通 V 带轮最小基准直径及基准直径系列　　　　　　　　mm

V 带轮槽型	Y	Z	A	B	C	D	E
$d_{\min}$	20	50	75	125	200	355	500
基准直径系列	25　28　31.5　35.5　40　45　50　56　63　71　75　80　85　90　95　100　106　112　118						
	125　132　140　150　160　170　180　200　212　224　236　250　265　280　300　315　335　355　375						
	400　425　450　475　500　530　560　600　630　670						

表 9 - 3　　　　　　　普通 V 带的长度系列和带长修正系数 K_L

基准长度 L_d(mm)	K_L					基准长度 L_d(mm)	K_L			
	Y	Z	A	B	C		Z	A	B	C
200	0.81					2000	1.08	1.03	0.98	0.88
224	0.82					2240	1.10	1.06	1.00	0.91
250	0.84					2500	1.30	1.09	1.03	0.93
280	0.87					2800		1.11	1.05	0.95
315	0.89					3150		1.13	1.07	0.97
355	0.92					3550		1.17	1.09	0.99
400	0.96					4000		1.19	1.13	1.02
450	1.00	0.79				4500			1.15	1.04
500	1.02	0.81				5000			1.18	1.07
560		0.82				5600				1.09
630		0.84	0.81			6300				1.12
710		0.86	0.83			7100				1.15
800		0.90	0.85			8000				1.18
900		0.92	0.87	0.82		9000				1.21
1000		0.94	0.89	0.84		10 000				1.23
1120		0.95	0.91	0.86		11 200				
1250		0.98	0.93	0.88		12 500				
1400		1.01	0.96	0.90		14 000				
1600		1.04	0.99	0.92	0.83	16 000				
1800		1.06	1.01	0.95	0.86					

9.1.4　带的张紧

带传动在安装时，带必须以一定的拉力紧套在两个带轮上，使带压紧带轮以产生摩擦力来传递扭矩。当带工作一定时间之后，会变形伸长，压在带轮上的力就会减小，这时需要对带进行重新张紧。对于中心距可调的带传动可以采用增大中心距的办法进行张紧，如

图 9-4（a）所示，通过调节螺钉 1 使装有带轮的电动机沿滑轨 2 移动即可增大中心距。当中心距不能调节时，可采用张紧轮进行张紧，张紧轮的轮槽尺寸应与带轮相同，并且应安装在松边内侧靠近大带轮处，如图 9-4（b）所示。

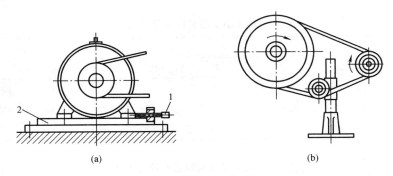

图 9-4　带传动的张紧装置

9.2　带传动的工作情况分析

9.2.1　带传动的受力分析

为使带和带轮接触面间产生足够的摩擦力，带必须以一定的张紧力套在两带轮上。非工作状态时，带在带轮两边的拉力相等，均为初拉力 F_0，如图 9-5（a）所示。传动过程中，由于带与带轮之间产生摩擦力 F_f，带两边的拉力不再相等。绕入主动轮一边的带被拉紧，称为紧边，拉力由 F_0 增加到 F_1；绕入从动轮一边的带则相应地松弛，称为松边，拉力由 F_0 减小到 F_2，如图 9-5（b）所示。

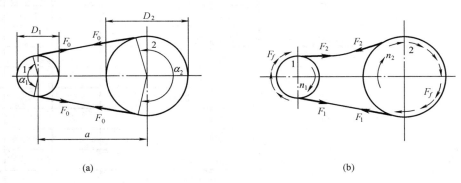

图 9-5　带传动的工作原理
（a）非工作状态；（b）工作状态

取主动轮一侧的带为分析对象，根据挠性体的平衡条件有

$$F_f = F_1 - F_2 \tag{9-1}$$

工作中，紧边伸长，松边缩短，但总带长不变（即伸长量等于缩短量，代数之和为 0）。这个关系反映在力关系上即紧边拉力的增加量等于松边拉力的减少量

$$F_1 - F_0 = F_0 - F_2$$

即
$$F_1 + F_2 = 2F_0 \tag{9-2}$$

　　带传动所能传递的有效圆周力即为接触弧上产生的摩擦力的总和，即紧边与松边的拉力差

$$F_e = F_f = F_1 - F_2 \qquad\qquad (9\text{-}3)$$

式中　F_e——带传动传递的有效圆周力，N。

　　由式（9-2）和式（9-3）可得

$$F_1 = F_0 + \frac{F_e}{2} \qquad\qquad (9\text{-}4)$$

$$F_2 = F_0 - \frac{F_e}{2} \qquad\qquad (9\text{-}5)$$

　　带传动传递的功率可表示为

$$P = \frac{F_t v}{1000} \quad (\text{kW}) \qquad\qquad (9\text{-}6)$$

　　当带传动传递的功率增大时，需要 F_t 增大，即需要 F_f 增大，但对于一个确定的带传动机构，其摩擦力 F_f 有一个极限值 $F_{f\max}$，从而 $F_{f\max}$ 决定了带传动的传动能力。

9.2.2　带传动的最大有效圆周拉力及其影响因素

　　当带传动传递的功率达到最大极限值时，如果功率再进一步增大则带将在带轮上打滑。下面以平带传动为例，研究带在主动轮上即将打滑时，紧边拉力与松边拉力之间的关系，并分析最大有效圆周力的计算方法和影响因素。

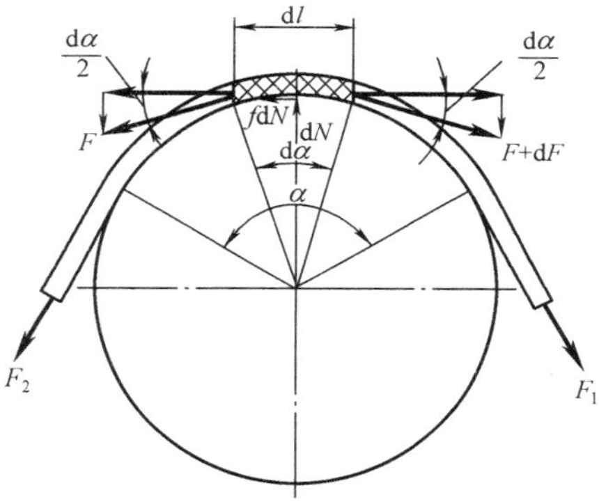

　　在分析时做以下假设：①带为柔性体，摩擦力达到极值；②带处于静摩擦状态，满足库仑定律；③带做圆周运动的离心力、弯曲应力忽略不计；④忽略带的伸长变形。

　　在图 9-5 中截取带微单元体 $\mathrm{d}l$（对应包角 $\mathrm{d}\alpha$），如图 9-6 所示，试建立力的微分方程式。

　　由法向力平衡有

图 9-6　带传动时产生的拉力计算简图

$$\mathrm{d}N - F\sin\frac{\mathrm{d}\alpha}{2} - (F + \mathrm{d}F)\sin\frac{\mathrm{d}\alpha}{2} = 0$$

　　由切向力平衡有

$$f\mathrm{d}N + F\cos\frac{\mathrm{d}\alpha}{2} - (F + \mathrm{d}F)\cos\frac{\mathrm{d}\alpha}{2} = 0$$

　　考虑到 $\mathrm{d}\alpha \ll 1 \to \sin\dfrac{\mathrm{d}\alpha}{2} \to 0$，$\cos\dfrac{\mathrm{d}\alpha}{2} \to 1$，并略去了二阶无穷小 $\mathrm{d}F\sin\dfrac{\mathrm{d}\alpha}{2} \to 0$。

　　则

$$\mathrm{d}N - F\mathrm{d}\alpha = 0$$
$$f\mathrm{d}N - \mathrm{d}F = 0$$

　　进一步推导有

$$\frac{\mathrm{d}F}{F} = f\mathrm{d}\alpha$$

　　积分得

$$\int_{F_2}^{F_1} \frac{\mathrm{d}F}{F} = \int_0^\alpha f\mathrm{d}\alpha$$

有

$$\ln\frac{F_1}{F_2} = f\alpha$$

即

$$\frac{F_1}{F_2} = \mathrm{e}^{f\alpha} \Rightarrow F_1 = F_2\mathrm{e}^{f\alpha} \tag{9-7}$$

式中　f——摩擦系数（对 V 带摩擦系数 f 用当量摩擦系数 f_v 代替）；

　　　　α——小带轮包角，rad。

带轮包角可按式（9-8）计算

$$\left.\begin{aligned}\alpha_1 &\approx 180° - \frac{D_2 - D_1}{a} \times 57.3°\\\alpha_2 &\approx 180° + \frac{D_2 - D_1}{a} \times 57.3°\end{aligned}\right\} \tag{9-8}$$

将式（9-7）代入式（9-3）整理后得带传动的最大有效圆周力

$$F_{fc} = F_{ec} = F_1\left(1 - \frac{1}{\mathrm{e}^{f\alpha}}\right) \tag{9-9}$$

再与式（9-4）和式（9-5）联立可得

$$F_{ec} = 2F_0\left(\frac{\mathrm{e}^{f\alpha} - 1}{\mathrm{e}^{f\alpha} + 1}\right) = 2F_0\left(\frac{1 - \dfrac{1}{\mathrm{e}^{f\alpha}}}{1 + \dfrac{1}{\mathrm{e}^{f\alpha}}}\right) \tag{9-10}$$

从式（9-10）可以看出，带传动所能传递的有效圆周力与初拉力、包角及摩擦系数有关，增大初拉力、包角或摩擦系数都可提高带传动所能传递的圆周力。

9.2.3　带的弹性滑动与打滑

1. 带的弹性滑动

传动带是弹性体，受力后会产生弹性伸长。带传动工作时，紧边和松边由于拉力不相等，因而导致带的弹性伸长量不相同。带在绕过主动轮时，作用在带上的拉力由 F_1 逐渐减小到 F_2，弹性伸长量也相应减小。因而带一方面随主动轮不断绕进，另一方面相对主动轮边走边收缩，因此带的速度 v 低于主动轮的圆周速度 v_1，造成两者之间发生相对滑动。而在带绕过从动轮时，情况正好相反，即带的速度 v 大于从动轮的圆周速度 v_2，两者之间也发生相对滑动。这种由于带的弹性和拉力差引起的带在带轮上的相对滑动，称为带的弹性滑动。

2. 打滑

实验证明，弹性滑动并非发生在包角 α 所对应的全部接触弧上，而仅发生在带离开带轮的一侧，即 α' 范围内（见图 9-7），有相对滑动的弧段称为滑动弧，所对应的角度 α' 称为滑动角。在带刚进入带轮的一侧，即 α'' 范围内并不发生弹性滑动，这个角 α'' 称为静角。

当带不传递载荷时，滑动角 α' 为零，随着载荷增加，滑动角逐渐增大而静角则逐渐减小。当滑动角 α' 增大到等于包角 α 时，

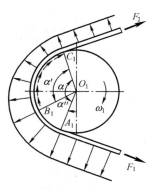

图 9-7　带传动的弹性
滑动示意

达到极限状态，带传动的有效圆周拉力达到最大值，此时带即将开始打滑。打滑将造成带的严重磨损并使带的运动处于不稳定状态。

因为 $\alpha_1 < \alpha_2$，打滑总是首先发生在小带轮上。

3. 滑动系数 ε

由于弹性滑动的影响，使从动轮的圆周速度 v_2 低于主动轮的圆周速度 v_1，其圆周速度的相对降低程度可用滑动系数 ε 来表示

$$\varepsilon = \frac{v_1 - v_2}{v_1} \tag{9-11}$$

由于 $v_1 = \dfrac{\pi D_1 n_1}{60 \times 1000}$，$v_2 = \dfrac{\pi D_2 n_2}{60 \times 1000}$，代入式（9-11），可得

$$i = \frac{n_1}{n_2} = \frac{D_2}{D_1(1-\varepsilon)} \tag{9-12}$$

带传动的滑动系数一般为 $\varepsilon = 1\% \sim 2\%$。

9.2.4 带传动的工作应力分析

带传动机构在工作时，带中存在以下三种应力。

1. 拉应力 σ

$$\left.\begin{array}{l} 紧边\ \sigma_1 = F_1/A \\ 松边\ \sigma_2 = F_2/A \end{array}\right\} \tag{9-13}$$

式中　σ_1、σ_2——紧边与松边拉应力，MPa；
　　　　A——带的横截面积，mm^2。

2. 离心拉应力 σ_c

由于带有质量，带绕带轮做圆周运动时，必有离心惯性力在带中引起离心拉力 F_c，离心拉力存在于带的全长范围内。

由离心拉力产生的离心拉应力 σ_c 为

$$\sigma_c = \frac{qv^2}{A} \tag{9-14}$$

式中　q——单位带长的质量，见表 9-4，kg/m；
　　　　v——带的线速度，m/s；
　　　　A——带的横截面积，mm^2。

表 9-4　　　　　　　　　　　　　　V 带单位长度的质量

带型	Z		A		B		C	
		SPZ		SPA		SPB		SPC
q(kg/m)	0.06		0.10		0.17		0.30	
		0.07		0.12		0.20		0.37

可见离心拉应力与每米带长的质量 q 成正比，与速度 v 的平方成正比，故高速传动时宜采用轻质带，以利于降低离心应力。离心应力 σ_c 在整个带长上近似相同。

3. 弯曲应力 σ_b

带绕过带轮时，因弯曲而产生弯曲应力 σ_b，因此弯曲应力只存在于带与带轮相接触的部分。由材料力学公式可知带的弯曲应力为

$$\sigma_{\mathrm{b}} = \frac{M}{W} = E\frac{h}{D} \qquad (9\text{-}15)$$

式中　h——传动带的高度，见表9-1，mm；

　　　　E——传动带的弹性模量，MPa。

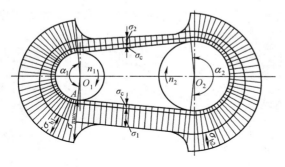

图 9-8　带的应力分布

由于小带轮的直径小于大带轮，故小带轮一侧的带弯曲应力大于大带轮一侧的带的弯曲应力。

图 9-8 所示为带的应力分布情况。图中小带轮为主动轮，最大应力发生在紧边进入小带轮处（见图中 A 点），其值为

$$\sigma_{\max} = \sigma_1 + \sigma_{\mathrm{b1}} + \sigma_{\mathrm{c}} \qquad (9\text{-}16)$$

工作时带中的应力是周期性变化的，随着位置的不同，应力大小也在不断地变化，所以带容易产生疲劳破坏。

9.3　带传动的设计计算

9.3.1　带传动的失效形式和设计准则

带传动的失效形式主要为打滑和带的疲劳破坏，另外还有磨损、静力拉断等。

带传动的设计准则：保证带在不打滑的前提下，具有足够的疲劳强度和寿命。

带的疲劳强度条件可表示为

$$\sigma_{\max} = \sigma_1 + \sigma_{\mathrm{b1}} + \sigma_{\mathrm{c}} \leqslant [\sigma] \qquad (9\text{-}17)$$

式中　v——带速，m/s；

　　　　F_{ec}——极限圆周力，N。

由式（9-9）保证不打滑时带传递的极限圆周力为

$$F_{\mathrm{ec}} = F_1\left(1 - \frac{1}{\mathrm{e}^{f_v\alpha}}\right) = \sigma_1 A\left(1 - \frac{1}{\mathrm{e}^{f_v\alpha}}\right) \qquad (9\text{-}18)$$

且

$$F_{\mathrm{ec}} = \frac{1000P}{v} \qquad (9\text{-}19)$$

式中　$[\sigma]$——一定条件下带的许用拉应力，MPa。

由式（9-17）～式（9-19）可推出单根 V 带在不打滑且具有足够的疲劳强度和寿命的前提下所能传递的功率为

$$P_0 = ([\sigma] - \sigma_{\mathrm{b1}} - \sigma_{\mathrm{c}})A\left(1 - \frac{1}{\mathrm{e}^{f_v\alpha}}\right)\frac{v}{1000} \qquad (9\text{-}20)$$

式中　P_0——单根 V 带传递的额定功率，kW。

在 $\alpha = 180°$，特定带长，平稳工作条件下，由式（9-20）可求得各种型号的单根 V 带传递的功率 P_0，见表 9-5。

实际工作条件与上述特定条件不同时，应对 P_0 值加以修正。修正后得实际工作条件下单根 V 带所能传递的功率，称为许用功率 $[P_0]$，有

表9-5　单根普通V带基本额定功率 P_0 (kW)（包角 $\alpha=\pi$，特定基准长度、载荷平稳时）

型号	小带轮基准直径 d_1(mm)	小带轮转速 n_1(r/min)																
		100	200	400	800	950	1200	1450	1600	1800	2000	2400	2800	3200	3600	4000	5000	6000
Z	50		0.04	0.06	0.10	0.12	0.14	0.16	0.17	0.19	0.20	0.22	0.26	0.28	0.30	0.32	0.34	0.31
	56		0.04	0.06	0.12	0.14	0.17	0.19	0.20	0.23	0.25	0.30	0.33	0.35	0.37	0.39	0.41	0.40
	63		0.05	0.08	0.15	0.18	0.22	0.25	0.27	0.30	0.32	0.37	0.41	0.45	0.47	0.49	0.50	0.48
	71		0.06	0.09	0.20	0.23	0.27	0.30	0.33	0.36	0.39	0.46	0.50	0.54	0.58	0.61	0.62	0.56
	80		0.10	0.14	0.22	0.26	0.30	0.35	0.39	0.42	0.44	0.50	0.56	0.61	0.64	0.67	0.66	0.61
	90		0.10	0.14	0.24	0.28	0.33	0.36	0.40	0.44	0.48	0.54	0.60	0.64	0.68	0.72	0.73	0.56
A	75		0.15	0.26	0.45	0.51	0.60	0.68	0.73	0.79	0.84	0.92	0.92	1.04	1.08	1.09	1.02	0.80
	90		0.22	0.39	0.68	0.77	0.93	1.07	1.15	1.25	1.34	1.50	1.50	1.75	1.83	1.87	1.82	1.50
	100		0.26	0.47	0.83	0.95	1.14	1.32	1.42	1.58	1.66	1.87	1.87	2.19	2.28	2.34	2.25	1.80
	112		0.31	0.56	1.00	1.15	1.39	1.61	1.74	1.89	2.04	2.30	2.30	2.68	2.78	2.83	2.64	1.96
	125		0.37	0.67	1.19	1.37	1.66	1.92	2.07	2.26	2.44	2.74	2.74	3.15	3.26	3.28	2.91	1.87
	140		0.43	0.78	1.41	1.62	1.96	2.28	2.45	2.66	2.87	3.22	3.22	3.65	3.72	3.67	2.99	1.37
	160		0.51	0.94	1.69	1.95	2.36	2.73	2.54	2.98	3.42	3.80	3.80	4.19	4.17	3.98	2.67	—
	180		0.59	1.09	1.97	2.27	2.74	3.16	3.40	3.67	3.93	4.32	4.32	4.58	4.40	4.00	1.81	—

续表

型号	小带轮基准直径 d_1(mm)	小带轮转速 n_1 (r/min)																
		100	200	400	800	950	1200	1450	1600	1800	2000	2400	2800	3200	3600	4000	5000	6000
B	125		0.48	0.84	1.44	1.64	1.93	2.19	2.33	2.503	2.64	2.85	2.96	2.94	2.80	2.51	1.09	
	140		0.59	1.05	1.82	2.08	2.47	2.82	3.00	23	3.42	3.70	3.85	3.83	3.63	3.24	1.29	
	160		0.74	1.32	2.32	2.66	3.17	3.62	3.86	4.15	4.40	4.75	4.89	4.80	4.46	3.82	0.81	
	180		0.88	1.59	2.81	3.22	3.85	4.39	4.68	5.02	5.30	5.67	5.76	5.52	4.92	3.92	—	
	200		1.02	1.85	3.30	3.77	4.50	5.13	5.46	5.83	6.13	6.47	6.43	5.95	4.98	3.47	—	
	224		1.19	2.17	3.86	4.42	5.26	5.97	6.33	6.73	7.02	7.25	6.95	6.05	4.47	2.14	—	
	250		1.37	2.50	4.46	5.10	6.04	6.82	7.20	7.63	7.87	7.89	7.14	5.60	5.12	—	—	
	280		1.58	2.89	5.13	5.85	6.90	7.76	8.13	8.46	8.60	8.22	6.80	4.26	—	—		
C	200		1.39	2.41	4.07	4.58	5.29	5.84	6.07	6.28	6.34	6.02	5.01	3.23				
	224		1.70	2.99	5.12	5.78	6.71	7.45	7.75	8.00	8.06	7.57	6.08	3.57				
	250		2.03	3.62	6.23	7.04	8.21	9.08	9.38	9.63	9.62	8.75	6.56	2.93				
	280		2.42	4.32	7.52	8.49	9.81	10.72	11.06	11.02	11.04	9.50	6.13					
	315		2.84	5.14	8.92	10.05	11.53	12.46	12.72	12.67	12.14	9.43	4.16					
	355		3.36	6.05	10.46	11.73	13.31	14.12	14.19	13.73	12.59	7.98						
	400		3.91	7.06	12.10	13.48	15.04	15.53	15.24	14.08	11.95	4.34						
	450		4.51	8.20	13.80	15.23	16.59	14.47	15.57	13.29	9.64	—						

注　本表摘自 GB/T 13575.1—2008。为了精简篇幅，表中未列出 Y 型、D 型和 E 型的数据，表中分挡也较粗。

$$[P_0] = (P_0 + \Delta P_0)K_\alpha K_L \qquad (9-21)$$

式中 ΔP_0——单根普通 V 带额定功率的增量，考虑单根胶带在传动比 $i \neq 1$ 时，带在大带轮
    上的弯曲应力较小，故在寿命相同的条件下可以增大传递的功率，见表 9-6；

   K_α——包角修正系数，考虑 $\alpha \neq 180°$ 时对传动能力的影响，见表 9-7；

   K_L——带长修正系数，考虑到带长不为特定基准长度时对寿命的影响，见表 9-3。

表 9-6   单根普通 V 带额定功率的增量 ΔP_0 kW

带型	小带轮转速 n_1 (r/min)	传动比 i									
		1.00~1.01	1.02~1.04	1.05~1.08	1.09~1.12	1.13~1.18	1.19~1.24	1.25~1.34	1.35~1.51	1.52~1.99	≥2.0
Z 型	400	0.00	0.00	0.00	0.00	0.00	0.00	0.00	0.00	0.01	0.01
	730	0.00	0.00	0.00	0.00	0.00	0.01	0.01	0.01	0.01	0.02
	800	0.00	0.00	0.00	0.00	0.01	0.01	0.01	0.01	0.02	0.02
	980	0.00	0.00	0.00	0.01	0.01	0.01	0.01	0.02	0.02	0.02
	1200	0.00	0.00	0.01	0.01	0.01	0.01	0.02	0.02	0.02	0.03
	1460	0.00	0.00	0.01	0.01	0.01	0.02	0.02	0.02	0.02	0.03
	2800	0.00	0.01	0.02	0.02	0.03	0.03	0.04	0.04	0.04	0.04
A 型	400	0.00	0.01	0.01	0.04	0.06	0.03	0.04	0.04	0.04	0.05
	730	0.00	0.01	0.02	0.07	0.10	0.05	0.06	0.07	0.08	0.09
	800	0.00	0.01	0.02	0.08	0.11	0.05	0.06	0.08	0.09	0.10
	980	0.00	0.01	0.03	0.10	0.13	0.06	0.07	0.08	0.10	0.11
	1200	0.00	0.02	0.03	0.13	0.17	0.08	0.10	0.11	0.13	0.15
	1460	0.00	0.02	0.04	0.15	0.20	0.09	0.11	0.13	0.15	0.17
	2800	0.00	0.04	0.08	0.29	0.39	0.19	0.23	0.26	0.30	0.34
B 型	400	0.00	0.01	0.03	0.12	0.16	0.07	0.08	0.10	0.11	0.13
	730	0.00	0.02	0.05	0.21	0.27	0.12	0.15	0.17	0.20	0.22
	800	0.00	0.03	0.06	0.23	0.31	0.14	0.17	0.20	0.23	0.25
	980	0.00	0.03	0.07	0.27	0.37	0.17	0.20	0.23	0.26	0.30
	1200	0.00	0.04	0.08	0.35	0.47	0.21	0.25	0.30	0.34	0.38
	1460	0.00	0.05	0.10	0.42	0.58	0.25	0.31	0.36	0.40	0.46
	2800	0.00	0.10	0.20	0.82	1.10	0.49	0.59	0.69	0.79	0.89
C 型	400	0.00	0.04	0.08	0.00	0.00	0.20	0.23	0.27	0.31	0.35
	730	0.00	0.07	0.14	0.00	0.00	0.34	0.41	0.48	0.55	0.62
	800	0.00	0.08	0.16	0.00	0.00	0.39	0.47	0.55	0.63	0.71
	980	0.00	0.09	0.19	0.00	0.00	0.47	0.56	0.65	0.74	0.83
	1200	0.00	0.12	0.24	0.00	0.00	0.59	0.70	0.82	0.94	1.06
	1460	0.00	0.14	0.28	0.00	0.00	0.71	0.85	0.99	1.14	1.27
	2800	0.00	0.27	0.55	0.00	0.00	1.37	1.64	1.92	2.19	2.47

表 9-7　　　　　　　　　　　　　　　　　**包角修正系数 K_α**

包角 α_1	180°	170°	160°	150°	140°	130°	120°	110°	100°	90°
K_α	1.00	0.98	0.95	0.92	0.89	0.86	0.82	0.78	0.74	0.69

9.3.2　带传动的设计方法与步骤

设计带传动的原始数据一般有传动用途、载荷性质、传递的功率、带轮的转速、对传动外廓尺寸的要求等。普通 V 带传动设计计算的主要任务是：选择合理的传动参数，确定 V 带的型号、长度和根数，确定带轮的材料、结构和尺寸。

1. 选择 V 带型号

V 带的型号通常根据计算功率 P_{ca} 和小带轮转速 n_1 查 V 带选型图选取，如图 9-9 所示。

计算功率 P_{ca} 可根据传递的额定功率 P 的大小，并考虑到载荷的性质、原动机的种类、连续工作时间的长短等条件，利用式（9-22）求得

$$P_{ca} = K_A P \tag{9-22}$$

式中　P_{ca}——计算功率，kW；

K_A——工作情况系数，见表 9-8；

P——传递的额定功率，kW。

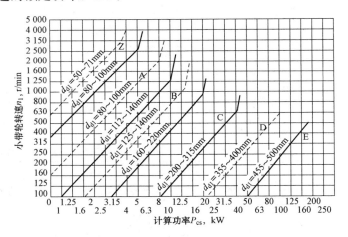

图 9-9　普通 V 带选型图

表 9-8　　　　　　　　　　　　　　　　　**工作情况系数 K_A**

载荷性质	工作机	原动机					
		电动机（交流启动、三角启动、直流并励）、四缸以上的内燃机			电动机（联机交流启动、直流复励或串励）、四缸以下的内燃机		
		每天工作小时数（h）					
		<10	10~16	>16	<10	10~16	>16
载荷变动很小	液体搅拌机、通风机和鼓风机（≤7.5kW）、离心式水泵和压缩机、轻负荷输送机	1.0	1.1	1.2	1.1	1.2	1.3

续表

载荷性质	工 作 机	原 动 机					
		电动机（交流启动、三角启动、直流并励）、四缸以上的内燃机			电动机（联机交流启动、直流复励或串励）、四缸以下的内燃机		
		每天工作小时数（h）					
		<10	10~16	>16	<10	10~16	>16
载荷变动小	带式输送机（不均匀负荷）、通风机（>7.5kW）、旋转式水泵和压缩机（非离心式）、发电机、金属切削机床、印刷机、旋转筛、锯木机、木工机械	1.1	1.2	1.3	1.2	1.3	1.4
载荷变动较大	制砖机、斗式提升机、往复式水泵和压缩机、起重机、磨粉机、冲剪机床、橡胶机械、振动筛、纺织机械、重载输送机	1.2	1.3	1.4	1.4	1.5	1.6
载荷变动很大	破碎机（旋转式、颚式等）、破碎机（球磨、棒磨、管磨）	1.3	1.4	1.5	1.5	1.6	1.8

2. 确定带轮直径 D_1、D_2

带轮直径越小，带在带轮上的弯曲程度越大，带上的弯曲应力也就越大，导致带的寿命降低。表 9-2 给出了普通 V 带传动的最小带轮基准直径 $D_{\min}$ 的荐用值。小带轮的基准直径 D_1 应不小于 $D_{\min}$。

由式（9-12）得

$$D_2 = iD_1(1-\varepsilon) = \frac{n_1}{n_2}D_1(1-\varepsilon) \tag{9-23}$$

由式（9-23）可确定大带轮直径，通常取 $\varepsilon=0.02$，粗略计算时，可取 $\varepsilon=0$。求得 D_1、D_2 后，按表 9-2 圆整成标准值。

3. 验算带速 v

带速一般应在 5m/s≤v≤25m/s 范围内，最佳带速 v＝10~20m/s。

如果带速 v 太小，由 $P=F_e v$ 可知，传递同样功率 P 时，圆周力会增大，需要带的根数就多；若带速 v 太大，则离心力太大，带与带轮间的正压力减小，摩擦力下降，传递载荷能力下降，传递同样载荷时所需张紧力增加，导致带的疲劳寿命下降。如果 v 不合适，则应重选小带轮直径 D_1。

4. 确定中心距 a 和带的基准长度 L_d

传动中心距 a 最大值受安装空间的限制，而最小值则受最小包角的限制。若结构布置已有要求，则中心距 a 按结构要求确定。若中心距没有限定时，可按式（9-24）初定中心距 a_0

$$0.7(D_1+D_2) < a_0 < 2(D_1+D_2) \tag{9-24}$$

　　然后利用 $L_\mathrm{d}' = 2a_0 + \dfrac{\pi}{2}(D_1 + D_2) + \dfrac{(D_2 - D_1)^2}{4a_0}$ 初定带的基准长度 L，再从表 9-3 中选取相近的标准带长 L_d 值。

　　因选取的 L_d 可能大于或小于 L_d'，所以应将初定的中心距 a_0 加以修正。为了简化计算，可近似按式（9-25）确定实际中心距

$$a \approx a_0 + \frac{L_\mathrm{d} - L_\mathrm{d}'}{2} \qquad (9\text{-}25)$$

　　考虑到中心距调整及补偿 F_0，常给出中心距 a 的变动范围

$$a - 0.015L_\mathrm{d} \leqslant a \leqslant a + 0.03L_\mathrm{d} \qquad (9\text{-}26)$$

　　5. 验算小轮包角 α_1

　　按式（9-8）可计算小带轮包角 α_1。由于 $\alpha_1 < \alpha_2$，打滑首先发生在小轮上，所以小轮包角的大小反映带的承载能力。

　　通常要求 $\alpha_1 \geqslant 120°$，特殊情况下允许 $\alpha_1 \geqslant 90°$。

　　若 α_1 较小不满足上述条件时，可增大中心距 a（在传动比 i 一定时），或加张紧轮装置。

　　6. 计算带的根数

　　所需 V 带根数 z 可按式（9-27）计算

$$z = \frac{P_\mathrm{ca}}{(P_0 + \Delta P_0)K_\alpha K_\mathrm{L}} \qquad (9\text{-}27)$$

　　为了使各根 V 带受力均匀，带的根数不宜过多，一般应少于 10 根。否则应选用截面尺寸较大的带型以减少带的根数。

　　7. 确定带的初拉力 F_0

　　初拉力 F_0 的大小是保证带传动正常工作的重要参数。初拉力过小，摩擦力小，容易发生打滑；初拉力过大，则带的寿命降低，轴和轴承受力增大。

　　对于 V 带传动，既能保证传动功率又不出现打滑时的单根传动带最合适的初拉力 F_0，可由式（9-28）计算

$$F_0 = 500 \frac{P_\mathrm{ca}}{zv}\left(\frac{2.5 - K_\alpha}{K_\alpha}\right) + qv^2 \qquad (9\text{-}28)$$

　　8. 求带作用于轴上的压力 F_Q

　　设计安装带轮的轴和选择轴承时，需要知道带传动作用在轴上的载荷 F_Q，F_Q 可按式（9-29）计算，参见图 9-10。

$$F_\mathrm{Q} = 2zF_0 \sin\frac{\alpha_1}{2} \qquad (9\text{-}29)$$

9.3.3　带轮结构设计

　　带轮由三部分组成：轮缘（用以安装传动带）、轮毂（用以安装在轴上）、轮辐或腹板（用以连接轮缘与轮毂），典型带轮结构如图 9-11 所示。

　　带轮常用铸铁制造，有时也采用钢或非金属材料（如塑料、木材等）。铸铁带轮（HT150、HT200）允许的

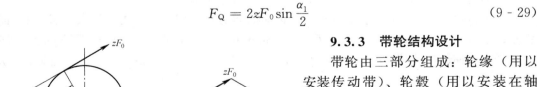

图 9-10　作用在轴上的力

最大圆周速度为 25m/s。速度更高时，可采用铸钢或钢板冲压后焊接。塑料带轮的重量轻、摩擦系数大，常用于机床中。

　　带轮直径较小时可采用实心式，见图 9 - 11（a）；中等直径的带轮可采用腹板式，见图 9 - 11（b）；直径大于 350mm 时可采用轮辐式，见图 9 - 11（c）。进行带轮结构设计时可查阅 GB/T 10412—2002。

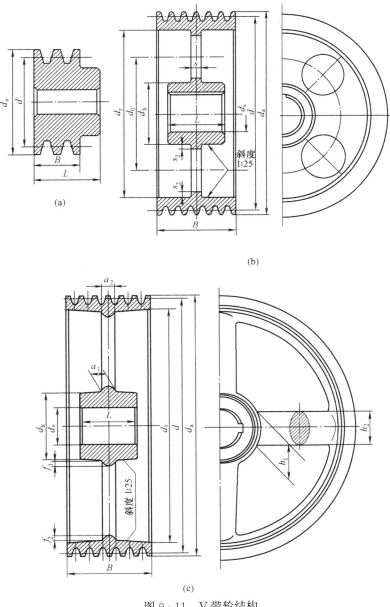

图 9 - 11　V 带轮结构

(a) 实心式；(b) 腹板式；(c) 轮辐式

【例 9 - 1】　设计一鼓风机用的 V 带传动。选用异步电动机驱动，已知电动机转速 $n_1 = 1460 \text{r/min}$，鼓风机转速 $n_2 = 640 \text{r/min}$，通风机输入功率 $P = 7.5 \text{kW}$，两班制工作。

解 （1）求计算功率 P_{ca}。查表 9 - 6 得 $K_A = 1.1$，故
$$P_{ca} = K_A P = 1.1 \times 7.5 = 8.25(\text{kW})$$

（2）选择 V 带型号。根据 $P_{ca} = 8.25\text{kW}$，$n_1 = 1460\text{r/min}$，由图 9 - 9 查出此坐标点位于 A 型区域内，故选用 A 型带。

（3）求大、小带轮基准直径 D_1、D_2。由表 9 - 2，取 $D_1 = 112\text{mm}$，由式（9 - 23）得
$$D_2 = \frac{n_1}{n_2} D_1 (1 - \varepsilon) = \frac{1460}{640} \times 112 \times (1 - 0.02) = 250.39(\text{mm})$$

由表 9 - 2 取 $D_2 = 250\text{mm}$（虽使 n_2 略有增加，但其误差小于 5%，故允许）。

验算带速 v。
$$v = \frac{\pi D_1 n_1}{60 \times 1000} = \frac{\pi \times 112 \times 1460}{60 \times 1000} = 8.56(\text{m/s})$$

带速在 5～25m/s 范围内，合适。

（4）求 V 带基准长度 L_d 和中心距 a。初步选取中心距
$$a_0 = 1.5(D_1 + D_2) = 1.5 \times (112 + 250) = 543(\text{mm})$$

取 $a_0 = 550\text{mm}$，符合 $0.7(D_1 + D_2) < a_0 < 2(D_1 + D_2)$。

由 $L_d' = 2a_0 + \frac{\pi}{2}(D_1 + D_2) + \frac{(D_2 - D_1)^2}{4a_0}$ 得带长为
$$L_d' = 2a_0 + \frac{\pi}{2}(D_1 + D_2) + \frac{(D_2 - D_1)^2}{4a_0}$$
$$= 2 \times 550 + \frac{\pi}{2} \times (112 + 250) + \frac{(250 - 112)^2}{4 \times 550}$$
$$= 1676.996(\text{mm})$$

查表 9 - 3，对 A 型带选用 $L_d = 1800\text{mm}$。再由式（9 - 25）计算实际中心距
$$a \approx a_0 + \frac{L_d - L_d'}{2} = 550 + \frac{1800 - 1677}{2} = 611(\text{mm})$$

（5）计算包角 α。由式（9 - 8）得出
$$\alpha = 180° - \frac{D_2 - D_1}{a} \times 57.3° = 180° - \frac{250 - 112}{611} \times 57.3° = 167° > 120°$$

包角合适。

（6）求 V 带根数 z。式（9 - 27），有
$$z = \frac{P_{ca}}{(P_0 + \Delta P_0) K_\alpha K_L}$$

按 $n_1 = 1460\text{r/min}$，$D_1 = 112\text{mm}$，查表 9 - 5 得 $P_0 = 1.61\text{kW}$。

由式（9 - 12）得传动比
$$i = \frac{D_2}{D_1(1 - \varepsilon)} = \frac{250}{112 \times (1 - 0.02)} = 2.3$$

查表 9 - 7 得 $\Delta P_0 = 0.17\text{kW}$。

查表 9 - 8 查得 $K_\alpha = 0.97$；查表 9 - 3 得 $K_L = 1.01$，由此可得
$$z = \frac{8.25}{(1.61 + 0.17) \times 0.97 \times 1.01} = 4.73$$

取 5 根。

（7）求作用在带轮轴上的压力 F_Q。查表 9 - 4 得 $q=0.10\text{kg/m}$，故由式（9 - 28）得单根 V 带的初拉力

$$
\begin{aligned}
F_0 &= \frac{500 P_{ca}}{zv}\left(\frac{2.5}{K_\alpha}-1\right)+qv^2 \\
&= \frac{500\times 8.25}{5\times 8.56}\times\left(\frac{2.5}{0.97}-1\right)+0.10\times 8.56^2 \\
&= 159.35(\text{N})
\end{aligned}
$$

由式（9 - 29）作用在轴上的压力为

$$
F_Q = 2zF_0\sin\frac{\alpha_1}{2} = 2\times 5\times 159.35\times\sin\frac{167°}{2} = 1583.26(\text{N})
$$

（8）带轮结构设计（略）。

9.4 同步带传动简介

同步带传动（见图 9 - 12）属啮合型传动，通过带的凸齿与带轮外缘上的齿槽进行啮合传递运动和动力。由于带的抗拉层受载后变形很小，能保持同步带周节不变，所以带与带轮之间无相对滑动，从而保证了同步传动。

同步带传动综合了带传动和链传动的优点。

同步带传动的优点：①传动比准确；②预紧力小，轴和轴承上受到的载荷小；③带薄而轻，所以允许高速工作；④柔顺性较好，适用于带轮直径较小的场合。

缺点：安装时中心距要求严格，且价格昂贵。

同步带传动适于要求传动比准确的传动场合。

同步带传动的设计计算、同步带的规格等可参阅有关资料。

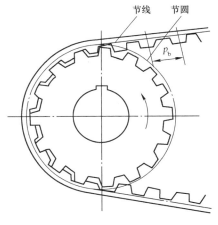

图 9 - 12 同步带传动

9.5 链传动机构概述

链条按工作情况不同可以分为起重链、牵引链和传动链三种。起重链用于提升重物，牵引链用于运输机械中，传动链用于传递运动和动力。本章主要讲述传动链。

9.5.1 链传动的组成及特点

链传动由主动链轮 1、从动链轮 2 和绕在两链轮上的链条 3 所组成，如图 9 - 13 所示。它靠链条链节和链轮轮齿之间的啮合来传递运动和动力。

与带传动相比，链传动的主要优点如下：能获得准确的平均传动比；所需张紧力小，因而作用在轴上的压力小，结构更为紧凑；传动效率较

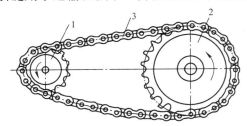

图 9 - 13 链传动

1—主动链轮；2—从动链轮；3—链条

高；可在高温、湿度大等恶劣环境下工作。与齿轮传动相比，中心距较大而结构较简单，制造与安装精度要求较低。

　　链传动的主要缺点如下：只能用于平行轴间的传动；瞬时速度不均匀，高速运转时不如带传动平稳；不宜在载荷变化很大和急剧反向的传动中应用；工作时有噪声；制造费用比带传动高等。

　　通常链传动的传动比 $i \leqslant 8$，传动功率 $P \leqslant 100kW$，链速 $v \leqslant 15m/s$，传动效率为 $0.95 \sim 0.98$。链传动已广泛应用于农业机械、矿山机械、起重运输机械、机车及摩托车中。

9.5.2　传动链的链条

按链条的结构形式不同链条可以分为套筒滚子链和齿形链两种。

1. 套筒滚子链

套筒滚子链的组成如图9-14所示。套筒与内链板、销轴与外链板之间采用过盈配合连接。销轴和套筒间为间隙配合，使由内、外链板连接成的内、外链节可相对转动。滚子与套筒间也为间隙配合，当链节进入、退出啮合时，滚子沿链轮齿滚动，实现滚动摩擦，减小磨损。

　　链条上相邻两销轴的中心距称为链的节距，以 p 表示，它是链条的主要参数。节距增大时，链条中各零件的尺寸相应增大，可传递的功率随之增大。滚子链可制成单排链和多排链，图9-15所示为双排链。单排链用销轴并联后就成为多排链，多排链用于功率较大的传动。随着排数增加，其承载能力提高。但随着排数增加，制造误差也逐渐累加，受力不均匀加大，所以一般排数不宜超过3或4排。

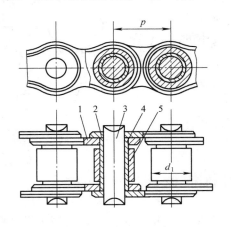

图9-14　套筒滚子链
1—内链板；2—外链板；3—销轴；4—套筒；5—滚子

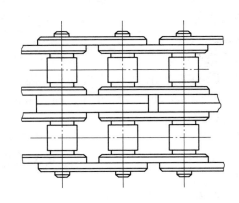

图9-15　双排链

　　滚子链使用时需封闭成环形。链条长度以链节数来表示。当链节数为偶数时，链条连接成环形正好能使外链板与内链板相接，接头处可用开口销或弹簧卡来锁住活动的销轴，如图9-16（a）、（b）所示。当链节数为奇数时，则需采用过渡链节，如图9-16（c）所示。链条受力后，过渡链节除受拉力外，还承受附加弯矩，因此应尽量避免采用奇数链节。

　　滚子链已经标准化，分为A和B两个系列。常用的是A系列，A系列滚子链主要参数与规格见表9-9。

　　链条各零件由碳素钢或合金钢制造，并经过热处理以提高其强度和耐磨性。

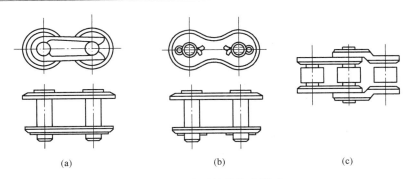

图 9 - 16　滚子链的接头形式

（a）弹簧卡；（b）开口销；（c）过渡链节

表 9 - 9　　　　　　　　　　　　　A 系列滚子链的主要参数与规格

链号	节距 p （mm）	排距 p_t （mm）	滚子外径 d_1 （mm）	极限载荷 Q （单排）（N）	每米长质量 q（单排） （kg/m）
08A	12.70	14.38	7.95	13 800	0.60
10A	15.875	18.11	10.16	21 800	1.00
12A	19.05	22.78	11.91	31 100	1.50
16A	25.40	29.29	15.88	55 600	2.60
20A	31.75	35.76	19.05	86 700	3.80
24A	38.10	45.44	22.23	124 600	5.60
28A	44.45	48.87	25.40	169 000	7.50
32A	50.80	58.55	28.58	222 400	10.10
40A	63.50	71.55	39.68	347 000	16.10
48A	76.20	87.83	47.63	500 400	22.60

2. 齿形链

齿形链是由齿形链板交错排列，通过铰链连接而成。链板两工作侧边为直边，夹角为60°或70°，由链板工作边与链轮齿啮合实现传动。连接两链节的铰链可以采用圆销式、轴瓦式和滚柱式，如图 9 - 17 所示。

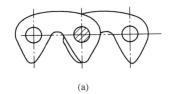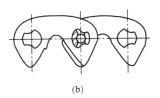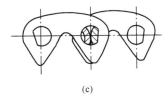

图 9 - 17　齿形链

（a）圆销式；（b）轴瓦式；（c）滚柱式

与滚子链相比齿形链传动平稳、承受冲击载荷的能力强、噪声较小，也称为无声链。但齿形链结构较复杂、价格贵、制造较困难也较重，故应用不如滚子链广泛。齿形链多应用于高速、运动精度要求较高的场合。

9.5.3 滚子链链轮的结构与材料

1. 链轮的结构

链轮结构如图 9-18 所示。

滚子链与链轮的啮合属于非共轭啮合，其链轮齿形的设计比较灵活。通常对链轮齿形有以下要求：①保证链节平稳进入和退出啮合；②减小啮合时冲击和接触应力；③链条节距因磨损而增长后，应仍能与链轮很好地啮合；④便于加工。在 GB/T 1243—2006 中没有规定具体的齿形，仅规定了最小和最大齿槽形状及其极限参数。

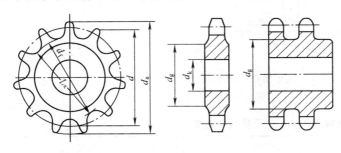

图 9-18 滚子链链轮结构

链轮上被链条节距等分的圆称为分度圆，其直径用 d 表示（见图 9-18）。链轮主要尺寸的计算如下：

链轮的分度圆直径

$$d = \frac{p}{\sin\frac{180°}{z}} \tag{9-30}$$

齿顶圆直径

$$\left.\begin{array}{l} d_{amax} = d + 1.25p - d_1 \\ d_{amin} = d + \left(1 - \frac{1.6}{z}\right)p - d_1 \end{array}\right\} \tag{9-31}$$

齿根圆直径

$$d_f = d - d_1 \tag{9-32}$$

式中 p——节距，mm；

  z——齿数；

  d_1——滚子直径，mm。

链轮的轴截面齿形呈圆弧状，如图 9-19 所示，以便于链节的进入和退出。在链轮工作图上不必绘制端面齿形，但需画出其轴向齿形，以便车削链轮毛坯。

图 9-20 所示为几种不同形式的链轮结构。小直径链轮可采用实心式，见图 9-20（a）；中等尺寸链轮采用腹板式，见图 9-20（b）；链轮损坏主要由于轮齿磨损，所以大链轮最好采用齿圈可以更换的组合式，见图 9-20（c）。

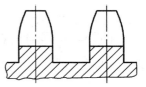

2. 链轮的材料

图 9-19 链轮的轴面齿形

链轮的使用寿命在很大程度上取决于选用的材料及其热处理、制造精度。对链轮材料的主要要求为其应具有较高的强度及耐磨性，并且应具有较好的抗冲击能力。

常用材料有普通碳素钢、优质碳素钢和合金钢，链轮较大、要求较低时可用铸铁，小功率传动也可用夹布胶木。由于小链轮轮齿的啮合次数多于大链轮，故小链轮的材料性能应优于大链轮。制造链轮的材料及其硬度要求可参考有关标准。

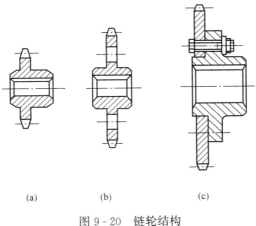

图 9 - 20　链轮结构

（a）实心式；（b）腹板式；（c）组合式

9.6　链传动的工作情况分析

9.6.1　链传动的运动特性

链传动工作时，链条绕在链轮上形成正多边形（见图 9 - 21），正多边形的边长等于链节距 p，边数等于链轮齿数 z。链轮每转一周，链条转过的长度为 zp，当两链轮转速分别为 n_1、n_2 时，链速为

$$v = \frac{z_1 p n_1}{60 \times 1000} = \frac{z_2 p n_2}{60 \times 1000} \qquad (9 - 33)$$

利用式（9 - 33），可得链传动的传动比

$$i = \frac{n_1}{n_2} = \frac{z_2}{z_1} \qquad (9 - 34)$$

由式（9 - 33）和式（9 - 34）中求出的链速和传动比都是平均值。事实上，即使主动轮的角速度 ω_1 等于常数，链速 v 和从动轮角速度 ω_2 都将是变化的。假设紧边在传动时总是处于水平位置。

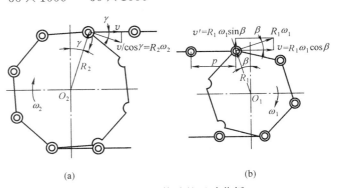

图 9 - 21　链传动的运动分析

如图 9 - 21 所示，当链节进入主动轮时，其销轴随着链轮的转动而不断改变其位置。当位于 β 角的瞬时，如图 9 - 21（b）所示，链速 v 应为销轴圆周速度（$v = R_1\omega_1$）在水平方向的分速度，即 $v = R_1\omega_1\cos\beta$。由于 β 角是在 $-\frac{\varphi_1}{2} \sim \frac{\varphi_1}{2}$ 范围内变化 $\left(\varphi_1 = \frac{360°}{z_1}\right)$，因而即使 $\omega_1 =$ 常数，v 也不可能是常数。当 $\beta = -\frac{\varphi_1}{2}$ 和 $\beta = \frac{\varphi_1}{2}$ 时，得到 $v_{\min} = R_1\omega_1\cos\frac{\varphi_1}{2}$；当 $\beta = 0$ 时，得到 $v_{\max} = R_1\omega_1$。由此可知，链速是由小到大、又由大到小变化的，而且每转过一个链节要重复一次上述的变化。

　　链条销轴在水平方向的分速度做周期性变化的同时，在垂直方向的分速度也做周期性变化（$v' = R_1\omega_1\sin\beta$）。因而链条速度做忽上忽下、忽快忽慢的变化，链速的周期性变化给链传动带来了速度的不均匀性。链轮齿数越少，链速不均匀性也越明显。

　　由于链速 v 不是常数且 γ 角不断变化，如图 9-21（a）所示，因而从动链轮的角速度 $\omega_2 = \dfrac{v}{R_2\cos\gamma}$ 也是周期性变化的。同时，链传动的瞬时传动比 $i = \dfrac{\omega_1}{\omega_2} = \dfrac{R_2\cos\gamma}{R_1\cos\beta}$ 也做周期性变化。链速的周期性变化及传动比的周期性变化是由于链条绕在链轮上形成正多边形而造成的，故这种现象又称为链传动的多边形效应。

　　由于链速和从动链轮角速度周期性变化，从而产生了附加动载荷。链的加速度越大，动载荷也将越大，链的加速度为

$$a = \frac{\mathrm{d}v}{\mathrm{d}t} = -R_1\omega_1\sin\beta\frac{\mathrm{d}\beta}{\mathrm{d}t} = -R_1\omega_1^2\sin\beta \tag{9-35}$$

当 $\beta = \pm\dfrac{\varphi_1}{2}$ 时，得到最大加速度

$$a_{\max} = \pm R_1\omega_1^2\sin\frac{\varphi_1}{2} = \pm R_1\omega_1^2\sin\frac{180°}{z} = \pm\frac{\omega_1^2 p}{2} \tag{9-36}$$

　　链沿垂直方向的分速度 v' 做周期性变化使链产生横向振动，这也是链传动产生动载荷的原因之一。链轮转速越高，链节距越大，链轮齿数越少，动载荷将越大。当转速、链轮大小（或 $z_1 p$ 乘积）一定，即链速 v 一定时，采用较多的链轮齿数和较小的链节距对降低动载荷是有利的。

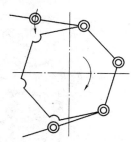

图 9-22　链节和链轮
啮合时的冲击

　　当链节进入链轮的瞬间，链节和轮齿以一定的相对速度相啮合（见图 9-22），从而使链和轮齿受到冲击并产生附加的动载荷。由于链节对轮齿的连续冲击，将加速链的损坏和轮齿的磨损，同时增加能量的消耗，并将产生噪声。

　　若链张紧不好，链条松弛，在启动、制动、反转、载荷变化等情况下，也将产生惯性冲击，使链传动产生很大的动载荷。

9.6.2　链传动的受力分析

　　链传动在安装时，应使链条受到一定的张紧力。链张紧的目的是使松边不致过松，以免影响链条的正常啮合，尽量避免产生振动、跳齿和脱链，但张紧力比带传动中要小得多。

　　若不考虑传动中的动载荷，链传动中的主要作用力有以下几个：

　　（1）工作拉力 F_e：取决于传动功率 P(kW) 和链速 v(m/s)，有

$$F_e = \frac{1000P}{v} \tag{9-37}$$

　　（2）离心拉力 F_c：取决于每米链长质量 q 和链速 v（$v > 7$m/s 时，离心力不可忽略）。

　　（3）垂度拉力 F_f：取决于传动的布置方式及链在工作时允许的垂度。若允许垂度过小，则必须以很大的力 F_f 拉紧，从而增加链的磨损和轴承载荷；允许垂度过大，则又会使链和链轮的啮合情况变坏。F_f 可按式（9-38）计算（见图 9-23）

$$F_\mathrm{f} = \frac{qga^2}{8f} = \frac{qga}{8(f/a)} = k_\mathrm{f} qga \qquad (9-38)$$

式中　q——单位链长的质量，kg/m；

　　　g——重力加速度，m/s²；

　　　a——中心距，m；

　　　k_f——下垂量为 $f=0.02a$ 时的垂度系数。

对于水平传动，$k_\mathrm{f} \approx 6$；对于倾斜角（两链轮中心连线与水平面的夹角）小于 40° 的传动，$k_\mathrm{f}=4$；大于 40° 的传动，$k_\mathrm{f}=2$；垂直传动，$k_\mathrm{f}=1$。

由此得链紧边和松边拉力分别为

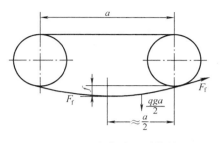

图 9-23　垂度拉力的计算简图

$$F_1 = F_\mathrm{e} + F_\mathrm{c} + F_\mathrm{f}$$
$$F_2 = F_\mathrm{c} + F_\mathrm{f}$$

作用在轴上的载荷 F_Q 可近似地取为紧边和松边拉力之和。离心拉力对它没有影响，不应计算在内，由此得 $F_\mathrm{Q} = F_\mathrm{e} + 2F_\mathrm{f}$。又由于垂度拉力不大，一般可近似取

$$F_\mathrm{Q} \approx (1.2 \sim 1.3)F_\mathrm{e} \qquad (9-39)$$

有冲击或振动时取大值。

9.7　链传动机构的设计

9.7.1　链传动的失效形式及承载能力

1. 链传动的主要失效形式

（1）链板疲劳破坏。链在松边拉力和紧边拉力的反复作用下，经过一定的循环次数，链板会发生疲劳破坏。正常润滑条件下，链板的疲劳强度是限制链传动承载能力的主要因素。

（2）滚子、套筒的冲击疲劳破坏。链传动的啮入冲击主要由滚子和套筒承受，在反复多次的冲击下，经过一定的循环次数，滚子、套筒会发生冲击疲劳破坏。这种失效形式多发生于中高速闭式链传动中。

（3）销轴与套筒的胶合。润滑不当或速度过高时，销轴和套筒的工作表面会发生胶合，胶合限定了链传动的极限转速。

（4）链条铰链磨损。铰链磨损后链节变长，容易引起跳齿或脱链。开式传动、环境条件恶劣或润滑密封不良时，易引起铰链磨损，从而降低链条的使用寿命。

（5）过载拉断。这种拉断常发生于低速重载或严重过载的传动中。

2. 链传动的承载能力

（1）极限功率曲线。链传动有多种失效形式。在一定的使用寿命下，从一种失效形式出发，可得出一个极限功率表达式。为了表达清楚，常用线图来表示。在图 9-24 所示的极限功率曲线中，1 是在正常润滑条件下，铰链磨损限定的极限功率；2 是链板疲劳强度限定的极限功率；3 是套筒、滚子冲击疲劳强度限定的极限功率；4 是铰链胶合限定的极限功率。图 9-24 中阴影部分为实际使用的区域。若润滑密封不良及工况恶劣时，磨损将很严重，其极限功率大幅度下降，如图 9-24 中虚线所示。

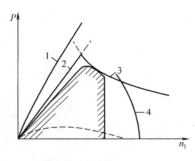

图 9-24　极限功率曲线

（2）A 系列套筒滚子链的实用功率曲线图。图 9-25 所示为 A 系列滚子链所能传递的功率。它是在特定的试验条件下得到的：①两轮共面；②小轮齿数 $z_1 = 25$；③链长 $L_p = 120$ 节；④载荷平稳；⑤清洁的环境及合适的润滑；⑥工作寿命为 15 000h；⑦链条因磨损而引起的相对伸长量不超过 3%。

当链传动的工作条件与实验条件不同时，额定功率应予以修正。修正时应考虑的因素包括工作情况、主动链轮的齿数及链条的排数。

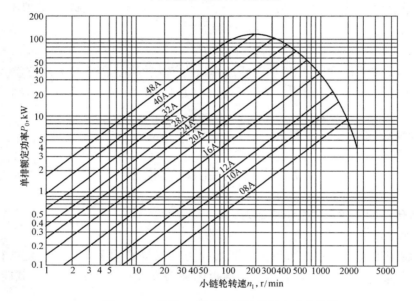

图 9-25　单排 A 系列滚子链的额定功率曲线

9.7.2　链传动的主要参数及选择

滚子链是标准件，因而链传动的设计计算主要是根据传动要求选择链的类型，确定链的型号，合理选择有关参数，设计链轮，确定润滑方式等。

1. 链轮的齿数

链轮的齿数越少，传动的平稳性越差，因此小链轮齿数不宜过少。可按链速参照表 9-10 选取 z_1，然后按传动比确定大链轮齿数 $z_2 = iz_1$。为避免跳齿和脱链现象，大链轮齿数不宜太多，一般应使 $z_2 \leqslant 120$。由于链节数一般为偶数，为使磨损均匀，链轮齿数最好选用奇数。

表 9-10　　　　　　　　　　　　　　　小 链 轮 齿 数 z_1

链速 v(m/s)	0.6～3	3～8	>8
z_1	≥17	≥21	≥25

2. 传动比 i

若传动比过大，链条在小链轮上的包角就会过小，参与啮合的齿数减少，每个轮齿承受的载荷增大，会加速轮齿的磨损，且易出现跳齿和脱链。一般链传动的传动比 $i \leqslant 6$，通常取 $i = 2 \sim 3.5$。

3. 链条型号和节距

节距越大，承载能力越强，但传动平稳性降低，引起的动载荷也越大。因此，设计时应尽可能选用小节距的单排链，高速重载时可选用小节距多排链。

设计时，考虑到链传动的实际工作条件与特定试验条件不完全一致，应将链传动传递的功率修正为当量的单排链的计算功率

$$P_{ca} = \frac{K_A K_z}{K_p} P \qquad (9-40)$$

式中　K_A——工作情况系数，见表 9-11；

K_z——小链轮齿数系数，见表 9-12；

K_p——多排链系数，见表 9-13；

P——传递的功率，kW。

根据式（9-40）求出的当量的单排链的计算功率 P_{ca} 和小链轮转速 n_1，由图 9-25 确定链号及链节距。

表 9-11　　工作情况系数 K_A

载荷种类	原 动 机	
	电动机或汽轮机	内燃机
平稳载荷	1.0	1.2
中等冲击载荷	1.3	1.4
较大冲击载荷	1.5	1.7

表 9-12　　小齿轮的齿数系数 K_z

链工作点在图 9-25 中的位置	位于曲线顶点左侧（链板疲劳）	位于曲线顶点右侧（滚子套筒冲击疲劳）
K_z	$\left(\dfrac{z_1}{19}\right)^{1.08}$	$\left(\dfrac{z_1}{19}\right)^{1.5}$

表 9-13　　多 排 链 系 数 K_p

排数	1	2	3	4	5	6
K_p	1.0	1.7	2.5	3.3	4.0	4.6

4. 链节数 L_p 与中心距 a

中心距过小，则链在小链轮上的包角小，同时啮合的链轮齿数也减少，使轮齿承受的载荷增大，同时链绕链轮循环转动的次数增加，磨损增加，使链的寿命降低；中心距过大，除结构不紧凑外，还会使链条抖动。一般初选中心距 $a = (30 \sim 50)p$，最大可为 $a_{max} = 80p$。

链条的长度用链节数 L_p 表示。初选中心距 a 之后 L_p 可按式（9-41）计算：

$$L_p = \frac{2a}{p} + \frac{z_1 + z_2}{2} + \left(\frac{z_2 - z_1}{2\pi}\right)^2 \frac{p}{a} \qquad (9-41)$$

计算得到的链节数要圆整为整数，尽量取偶数，则由式（9-41）得中心距为

$$a = \frac{p}{4}\left[\left(L_p - \frac{z_2 + z_1}{2}\right) + \sqrt{\left(L_p - \frac{z_2 + z_1}{2}\right)^2 - 8\left(\frac{z_2 - z_1}{2\pi}\right)^2}\right] \qquad (9-42)$$

为了便于链条的安装和调整，中心距一般设计成可调的。若中心距为固定值，则实际中心距应比计算中心距少 2~5mm，以便链条的安装并保证合理下垂量。

链传动机构的设计步骤可参看［例 9-2］。

9.8　链传动的布置、张紧、防护与润滑

9.8.1　链传动的布置

链传动的两链轮平面应布置在铅垂平面内，两轴线应平行；两轮中心线最好水平或与水平面夹角小于 45°，尽量避免垂直布置。链传动的布置情况见表 9-14。

表 9-14　　　　　　　　　　　　　　链传动的布置

传动参数	正确布置	不正确布置	说　明
$i=2\sim3$ $a=(30\sim50)p$			两轮轴线在同一水平面，紧边在上在下均可
$i>2$ $a<30p$			两轮轴线不在同一水平面，松边应在下面，否则松边下垂量增大后，链条易与链轮卡死
$i<1.5$ $a>60p$			两轮轴线在同一水平面，松边应在下面，否则下垂量增大后，松边会与紧边相碰，需经常调整中心距
i、a 为任意值			两轮轴线在同一铅垂面内，下垂量增大，会减少下链轮的有效啮合齿数，降低传动能力。为此应采用： （1）中心距可调 （2）设张紧装置 （3）上、下两轮偏置，使两轮的轴线不在同一铅垂面内

9.8.2　链传动的张紧

链传动张紧的目的是避免在松边垂度过大时产生啮合不良和链条颤动，同时也可增大链条与链轮的包角。

张紧方法很多。当中心距可调时，可以通过移动链轮，增大中心距，使链条张紧。当中心距不可调时可采用张紧轮（见图 9-26），张紧轮可以是链轮，也可以是滚轮。张紧轮应布置在靠近主动轮的从动边上。滚轮可用夹布胶木制成，宽度比链轮约宽 5mm。张紧轮直径应尽量与小轮直径相近。

9.8.3　链传动的润滑

链传动的润滑很重要，尤其对于高速链传动。润滑有利于缓和冲击、减小摩擦、降低磨

损，润滑良好与否对链的承载能力与寿命有很大的影响。图 9 - 27 所示为推荐的润滑方式。

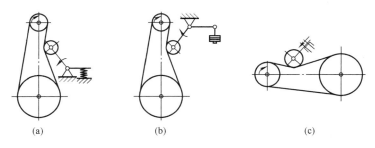

图 9 - 26　链传动的张紧

（a）弹簧力张紧；（b）砝码张紧；（c）定期调整张紧

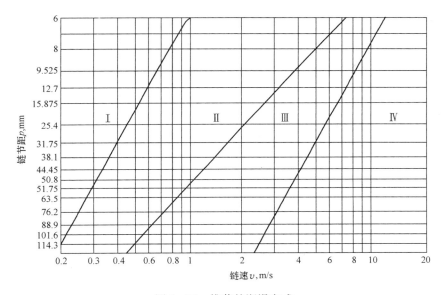

图 9 - 27　推荐的润滑方式

Ⅰ—人工定期润滑；Ⅱ—滴油润滑；Ⅲ—油浴或飞溅润滑；Ⅳ—压力喷油润滑

润滑方法、供油量及润滑油牌号选取可参阅机械设计手册。

9.8.4　链传动的防护

为了防止意外伤害发生，应用防护罩将链传动装置封闭。除安全目的外，防护罩还具有使环境清洁、防尘、减小噪声、满足润滑需要的作用等。

【例 9 - 2】　设计拖动某搅拌机的链传动机构。电动机功率 $P=7.5\text{kW}$，$n_1=1450\text{r/min}$。载荷平稳，传动比 $i=3.2$。

解　（1）选择链轮齿数。

假定 $v=3\sim8\text{m/s}$，由表 9 - 10 选 $z_1=21$。

则大链轮齿数　　　　　　　　$z_2=iz_1=3.2\times21=67.2$，取 $z_2=67$

实际传动比　　　　　　　　　　$i=67/21=3.19$

误差远小于±5%，故允许。

（2）确定计算功率。由表 9 - 7 查得 $K_A=1.0$，估计此链传动的工作点位于额定功率曲

线顶点的右侧，由表 9-12 得

$$K_z = (z_1/19)^{1.5} = (21/19)^{1.5} = 1.16$$

采用单排链，$K_p = 1$，则计算功率为

$$P_{ca} = \frac{K_A K_z}{K_p} P = 1.0 \times 1.16 \times 7.5 = 8.7 (\text{kW})$$

（3）选择链条型号和节距。根据 $P_{ca} = 8.7\text{kW}$，$n_1 = 1450\text{r/min}$，查图 9-25 可选 08A 链条。查表 9-9，链条节距为 12.7mm。

（4）计算链条节数和中心距。初选中心距 $a = 40p$。由式（9-41）得

$$L_p = \frac{2a}{P} + \frac{z_1 + z_2}{2} + \left(\frac{z_2 - z_1}{2\pi}\right)^2 \frac{p}{a}$$

代入数据计算得 $L_p \approx 125$ 节，取偶数 $L_p \approx 126$ 节。

将中心距设计成可调的，$a = 40p = 40 \times 12.7 = 508(\text{mm})$。

（5）计算链速。

$$v = \frac{z_1 p n_1}{60 \times 1000} = \frac{21 \times 12.7 \times 1450}{60 \times 1000} = 6.45(\text{m/s})$$

符合假设的速度。

（6）选择润滑方式。

按 $p = 12.7\text{mm}$，$v = 6.45\text{m/s}$，由图 9-27 查得应采用油浴或飞溅润滑方式。

（7）计算作用在轴上的力。

链传动传递的圆周力为

$$F_e = 1000P/v = 1000 \times 7.5/6.45 = 1162.8(\text{N})$$

载荷平稳，由式（9-39）有

$$F_Q = 1.2 F_e = 1.2 \times 1162.8 = 1395.36(\text{N})$$

（8）链轮主要尺寸（略）。

思考题与习题

9-1　带传动正常工作时，紧边拉力 F_1 和松边拉力 F_2 的关系是_____。

　　A. $F_1 = F_2$　　　　　B. $F_1 - F_2 = F_e$　　　　C. $F_1/F_2 = e^{f\alpha}$　　　　D. $F_1 + F_2 = F_0$

9-2　带传动正常工作时，小带轮上的滑动角_____小带轮的包角。

　　A. 大于　　　　　B. 小于　　　　　C. 小于或等于　　　　D. 大于或等于

9-3　设计带传动机构时限制小带轮的直径 $D_1 \geqslant D_{1\min}$ 是为了_____。

　　A. 限制带的弯曲应力不要过大　　　　B. 限制相对滑移量

　　C. 保证带与带轮面间的摩擦力　　　　D. 考虑带轮在轴上安装的需要

9-4　带传动的设计准则是_____。

　　A. 保证带具有一定的寿命

　　B. 保证不发生滑动情况下，带不被拉断

　　C. 保证带不被拉断

　　D. 保证传动不打滑条件下，带具有一定的疲劳强度

9-5　链传动设计中限制小链轮齿数不小于 9 齿是为了_____。

　　A. 防止脱链现象　　　　　　　　　B. 防止小链轮转速过高

　　C. 提高传动平稳性　　　　　　　　D. 保证链轮轮齿的强度

9-6　链传动中当其他条件不变的情况下，传动的平稳性随链条节距 P 的_____。

　　A. 减小而提高　　B. 减小而降低　　C. 增大而提高　　D. 增大而不变

9-7　链传动中合理的链条长_____。

　　A. 应等于奇数倍链节距　　　　　　B. 应等于偶数倍链节距

　　C. 可以为任意值　　　　　　　　　D. 按链轮齿数来决定

9-8　在相同的条件下，为什么 V 带比平带的传动能力大？

9-9　带传动机构为什么要限制其最小中心距？

9-10　在设计带传动时，为什么要限制带轮的最小基准直径和带的最大、最小速度？

9-11　带传动的弹性滑动是什么原因引起的？它对传动的影响如何？

9-12　带传动的打滑经常在什么情况下发生？打滑多发生在大带轮上还是小带轮上？即将开始打滑时，紧边拉力与松边拉力有什么关系？

9-13　给出带的应力分布图，并注明各种应力名称及最大应力的位置。

9-14　为什么链传动中小链轮齿数 z_1 不宜过少，而大链轮齿数 z_2 又不宜过多？

9-15　导致链传动运动不平稳性的因素有哪些？

9-16　链传动有哪几种主要的失效形式？

9-17　V 带传动传递的功率 $P=8kW$，平均带速 $v=10m/s$，紧边拉力是松边拉力的两倍（$F_1=2F_2$）。试求紧边拉力 F_1、有效圆周力 F_e 和预紧力 F_0。

9-18　V 带传动传递的功率 $P=6kW$，小带轮直径 $D_1=140mm$，转速 $n_1=1440r/min$，大带轮直径 $D_2=400mm$，V 带传动的滑动率 $\varepsilon=2\%$，求从动轮转速 n_2 和有效圆周力 F_e。

9-19　C618 车床的电动机和床头箱之间采用垂直布置的 V 带传动。已知电动机功率 $P=4.5kW$，转速 $n=1440r/min$，传动比 $i=2.1$，两班制工作，根据机床结构，带轮中心距 a 应为 900mm 左右。试设计此 V 带传动。

9-20　一链式运输机驱动装置采用套筒滚子链传动，链节距 $p=25.4mm$，主动链轮齿数 $z_1=17$，从动链轮齿数 $z_2=69$，主动链轮转速 $n_1=960r/min$，试求：

（1）链条的平均速度 v；

（2）链条的最大速度 v_{max} 和最小速度 v_{min}；

（3）平均传动比 i。

9-21　某链传动传递的功率为 6kW，主动链轮转速 $n_1=400r/min$，从动链轮转速 $n_2=160r/min$，载荷平稳，两班制工作。试设计此链传动。

第 10 章 轴

10.1 概 述

10.1.1 轴的分类

轴是机器中的重要零件之一，它的主要作用是支承旋转的机械零件，如齿轮、带轮等。根据承受载荷的不同，轴可分为传动轴、转轴和心轴三种。

传动轴主要承受转矩、不承受或承受很小的弯矩，图 10-1 所示为汽车的传动轴。

转轴既承受弯矩又承受转矩，图 10-2 所示为齿轮减速箱中的转轴。

心轴只承受弯矩而不承受转矩，根据工作时是否转动心轴可分为转动心轴和固定心轴，如图 10-3 和图 10-4 所示。

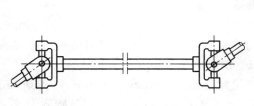

图 10-1 传动轴

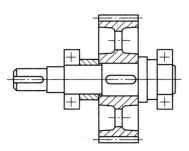

图 10-2 支承齿轮的转轴

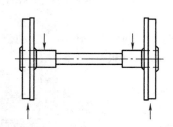

图 10-3 转动心轴

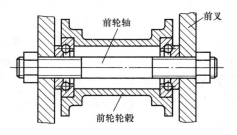

图 10-4 固定心轴

按照轴线形状的不同，轴还可分为直轴（见图 10-1～图 10-4）和曲轴（见图 10-5）两大类。曲轴常用于往复式机械中。直轴根据外形的不同又可分为光轴（见图 10-1）和阶梯轴（见图 10-2）两种。光轴形状简单，易于加工，应力集中源少，但是轴上的零件不易装配和固定。阶梯轴则刚好相反。直轴一般制成实心的，当特别要求减轻轴的重量时或需要在轴中安装其他零件时，轴则需制成空心的（见图 10-6）。

另外，还有一种挠性钢丝轴，是由钢丝分层卷绕构成的，挠性钢丝轴可以将转矩和旋转运动灵活地传到任何位置，常用于振动、捣碎等设备之中，如图 10-7 所示。

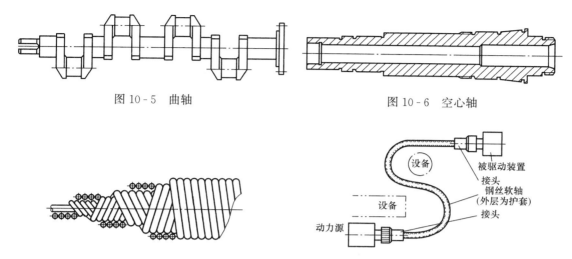

图 10 - 5　曲轴　　　　　　　　　　　　　图 10 - 6　空心轴

图 10 - 7　挠性钢丝轴

10.1.2　轴的材料

轴的材料常采用碳素钢和合金钢。碳素钢比合金钢价廉，对应力集中的敏感性小，所以应用广泛。

常用的碳素钢有 35、45、50 钢，其中以 45 钢应用最为广泛。为了改善其力学性能，应进行正火或调质处理。不重要或受力较小的轴，则可采用 Q235、Q275 等普通碳素结构钢。

合金钢具有较高的力学性能，但价格较贵，多用于有特殊要求的轴。常用的合金钢有 20Cr、40Cr、20CrMnTi、38SiMnMo 等。由于碳素钢与合金钢的弹性模量基本相同，所以采用合金钢并不能提高轴的刚度。

适当采用各种热处理及表面强化处理对提高轴的疲劳强度有显著效果。

选择材料时应主要考虑的因素有轴的强度、刚度、耐磨性、热处理方法、加工工艺要求、材料来源和价格等。

轴的毛坯一般采用圆钢或锻件，有时也可采用铸钢或球墨铸铁铸造。用球墨铸铁制造曲轴、凸轮轴，具有成本低廉、吸振性较好、对应力集中的敏感性较低、强度较好等优点。

几种轴的常用材料及其主要力学性能见表 10 - 1。

表 10 - 1　　　　　　　　　　　　　　　轴的常用材料及其主要力学性能

材料及热处理	毛坯直径（mm）	硬度（HBS）	强度极限 σ_b	屈服极限 σ_s	弯曲疲劳极限 σ_{-1}	应用说明
			MPa			
Q235			440	240	200	用于不重要或载荷不大的轴
35 正火	≤100	149～187	520	270	250	有好的塑性和适当的强度，可做一般曲轴、转轴等
45 正火	≤100	170～217	600	300	275	用于较重要的轴，应用最为广泛
45 调质	≤200	217～255	650	360	300	

续表

材料及热处理	毛坯直径 （mm）	硬度 （HBS）	强度极限 σ_b	屈服极限 σ_s	弯曲疲劳极限 σ_{-1}	应用说明
				MPa		
40Cr 调质	25		1000	800	500	用于载荷较大，而 无很大冲击的重要 的轴
	≤100	241～286	750	550	350	
	>100～300	241～266	700	550	340	
40MnB 调质	25		1000	800	485	性能接近 40Cr，用 于重要的轴
	≤200	241～286	750	550	335	
35CrMo 调质	≤100	207～269	750	550	390	用于重载荷的轴
20Cr 渗碳 淬火回火	15	表面 56～62HRC	850	550	375	用于要求强度、韧性 及耐磨性均较高的轴
	≤60		650	400	280	

10.2　轴的结构设计

　　轴的结构外形主要取决于轴在箱体上的安装位置及形式、轴上零件的布置和固定方式、受力情况和加工工艺等。

　　进行轴的结构设计时应考虑满足以下要求：轴和轴上零件要有准确、可靠的工作位置；轴上零件装拆、调整方便；轴应具有良好的制造工艺性；尽量避免应力集中。

10.2.1　拟订轴上零件的装配方案

　　根据轴上零件的结构特点，首先要预定出各零件的装配方向、顺序和相互关系，这是进行轴的结构设计的基础。如图 10-8 所示的装配方案是：齿轮、套筒、左端轴承及端盖、半联轴器，而右端只安装右轴承及其端盖。这样就对各轴段的粗细顺序做了初步的安排。拟订装配方案时，一般应对几个可行方案进行分析比较，选择一个最优方案。

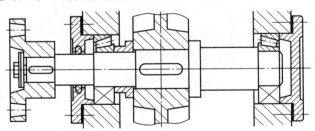

图 10-8　轴上零件的装配方案

10.2.2　轴上零件的定位和固定

　　为了防止轴上零件受力时发生沿轴向或周向的相对运动，必须对零件进行轴向和周向的定位与固定，以保证其准确的工作位置。

　　（1）零件的轴向定位与固定。轴上零件的轴向定位与固定常用轴肩、套筒、轴端挡圈、圆螺母等来实现。

　　1）轴肩和轴环（见图 10-9）。轴环是指轴上直径最大且轴向尺寸较小的那段轴。采用轴肩或轴环定位，结构简单，定位可靠，能承受大的轴向载荷，广泛用于齿轮类零件和滚动轴承的轴向定位，缺点是轴径变化处会产生应力集中。设计时为保证定位准确，轴肩处的过渡圆角半径 r 应小于相配零件毂孔倒角 C 或圆角 R。为了能承受较大的轴向载荷，h 应大于 C 或 R，通常取 $h=(2\sim3)C$ 或 $(2\sim3)R$。轴环的宽度一般取 $b\approx1.4h$。与滚动轴承相配处轴肩的 h 和 b 值需查轴承标准。用于零件轴向固定的轴肩称为定位轴肩，另外还有一类轴肩称为非定位轴肩，其主要作用是便于轴上零件的装拆，非定位轴肩高度可取 $h\approx1\sim2\text{mm}$。

　　2）套筒（见图 10-10）。套筒常用于两个距离较近的零件之间，起轴向定位和固定的作用。由于套筒与轴的配合较松，故不宜用于转速很高的轴上。

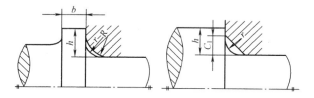

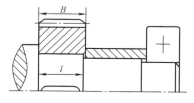

图 10-9　轴肩圆角与相配零件的倒角（或圆角）　　　　　图 10-10　套筒

　　3）圆螺母和止动垫圈（见图 10-11）。圆螺母常与止动垫圈配合使用，可以承受较大的轴向力，固定可靠，但轴上需切制螺纹和退刀槽，对轴的强度有所削弱。

　　4）弹性挡圈（见图 10-12）。结构简单，但轴上需切槽，会引起应力集中，一般用于受轴向力不大的零件的轴向固定。

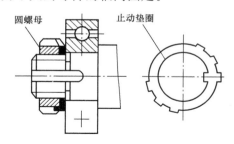

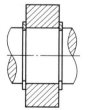

图 10-11　圆螺母和止动垫圈　　　　　　图 10-12　弹性挡圈

　　5）紧定螺钉（见图 10-13）。用紧定螺钉固定的轴结构简单，可同时兼作周向定位（仪器、仪表中较常用），但承载能力低，适用于受力不大的场合。

　　6）轴端挡圈（见图 10-14）。用螺钉将轴端挡圈固定在轴的端面，常与轴肩或锥面配合，固定轴端零件，能承受较大的轴向力，且固定可靠。

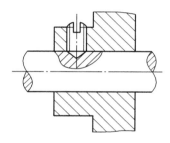

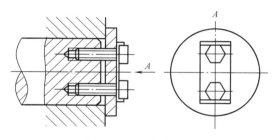

图 10-13　紧定螺钉　　　　　　　　图 10-14　轴端挡圈

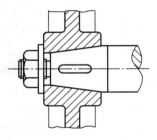

图 10 - 15　轴端挡圈与圆锥面

7）圆锥面（见图 10 - 15）。采用圆锥面对零件进行固定装拆方便，可用于高速、冲击载荷大及零件对中性要求高的场合。

（2）零件的周向定位与固定。周向定位与固定的目的是限制轴上零件与轴发生相对转动。常用的周向定位零件有键、花键、紧定螺钉、销等，还可采用过盈配合。

10.2.3　各轴段直径和长度的确定

（1）各轴段直径的确定。轴上零件的装配方案确定后，轴的形状便大体确定。各段轴直径的大小应由该段轴所受到的载荷大小来决定。但是在结构设计的初期还不能准确知道各载荷的大小，所以一般是先按照轴所传递的扭矩估算轴的最小直径（见 10.3），然后按照轴上零件的安装定位需要逐一确定其他各段轴的直径。凡有配合要求的轴段应尽量采用标准直径。安装滚动轴承、联轴器、密封圈等标准件的轴径应符合各标准件内径系列的规定。套筒的内径应与相配的轴径相同并采用过渡配合。

（2）各轴段长度的确定。确定各轴段的长度时，应保证零件的装配及调整空间，并尽可能使结构紧凑。采用套筒、圆螺母、轴端挡圈作轴向固定时，安装零件的轴段长度应比零件轮毂短 2～3mm，以确保套筒、螺母或轴端挡圈能靠紧零件端面，如图 10 - 10 所示，一般取 $l \approx B-(2\sim3)$ mm。

10.2.4　轴的结构工艺性

轴的结构工艺性是指轴的结构应便于加工，轴上零件应便于装拆，并且生产效率高，成本低。一般而言，轴的结构越简单，则工艺性越好，因此，在满足使用要求的前提下，轴的结构形式应尽量简化。为了便于装配零件，应去掉毛刺，轴端应倒角；需要磨削加工的轴段，应留有砂轮越程槽［见图 10 - 16（a）］；需要切制螺纹的轴段，应留有退刀槽［见图 10 - 16（b）］；其尺寸可参看标准或手册。为了减少加工时装夹工件的时间，同一轴上不同轴段的键槽应布置在轴的同一母线上。为了减少加工刀具的种类和提高劳动生产率，轴上直径相近处的圆角、倒角、键槽宽度、砂轮越程槽、退刀槽宽度等应尽可能采用相同的尺寸。

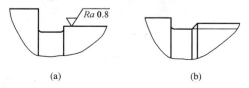

图 10 - 16　轴的结构工艺性
（a）砂轮越程槽；（b）螺纹退刀槽

10.3　轴 的 强 度 计 算

轴的强度计算应根据轴的承载情况，采用相应的计算方法。常用的轴的强度计算方法有以下两种。

10.3.1　按扭转强度计算

这种方法既适用于只承受转矩的传动轴的精确计算，也可用于既承受弯矩又传递转矩的转轴的近似计算。

对于只传递转矩的圆截面轴，其强度条件为

$$\tau = \frac{T}{W_T} = \frac{9.55 \times 10^6 P}{0.2 d^3 n} \leqslant [\tau] \tag{10 - 1}$$

式中　τ——轴的扭切应力，MPa；

　　　T——转矩，N·mm；

　　　W_T——抗扭截面系数，mm^3，对圆截面轴 $W_T = \dfrac{\pi d^3}{16} \approx 0.2 d^3$；

　　　P——传递的功率，kW；

　　　d——轴的直径，mm；

　　　n——轴的转速，r/min；

　　　$[\tau]$——许用扭切应力，MPa。

　　将许用应力代入式（10-1），并改写为设计公式有

$$d \geqslant \sqrt[3]{\frac{9.55 \times 10^6}{0.2 [\tau]}} \sqrt[3]{\frac{P}{n}} \geqslant C \sqrt[3]{\frac{P}{n}} \tag{10 - 2}$$

式中　C——由轴的材料和承载情况确定的常数，见表 10-2。

　　应用式（10-2）求出的 d 值，一般作为轴最细处的直径，同时应该注意，当该段轴截面上开有键槽时，应增大直径以考虑键槽对轴强度的削弱作用。对于直径 $d > 100$mm 的轴，有一个键槽时直径增大 3%；有两个键槽时直径增大 7%。对于直径 $d \leqslant 100$mm 的轴，有一个键槽时直径增大 5%～7%；有两个键槽时增大 10%～15%。然后将直径圆整为标准值。

表 10 - 2　　　　　　　　　　　　**常用材料的 $[\tau]$ 和 C 值**

轴的材料	Q235，20	35	45	40Cr，35SiMn
$[\tau]$(MPa)	12～20	20～30	30～40	40～52
C	160～135	135～118	118～107	107～98

　　注　当作用在轴上的弯矩比传递的转矩小或只传递转矩时，C 取较小值；否则，取较大值。

10.3.2　按弯扭合成强度计算

　　图 10-17 所示为一个二级圆柱齿轮减速器的设计草图。显然，当零件在草图上的布局确定后，力的作用位置即可确定。由此可作轴的受力分析及绘制弯矩图和转矩图。对于一般钢制的轴，可用第三强度理论求出危险截面的当量应力 σ_e，其强度条件为

$$\sigma_e = \sqrt{\sigma_b^2 + 4\tau^2} \leqslant [\sigma_b] \tag{10 - 3}$$

式中　σ_b——危险截面上弯矩 M 产生的弯曲应力，MPa；

　　　τ——危险截面上转矩 T 产生的扭切应力，MPa。

　　对于直径为 d 的圆轴，有

$$\sigma_b = \frac{M}{W} = \frac{M}{\pi d^3/32} \approx \frac{M}{0.1 d^3}$$

$$\tau = \frac{T}{W_T} = \frac{T}{2W}$$

式中　W、W_T——轴的抗弯截面系数和抗扭截面系数。

　　将 σ_b 和 τ 值代入式（10-3），得

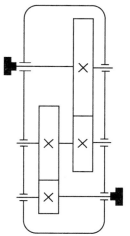

图10 - 17　齿轮减速器设计草图

$$\sigma_e = \sqrt{\left(\frac{M}{W}\right)^2 + 4\left(\frac{T}{2W}\right)^2} = \frac{1}{W}\sqrt{M^2 + T^2} \leqslant [\sigma_b] \tag{10-4}$$

由于一般转轴的 σ_b 为对称循环应力，而 τ 的循环特性往往与 σ_b 不同，考虑两者循环特性不同的影响，对式（10-4）中的转矩 T 应乘以折合系数 α，即

$$\sigma_e = \frac{M_e}{W} = \frac{1}{0.1d^3}\sqrt{M^2 + (\alpha T)^2} \leqslant [\sigma_{-1b}] \tag{10-5}$$

式中　M_e——当量弯矩，$M_e = \sqrt{M^2 + (\alpha T)^2}$；

　　　α——根据转矩性质而定的折合系数；

　　$[\sigma_{-1b}]$——对称循环状态下的许用弯曲应力，见表 10-3，MPa。

对不变的转矩，取 $\alpha \approx 0.3$；当转矩脉动变化时，$\alpha \approx 0.6$；对于频繁正反转的轴，τ 可作为对称循环变应力，取 $\alpha = 1$。若转矩的变化规律不清楚，一般也按脉动循环处理。

综上所述，按弯扭合成强度计算轴径的一般步骤如下：

（1）将外载荷分解到水平面和铅垂面内。求水平面支承反力 F_{NH} 和铅垂面支承反力 F_{NV}。

（2）作水平面弯矩 M_H 图和铅垂面弯矩 M_V 图。

（3）作合成弯矩 M 图，$M = \sqrt{M_H^2 + M_V^2}$。

（4）作转矩 T 图。

（5）弯扭合成，作当量弯矩 M_e 图。

$$M_e = \sqrt{M^2 + (\alpha T)^2}$$

（6）计算危险截面轴径。由式（10-5）有

$$d \geqslant \sqrt[3]{\frac{M_e}{0.1[\sigma_{-1b}]}} \tag{10-6}$$

其中，M_e 的单位为 N·mm。$[\sigma_{-1b}]$ 的单位为 MPa。

对于有键槽的截面，直径应适当增大，可按前面叙述考虑。若计算出的轴径大于结构设计初步估算的轴径，则表明轴的强度不够，必须修改结构设计；若计算出的轴径小于结构设计的估算轴径，且相差不很大，一般就以结构设计的轴径为准。

对于一般用途的轴，按上述方法设计计算即可。对于重要的轴，应做进一步的强度校核（如安全系数法），其计算方法可查阅有关参考书。

表 10-3　　　　　　　　　　　轴 的 许 用 弯 曲 应 力　　　　　　　　　　　　　MPa

材　　料	σ_b	$[\sigma_{+1b}]$	$[\sigma_{0b}]$	$[\sigma_{-1b}]$
碳素钢	400	130	70	40
	500	170	75	45
	600	200	95	55
	700	230	110	65
合金钢	800	270	130	75
	900	300	140	80
	1000	330	150	90

材　　料	σ_b	$[\sigma_{+1b}]$	$[\sigma_{0b}]$	$[\sigma_{-1b}]$
铸钢	400	100	50	30
	500	120	70	40

注　$[\sigma_{+1b}]$、$[\sigma_{0b}]$、$[\sigma_{-1b}]$ 分别为对称循环、脉动循环、静应力状态下的许用弯曲应力。

【**例 10 - 1**】　试计算图 10 - 17 所示减速器输出轴危险截面的直径。已知作用在齿轮上的圆周力 $F_t = 5000N$，径向力 $F_r = 1840N$，轴向力 $F_a = 700N$，齿轮分度圆直径 $d = 380mm$，轴左端联轴器传递的转矩 $T = 960\,000N \cdot mm$，$L_1 = 120mm$，$L_2 = 70mm$，$L_3 = 140mm$。

解　减速器输出轴的力学模型如图 10 - 18（a）所示。

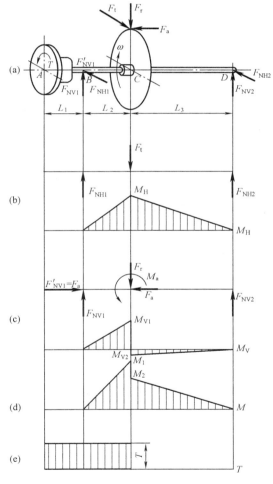

图 10 - 18　轴的受力分析

（1）求水平面的支承反力 ［见图 10 - 18（b）］。

$$F_{NH1} = \frac{F_t L_3}{L_2 + L_3} = 3333N$$

$$F_{NH2} = F_t - F_{NH1} = 1667N$$

（2）求铅垂面的支承反力［见图 10-18（c）］。

$$F_{NV1} = \frac{F_r L_3 + F_a \dfrac{d}{2}}{L_2 + L_3} = 1860N$$

$$F_{NV2} = \frac{F_r L_2 - F_a \dfrac{d}{2}}{L_2 + L_3} = -20N$$

（3）绘水平面的弯矩图［见图 10-18（b）］。

$$M_H = F_{NH1} L_2 = 233\ 310N \cdot mm$$

（4）绘铅垂面弯矩图［见图 10-18（c）］。

$$M_{V1} = F_{NV1} L_2 = 130\ 200N \cdot mm$$

$$M_{V2} = F_{NV2} L_3 = -2800N \cdot mm$$

（5）求合成弯矩图［见图 10-18（d）］。

$$M_1 = \sqrt{233\ 310^2 + 130\ 200^2} = 267\ 181(N \cdot mm)$$

$$M_2 = \sqrt{233\ 310^2 + 2800^2} = 233\ 327(N \cdot mm)$$

（6）轴传递的转矩［见图 10-18（e）］。

$$T = 960\ 000N \cdot mm$$

（7）求危险截面的当量弯矩。从图 10-18 可见，截面 C 最危险，轴的扭切应力是脉动循环变应力，取折合系数 $\alpha = 0.6$，轴的危险截面 C 的当量弯矩为

$$M_e = \sqrt{M_1^2 + (\alpha T)^2} = 634\ 950N \cdot mm$$

（8）计算危险截面处轴的直径。轴的材料选用 45 钢，调质处理，由表 10-1 查得 $\sigma_b = 650MPa$，由表 10-3 查得许用弯曲应力 $[\sigma_{-1b}] = 60MPa$，则

$$d \geqslant \sqrt[3]{\frac{M_e}{0.1[\sigma_{-1b}]}} = 47.3mm$$

考虑到键槽对轴的削弱，将 d 值加大 5%，故

$$d = 1.05 \times 47.3 = 49.67(mm)$$

10.4 轴 的 刚 度 计 算

轴在载荷作用下会产生弯曲或扭转变形。若变形量超过允许的限度，就会影响轴的正常工作。例如，电动机转子轴的挠度过大，会改变转子与定子的间隙而影响电动机的性能。又如，机床主轴的刚度不够，将影响加工精度。因此，对于有刚度要求的轴，为了使轴不致因刚度不足而失效，设计时必须根据轴的工作条件限制其变形量。

10.4.1 轴的弯曲刚度计算

轴的弯曲刚度条件：

挠度

$$y \leqslant [y] \tag{10-7}$$

偏转角

$$\theta \leqslant [\theta] \tag{10-8}$$

式中　[y]——轴的许用挠度，mm；

　　　[θ]——轴的许用偏转角，rad。

常见的轴一般可视为简支梁。若是光轴，可直接用材料力学中的公式计算其挠度或偏转角。若是阶梯轴，如果对计算精度要求不高，则可用当量直径法做近似计算。即可将阶梯轴看作是当量直径为 d_v 的光轴，然后再按材料力学中的公式计算。当量直径 d_v 可用式(10-9)计算：

$$d_v = \sqrt[4]{\dfrac{L}{\sum\limits_{i=1}^{z} \dfrac{l_i}{d_i^4}}} \tag{10-9}$$

式中　L——阶梯轴的计算长度，mm；

　　　l_i——阶梯轴第 i 段的长度，mm；

　　　d_i——阶梯轴第 i 段的直径，mm；

　　　z——阶梯轴计算长度内的轴段数。

当载荷作用于两支承之间时，$L=l$，l 为支承跨距；当载荷作用于悬臂端时，$L=l+K$，K 为轴的悬臂长度，单位为 mm。

10.4.2　轴的扭转刚度计算

轴的扭转刚度条件为

$$\varphi \leqslant [\varphi] \tag{10-10}$$

式中　$[\varphi]$——轴每米长的许用扭转角，(°)。

等直径的轴受转矩 T 作用时，其扭角 φ 可按材料力学中的扭转变形公式求出，即

$$\varphi = \frac{Tl}{GI_P} = \frac{32Tl}{G\pi d^4} \tag{10-11}$$

式中　T——轴所受的转矩，N·mm；

　　　l——轴受转矩作用段的长度，mm；

　　　G——材料的切变模量，MPa；

　　　I_P——轴截面的极惯性矩，mm⁴；

　　　d——轴的直径，mm。

对阶梯轴，其扭角 φ 的计算式为

$$\varphi = \frac{1}{G} \sum_{i=1}^{n} \frac{T_i l_i}{I_{Pi}} \tag{10-12}$$

其中，T_i、l_i、I_{Pi} 为阶梯轴第 i 段上所传递的转矩、该段的长度和极惯性矩，单位同式(10-11)。

10.5　轴的振动及振动稳定性的概念

由于回转件的结构不对称、材质不均匀、加工有误差等原因，其质心很难精确地位于几何轴线上，质心与几何轴线间一般总有一微小的偏心距，因而回转时产生离心力，使轴受到周期性作用力的干扰，引起轴的弯曲振动，或称横向振动。当轴所受的扭矩为周期性变化时，轴会产生周期性的扭转变形，引起扭转振动。当轴受有周期性的轴向干扰力时，则会产生纵向振动。若轴所受的外力频率与轴的自振频率一致时，运转便不稳定而发生显著的振

动，这种现象称为轴的共振。

在一般的通用机械中，涉及共振的问题不多，而且轴的弯曲振动现象比扭转振动及纵向振动更为常见。产生共振时轴的转速称为临界转速。如果轴的转速停滞在临界转速附近，轴的变形将迅速增大，以致达到使轴甚至整个机器破坏的程度。因此，对于重要的尤其是高速转动的轴必须计算其临界转速，并使轴的工作转速 n 避开临界转速 n_c。

轴的临界转速可以有许多个，最低的一个称为一阶临界转速，其余为二阶、三阶等。

工作转速低于一阶临界转速的轴称为刚性轴；超过一阶临界转速的轴称为挠性轴。对于刚性轴，应使 $n < (0.75 \sim 0.8)n_{c1}$；对于挠性轴，应使 $1.4n_{c1} \leqslant n \leqslant 0.7n_{c2}$，$n_{c1}$、$n_{c2}$ 分别为一阶临界转速、二阶临界转速。

10.6　提高轴的强度、刚度的常用措施

轴的结构、表面质量及轴上零件的结构、布置、受力位置等都对轴的承载能力有影响。从结构和工艺两个方面采取适当措施可显著提高轴的承载能力。

10.6.1　改进轴的结构以减少应力集中的影响

通过采取一些措施可以有效地减小应力集中的影响。常采取的措施主要包括：①尽量避免形状的突然变化，在轴径变化处应使轴径变化不要过大；②尽量采用较大的过渡圆角，若圆角半径受到限制，可以改用凹切圆角或过渡肩环，见图 10-19（a）、（b）；③采用过盈配合的轴段可以在轴上或轮毂上开减载槽，见图 10-19（c）、（d）。此外，选择合理的配合可减小应力集中，采用盘铣刀铣键槽比用指状铣刀铣出的键槽应力集中小，采用渐开线花键比矩形花键应力集中小。

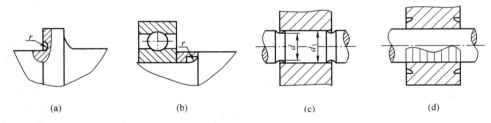

（a）　　　　　　　（b）　　　　　　　（c）　　　　　　　（d）

图 10-19　减小应力集中的结构
（a）凹切圆角；（b）过渡肩环；（c）轴上开减载槽；（d）轮毂上开减载槽

10.6.2　合理布置轴上零件以改善轴的受力状况

零件在轴上的布置可以有多种不同的方案，通过分析比较采用合理的布置方案往往能够有效改善轴的受力状况。如图 10-20 所示，当动力从两轮输出时，为了减小轴上转矩，应将输入轮布置在中间，图 10-20（a）中轴的最大转矩为 T_1；而图 10-20（b）中轴的最大转矩为 $T_1 + T_2$。又如图 10-21 所示的行星齿轮减速器，由于行星轮均匀布置，可以使太阳轮轴只受转矩而不受弯矩。

锥齿轮传动中，小锥齿轮常设计成悬臂安装［见图 10-22（a）］，若改为简支结构［见图 10-22（b）］，则不仅可提高轴的强度和刚度，还可以改善锥齿轮的啮合情况。

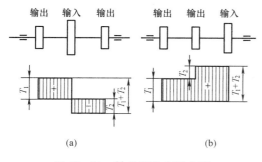

图 10 - 20　轴的两种布置方案

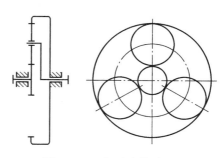

图 10 - 21　行星齿轮减速器

10.6.3　改进轴上零件的结构以减小轴的载荷

通过改进轴上零件的结构，可以有效减小轴上的载荷。图 10 - 23（a）中一个轴上有两个齿轮，动力由齿轮 A 通过轴传递给齿轮 B，轴受弯矩和转矩的联合作用。若将两齿轮做成一体［见图 10 - 23（b）］，转矩直接由齿轮 A 传给齿轮 B，则此轴只受弯矩，不受转矩。图 10 - 24 所示为起重机卷筒的两种设计方案，图 10 - 24（a）所示的结构中，大齿轮和卷筒连成一体，转矩经大齿轮直接传给卷筒，故卷筒轴只受弯矩而不传递转矩，在起重同样载荷 W 时，轴的直径可小于图 10 - 24（b）所示的结构。

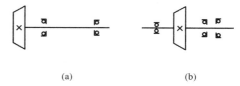

图 10 - 22　小锥齿轮轴承支承方案简图
（a）悬臂支承方案；（b）简支支承方案

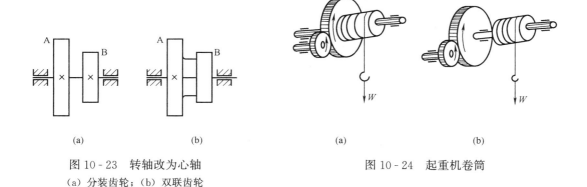

图 10 - 23　转轴改为心轴
（a）分装齿轮；（b）双联齿轮

图 10 - 24　起重机卷筒

10.6.4　改善表面质量以提高轴的疲劳强度

降低轴的表面粗糙度可以提高轴的疲劳强度，对于高强度材料轴更是如此。

进行表面强化处理（如高频淬火、表面渗碳、氰化、氮化、喷丸、碾压），使轴的表层产生预压应力可以显著提高轴的承载能力。

思考题与习题

10 - 1　何谓转轴、心轴和传动轴？自行车的前轴、中轴、后轴各是什么轴？

10 - 2　轴上零件的轴向定位方法有哪些？

10-3　若不改变轴的结构和尺寸，仅将轴的材料由碳素钢改为合金钢，轴的刚度将如何变化？

10-4　轴的强度计算公式 $M_{ca} = \sqrt{M^2 + (\alpha T)^2}$ 中 α 的含意是什么？其大小如何确定？

10-5　当旋转轴上作用有恒定的径向载荷时，轴上某定点所受的弯曲应力是对称循环应力、脉动循环应力还是恒应力？为什么？

10-6　公式 $d \geqslant A \sqrt[3]{\dfrac{P}{n}}$ 有何用处？其中 A 取决于什么？计算出的 d 应作为轴上哪部分的直径？

10-7　按许用应力验算轴时，危险剖面取在哪些剖面上？为什么？

10-8　轴的刚度计算内容包括哪些？

10-9　什么是刚性轴？什么是挠性轴？

10-10　当轴的强度不足或刚度不足时，可分别采取哪些措施？

10-11　某轴传递的功率为 4kW，轴转速为 960r/min，材料为 45 钢，试按扭转强度要求计算轴所需的直径。

10-12　图 10-25 所示为某减速器输出轴的结构图，试指出其设计中的错误，并说明如何改正。

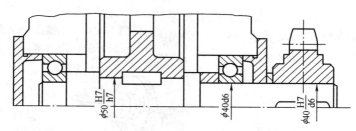

图 10-25　某减速器输出轴的结构图

第 11 章 连 接

将两个或两个以上的物体结合在一起的形式称为连接，在机械中，为了便于机械的制造、安装、运输、维修及提高劳动生产率，广泛地使用各种连接。起连接作用的零件，如螺栓、螺母、键等，称为连接件；需要连接起来的零件，如齿轮与轴等，称为被连接件。

连接根据其可拆性分为可拆连接和不可拆连接。可拆连接是不需毁坏连接中任一零件就可拆开的连接，故多次装拆无损于其使用性能。常见的有螺纹连接、键连接（包括花键连接、无键连接）、销连接等，其中螺纹连接和键连接应用较广。不可拆连接是至少毁坏连接中的某一部件才能拆开的连接，常见的有铆接、焊接、胶接等。

本章主要介绍机械中常见的可拆连接。

11.1 螺 纹

11.1.1 螺纹的形成及其主要参数

将一倾斜角为 λ 的直线绕在圆柱体上便形成一条螺旋线（见图 11-1）。沿着螺旋线做出具有相同剖面的连续凸起和沟槽就是螺纹。在圆柱体表面上形成的螺纹称为外螺纹，在圆柱型孔壁上形成的螺纹称为内螺纹。

现以三角形螺纹的外螺纹为例介绍螺纹的主要参数（见图 11-2）。

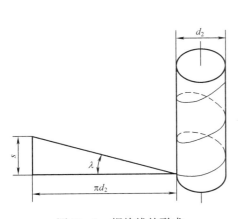

图 11-1 螺旋线的形成

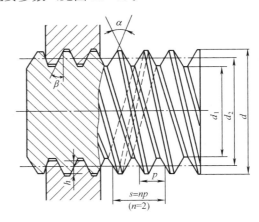

图 11-2 螺纹的主要参数

（1）大径 d。螺纹的最大直径称为大径，在螺纹标准中定为螺纹的公称直径。

（2）小径 d_1。螺纹的最小直径称为小径，在强度计算中常用作危险剖面的计算直径。

（3）中径 d_2。螺纹的螺纹牙宽度和牙槽宽度相等处的圆柱直径称为中径。

（4）螺距 p。相邻两螺纹牙在中径线上同侧齿廓之间的轴向距离称为螺距。

（5）线数 n。螺纹的螺旋线数目称为线数，连接常用 $n=1$，传动常用 $n=2\sim4$。

（6）导程 s。同一条螺旋线上相邻两螺纹牙在中径线上对应两点间的轴向距离称为导程。对单线螺纹，$s = p$；对多线螺纹，$s = np$。

（7）升角 λ。螺纹中径圆柱面上螺旋线的切线与垂直于螺纹轴线的平面间的夹角称为升角。由图 11-1 可得

$$\lambda = \arctan \frac{s}{\pi d_2} = \arctan \frac{np}{\pi d_2} \tag{11-1}$$

（8）牙型角 α。轴向截面内螺纹牙型相邻两侧边的夹角称为牙型角。牙型侧边与螺纹轴线的垂线间的夹角称为牙侧角 β。对于对称牙型，$\beta = \dfrac{\alpha}{2}$。

（9）螺纹工作高度 h。内、外螺纹沿径向的接触高度称为螺纹工作高度。

11.1.2　螺纹的类型和应用

螺纹有外螺纹和内螺纹之分，它们共同组成螺旋副。起连接作用的螺纹称为连接螺纹，起传动作用的螺纹称为传动螺纹。螺纹根据其母体形状可分为圆柱螺纹和圆锥螺纹两类，圆锥螺纹主要用于管连接，圆柱螺纹用于一般连接和传动。螺纹又有米制和英制之分，我国除管螺纹保留英制外，都采用米制螺纹。

按照牙型的不同螺纹又分为普通螺纹、管螺纹、梯形螺纹、矩形螺纹、锯齿形螺纹等。前两种螺纹主要用于连接，后三种螺纹主要用于传动。其中，除矩形螺纹外都已标准化。标准螺纹的尺寸可查阅有关标准。

现介绍几种常用螺纹的类型、特点和应用。

（1）普通螺纹。普通螺纹多用于连接、测量和调整，牙型为三角形，牙型角 $\alpha = 60°$，其牙型图如图 11-3（a）所示。普通螺纹的当量摩擦角大，易自锁，牙根厚，强度高。同一公称直径的螺纹分粗牙螺纹和细牙螺纹，一般连接多用粗牙螺纹，细牙螺纹自锁性能好，一般用于薄壁零件和微调机构的调整螺纹。

（2）梯形螺纹。梯形螺纹用于传力或传动螺旋，牙型为等腰梯形，牙型角 $\alpha = 30°$，其牙型图如图 11-3（b）所示。内、外螺纹以锥面贴紧不易松动。与矩形螺纹相比，传动效率较低，但工艺性好，牙根强度高，对中性好。若用剖分螺母，还可以调整间隙。梯形螺纹是最常用的传动螺纹。

（3）锯齿形螺纹。用于单向受力的传力螺旋，牙型为不等腰梯形，工作面的牙侧角为 3°，非工作面的牙侧角为 30°，其牙型图如图 11-3（c）所示。这种螺纹兼有矩形螺纹传动效率高，梯形螺纹牙根强度高、对中性好的特点，但只能用于单向受力的螺纹连接或螺旋传动中，如螺旋压力机等。

（4）矩形螺纹。用于传动和传力螺旋，牙型为矩形，牙型角为 0°，其牙型图如图 11-3（d）所示。矩形螺纹传动效率较其他螺纹高，但牙根强度弱，螺旋副磨损后，间隙难以修复和补充，传

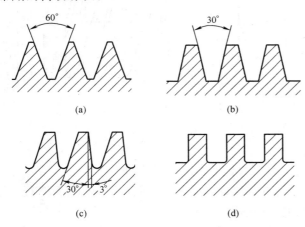

图 11-3　几种常用螺纹的牙型角

（a）普通螺纹；（b）梯形螺纹；（c）锯齿形螺纹；（d）矩形螺纹

动精度较低。为了便于铣、磨削加工，可制成 $10°$ 的牙型角。

11.2 螺旋副的受力分析、效率和自锁

螺旋副是一种空间运动副，其接触面为螺旋面。如图 11-4（a）所示，当螺母与螺旋杆之间受轴向载荷 F_a 时，转动螺母或螺杆，螺旋面之间将产生摩擦力。在分析螺旋副之间的摩擦时，通常假设螺杆与螺母之间的轴向力 F_a 集中作用于中径 d_2 圆周上的一点，如图 11-4（b）所示。将螺旋副在中径 d_2 处展开成平面上的斜线，得一倾斜角为 λ（螺纹升角）的斜面，此时螺旋副中力的作用情况就与滑块与斜面间的作用情况相同。这样就将螺纹副简化成沿倾斜角 λ 的斜面以速度 v 匀速上升或匀速下降的滑块，从而将空间问题转化为平面问题来研究。

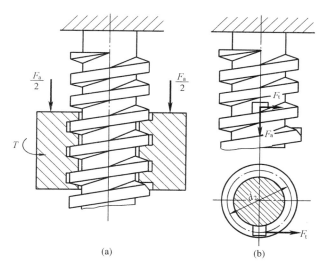

图 11-4 矩形螺纹受力情况

11.2.1 矩形螺纹

矩形螺纹是指其牙侧角 $\beta=0°$ 的螺纹，如图 11-4（a）所示的螺旋副，若在螺母上加上力矩使螺母逆着轴向力 F_a 等速向上运动，此时对螺纹连接而言，相当于拧紧螺母，如图 11-5（a）所示，即相当于滑块上加一水平推力 F 使滑块沿斜面等速上滑。设 F_N 为斜面对滑块的法向作用反力，滑块上的摩擦阻力为 F_f，则 $F_f = fF_N$，方向沿斜面向下，螺纹升角为 λ，摩擦系数为 f，摩擦角为 ρ。总反力 $F_R = F_N + F_a$，它与 F_a 之间的夹角为 $\lambda+\rho$，其中 $\rho = \arctan f$。

由平衡条件可知，F、F_R、F_a 组成力封闭三角形 [见图 11-5（b）]，由图可知

$$F = F_a \tan(\lambda+\rho) \tag{11-2}$$

旋转螺母时，用于克服螺旋副中摩擦阻力的力矩为

$$M = \frac{Fd_2}{2} = F_a\left(\frac{d_2}{2}\right)\tan(\lambda+\rho) \tag{11-3}$$

螺母旋转一周所需的功为

$$W_1 = 2\pi M = \pi F_a d_2 \tan(\lambda+\rho) \tag{11-4}$$

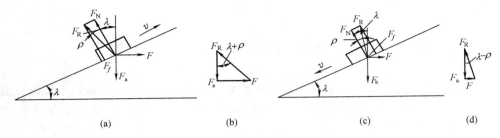

图 11-5　矩形螺纹受力分析

(a) 拧紧螺母；(b)、(d) 力的封闭三角形；(c) 放松螺母

此时螺母上升一个导程 s，其做的有效功为

$$W_2 = F_a s = \pi F_a d_2 \tan\lambda \tag{11-5}$$

故螺旋副的效率为

$$\eta = \frac{W_2}{W_1} = \frac{\pi F_a d_2 \tan\lambda}{\pi F_a d_2 \tan(\lambda + \rho)} = \frac{\tan\lambda}{\tan(\lambda + \rho)} \tag{11-6}$$

将式 (11-6) 绘成曲线（见图 11-6），当 $\lambda \approx 40°$ 时效率最高，但过大的升角会使制造困难。且由图 11-6 可见，当 $\lambda > 25°$ 时，效率的增长不明显，故通常取 λ 不超过 25°。

当滑块沿斜面等速下降时，摩擦力向上，轴向载荷 F_a 变成驱动滑块等速下降的驱动力，F 为阻碍滑块下降的支持力，由图 11-5 (d) 所示的力封闭图可知

$$F = F_a \tan(\lambda - \rho) \tag{11-7}$$

当螺母转动一周时输入功为 $W_1 = F_a s = \pi F_a d_2 \tan\lambda$，输出功为 $W_2 = \pi F_a d_2 \tan(\lambda - \rho)$，此时螺旋副的效率为

$$\eta = \frac{W_2}{W_1} = \frac{\pi F_a d_2 \tan(\lambda - \rho)}{\pi F_a d_2 \tan\lambda} = \frac{\tan(\lambda - \rho)}{\tan\lambda} \tag{11-8}$$

由式 (11-8) 可见，若 $\lambda \leqslant \rho$，则 $\eta \leqslant 0$，说明此时无论轴向载荷 F_a 有多大，滑块（即螺母）都不能沿斜面运动，这种现象称为自锁。$\eta = 0$ 表明螺旋副处于临界自锁状态。$\eta < 0$ 时，其值越小，自锁性越强，需要有足够大的驱动力 F 才能使螺旋副产生相对运动。所以螺旋副的自锁条件是

$$\lambda \leqslant \rho \tag{11-9}$$

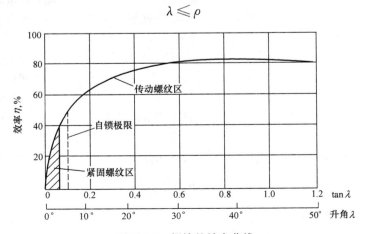

图 11-6　螺旋的效率曲线

11.2.2　非矩形螺纹

非矩形螺纹是指牙侧角 $\beta\neq0°$ 的三角形螺纹、梯形螺纹、锯齿形螺纹等非矩形螺纹。机械常用螺纹中，大多数并不是矩形螺纹。若忽略螺纹升角的影响，在相同的轴向载荷 F_a 作用下，非矩形螺旋副中的法向力比较大，如图 11-7 所示。非矩形螺旋副中的摩擦力比矩形螺旋副大 $1/\cos\beta$ 倍，若将法向力的增加想象成摩擦系数的增大，则非矩形螺旋副的摩擦力为

$$F_f = F'_N f = \frac{f}{\cos\beta}F_a = f_v F_a \tag{11-10}$$

式中　　f_v——当量摩擦系数，$f_v = \dfrac{f}{\cos\beta} = \tan\rho_v$；

　　　　ρ_v——当量摩擦角，$\rho_v = \arctan f_v$；

　　　　β——牙侧角。

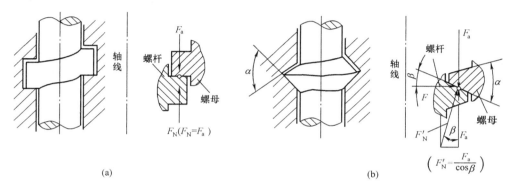

图 11-7　矩形螺纹与非矩形螺纹的法向力

(a) $\beta=0°$；(b) $\beta\neq0°$

这样，非矩形螺纹与矩形螺纹的差别可看作是摩擦系数的差别，即 $f_v>f$，$\rho_v>\rho$，因此将式 (11-2)、式 (11-3)、式 (11-6)、式 (11-9) 中的 f、ρ 用 f_v、ρ_v 代替，可得出非矩形螺纹副各力的关系和效率公式为

螺纹力矩

$$M = \frac{F_a d_2}{2}\tan(\lambda + \rho_v) \tag{11-11}$$

螺旋副效率

$$\eta = \frac{\tan\lambda}{\tan(\lambda + \rho_v)} \tag{11-12}$$

螺旋副自锁条件

$$\lambda \leqslant \rho_v \tag{11-13}$$

11.3　螺纹连接的类型和螺纹连接件

11.3.1　螺纹连接的基本类型

1. 螺栓连接

常见的普通螺栓连接如图 11-8 (a) 所示。在被连接件上开有通孔，插入螺栓后在螺栓

的另一端拧上螺母。这种连接的结构特点是被连接件上的通孔和螺栓杆间留有间隙，通孔的加工精度要求低，结构简单，装拆方便，使用时不受被连接件材料的限制，因此应用极广。图 11-8（b）所示为铰制孔螺栓连接，其螺杆外径与螺栓孔的内径（由高精度铰刀加工而成）具有同一基本尺寸，并常采用过渡配合。这种连接能精确固定被连接件的相对位置，并能承受横向载荷，但孔的加工精度要求较高。

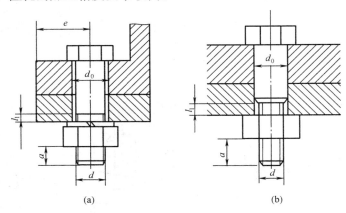

螺纹余量长度 l_1：

静载荷 $l_1 \geqslant (0.3 \sim 0.5)d$；变载荷 $l_1 \geqslant 0.75d$

铰制孔用螺栓的 l_1 应尽可能小于螺纹伸出长度 $a \approx (0.2 \sim 0.3)d$；

螺纹轴线到边缘的距离 $e = d + (3 \sim 6)$mm；

螺栓孔直径 $d_0 = 1.1d$；

铰制孔用螺栓的 d_0 应按 d 查有关标准

图 11-8 螺栓连接

（a）普通螺栓连接；（b）铰制孔螺栓连接

2. 双头螺柱连接

如图 11-9（a）所示，双头螺柱连接适用于结构上不能采用螺栓连接的场合。例如，被连接件之一太厚不宜制成通孔，材料又比较软（例如用铝镁合金制造的壳体），且需要经常拆装时，往往采用双头螺柱连接。显然，拆卸这种连接时，不用拆下螺柱。

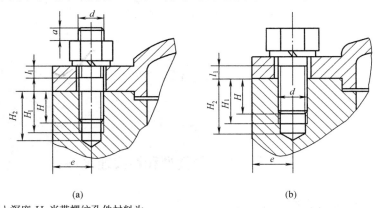

拧入深度 H，当带螺纹孔件材料为

钢或青铜，$H \approx d$；铸铁，$H = (1.25 \sim 1.5)d$；铝合金，$H = (1.5 \sim 2.5)d$

图 11-9 双头螺柱、螺钉连接

3. 螺钉连接

如图 11-9（b）所示，螺钉连接的特点是螺栓（或螺钉）直接拧入被连接件的螺纹孔中，不用螺母，在结构上比双头螺柱连接简单、紧凑。其用途和双头螺柱连接相似，但若经常拆装时，易使螺纹孔磨损，可能导致被连接件报废，故多用于受力不大，或不需要经常拆装的场合。

4. 紧定螺钉连接

紧定螺钉连接是利用拧入零件螺纹孔中的螺钉末端顶住另一零件的表面［见图 11-10（a）］或顶入相应的凹坑中［见图 11-10（b）］，以固定两个零件的相对位置，并可传递不大的力或转矩，多用于轴上零件的连接。

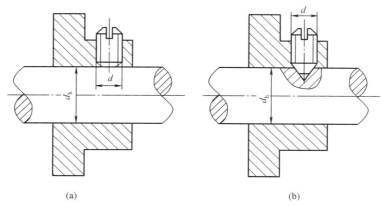

(a)   (b)

图 11-10　紧定螺钉连接

螺钉除用于连接和紧定外，还可以用于调整零件位置，如机器、仪器的调节螺钉等。

除上述 4 种基本螺纹连接形式外，还有一些特殊结构的连接。例如，专门用于将机座或机架固定在地基上的地脚螺栓连接（见图 11-11），装在机器或大型零部件的顶盖或外壳上便于起吊用的吊环螺钉连接（见图 11-12）等。

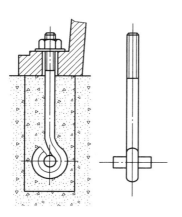

图 11-11　地脚螺钉连接

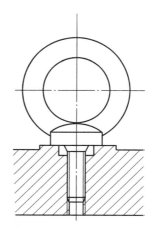

图 11-12　吊环螺钉连接

11.3.2　螺纹连接件的类型

螺纹连接件的类型很多，且大多数都已标准化，设计时，都按标准选用，以减少制造费用。下面介绍一些常用的连接件。

1. 螺栓

普通螺栓的类型很多。各类螺栓的区别在于其头部的形状不同，其中以六角头螺栓应用最广，如图 11-13 所示。按其头部大小又可分为六角头和小六角头两种，小六角头便于冷镦和批量生产，用材少，成本较低，但头部小，不宜用于需经常拆装、被连接件强度较低和易锈蚀的场合。

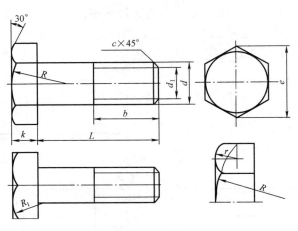

图 11-13　螺栓

2. 双头螺柱

如图 11-14 所示，螺柱两端都制有螺纹，两端螺纹可相同或不同，螺柱可带退刀槽或制成腰杆，也可制成螺纹的螺柱。螺柱的一端常用于旋入铸铁或有色金属的螺纹孔中称为座端，螺纹长度为 L_1，旋入后不拆卸；另一端则用于安装螺母以固定其他零件称为螺母端，螺纹长度为 L_0。

3. 螺钉、紧定螺钉

螺钉、紧定螺钉的形状与螺栓相似，但头部式样更多，有六角头、内六角头、十字槽头、沉头、半圆头等。紧定螺钉末端要顶住被连接件之一的表面或相应的凹坑中（见图 11-15），其末端具有平端、锥端、圆尖端等各种形状。

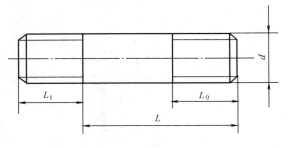

图 11-14　双头螺柱
L_1—座端长度；L_0—螺母端长度

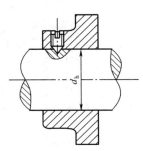

图 11-15　紧定螺钉

4. 螺母

螺母的形状有六角形、圆形（见图 11-16）等。六角螺母有三种不同厚度：标准螺母、薄螺母和厚螺母。薄螺母用于尺寸受到限制的地方，厚螺母用于经常装拆易于磨损之处。圆螺母常用于轴上零件的轴向固定。

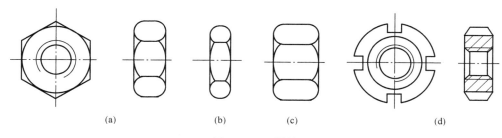

图 11 - 16　螺母

(a) 六角螺母；(b) 六角薄螺母；(c) 六角厚螺母；(d) 圆螺母

5. 垫圈

垫圈的作用是增加被连接件的支承面积，以减小接触处的挤压应力（尤其当被连接件材料强度较差时）和避免拧紧螺母时擦伤被连接件表面。

11.4　螺纹连接的预紧和防松

11.4.1　螺纹连接的预紧

绝大多数螺纹连接在装配时都必须拧紧，使连接在承受工作载荷之前，预先受到力的作用，这个预加作用力称为预紧力。预紧的目的是增加连接的可靠性、紧密性，以防止被连接件间出现缝隙或发生相对滑移。经验证明，对一些有刚性、紧密性要求的螺纹连接，必须在连接工作以前给予拧紧，即必须给予适当的预紧力 F_0。对于一般连接，往往对预紧力不加控制，拧紧的程度靠经验而定，对于重要的连接（如气缸盖的螺纹连接），预紧力必须用一定的方法加以控制，其目的是增加连接的可靠性、紧密性和防松能力。对于重要的螺栓连接，若预紧力 F_0 过小，在工作载荷作用下螺栓容易松动；若预紧力 F_0 过大，又可能拧断螺栓，所以在装配时要设法控制预紧力。

预紧力的大小是通过拧紧力矩来控制的。因此，应从理论上找出预紧力和拧紧力矩的关系。如图 11 - 17 所示，由于拧紧力矩的作用，使螺栓和被连接件之间产生预紧力 F_0。由机械原理可知，拧紧力矩 T 等于螺旋副间的摩擦力矩 T_1 和螺母环形端面与被连接件（或垫圈）支承面间的摩擦力矩 T_2 之和，即

$$T = T_1 + T_2 \tag{11 - 14}$$

螺旋副间的摩擦力矩

$$T_1 = \frac{F_0 d_2}{2}\tan(\lambda + \rho_v) \tag{11 - 15}$$

螺母与支承面间的摩擦力矩

$$T_2 = f_c F_0 \left(\frac{D_1 + d_0}{4}\right) \tag{11 - 16}$$

则

$$T = T_1 + T_2 = \frac{F_0 d_2}{2}\tan(\lambda + \rho_v) + f_c F_0 \left(\frac{D_1 + d_0}{4}\right) \tag{11 - 17}$$

式中　T——力矩，N·mm；

　　　d_2——螺纹中径，mm；

　　　f_c——螺母环形端面与被连接件支承面之间的摩擦系数；

D_1、d_0——螺母环形端面与被连接件接触面的外径和内径。

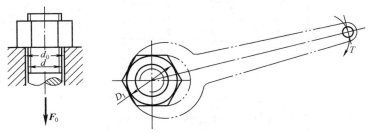

图 11-17　螺旋副的拧紧力矩

对于 M10～M68 的钢制普通粗牙螺纹，无润滑时，取 $f_v = \tan\rho_v = 0.15$，$f_c = 0.15$，则式（11-17）可简化为

$$T \approx 0.2F_0 d \qquad\qquad (11-18)$$

式中　F_0——预紧力，N；

　　　d——螺纹大径，mm。

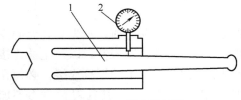

图 11-18　测力矩扳手

对于一般连接，预紧力凭装配经验控制；对于重要的连接，可通过测力矩扳手（见图 11-18）或定力矩扳手（见图 11-19），利用控制拧紧力矩的方法来控制预紧力的大小。测力矩扳手是根据扳手上的弹性元件 1 在拧紧力的作用下所产生的弹性变形，来指示拧紧力矩的大小。为方便计量，可将指示刻度 2 直接以力矩值标出。

定力矩扳手的工作原理是当拧紧力矩超过规定值时，弹簧 3 被压缩，扳手卡盘 1 与圆柱销 2 之间打滑，如果继续转动手柄，卡盘不再转动。拧紧力矩的大小可利用螺钉 4 调整弹簧压紧力来加以控制。

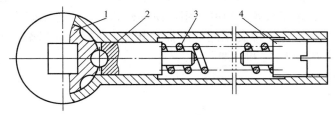

图 11-19　定力矩扳手

11.4.2　螺纹连接的防松

螺纹连接件一般采用单线普通螺纹，其螺纹升角都较小，在静载荷作用下，一般都能满足自锁条件。此外，拧紧以后螺母、螺栓头部等支承面上的摩擦力也有防松作用，所以在静载荷和工作温度变化不大时，螺栓连接不会自动松脱。但在冲击、振动或变载荷的作用下，螺旋副间的摩擦力可能减小或瞬时消失。这种现象多次重复后，就会使连接松脱。在高温或温度变化较大的情况下，由于螺纹连接件和被连接件的材料发生蠕变和应力松弛，也会使连

接中的预紧力和摩擦力逐渐减小，最终导致连接失效。

　　螺纹连接一旦出现松脱，轻者会影响机器的正常运转，重者会造成严重事故。因此，为了防止连接松脱，保证连接安全可靠，设计时必须采取有效的防松措施。

　　防松的关键在于防止螺旋副在受载时发生相对转动。防松的方法，按其工作原理的不同分为摩擦防松、机械防松、永久防松等。一般而言，摩擦防松简单、方便，但没有机械防松可靠。对于重要的连接，特别是在机器内部不易检查的连接，应采用机械防松。常见的防松方法见表 11 - 1。

表 11 - 1　　　　　　　　　　　　　　　常 见 的 防 松 方 法

防松原理		防松装置或防松方法		
摩擦防松	轴向压紧	对顶螺母	弹簧垫圈	锁紧垫圈
	径向压紧	非金属嵌件锁紧螺母	扣紧螺母	自锁螺母
机械松动		开槽螺母与开口销	止动垫圈 圆螺母用	单耳	双耳	头部带孔螺栓与串联钢丝

防松原理	防松装置或防松方法		
	铆	焊	黏
永久防松	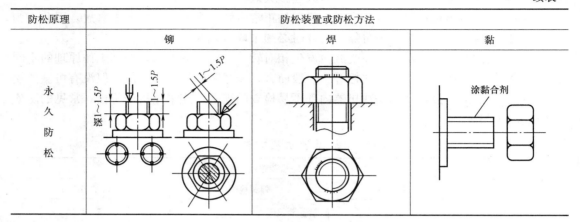		

11.5　螺栓组连接的结构设计与受力分析

大多数情况下，螺纹连接件都是成组使用的，其中以螺栓组连接最具有典型性。下面以螺栓组连接为例，讨论其设计和计算问题。这种计算方法对双头螺柱连接、螺钉连接也同样适用。

设计螺栓组连接时，首先需要选定螺栓的数目及布置形式，然后确定螺栓连接的结构尺寸。在确定螺栓尺寸时，对于不重要的螺栓连接，可以参考现有的机械设备，采用类比法确定，不再进行强度校核。但对于重要的连接，应根据连接的工作载荷，分析各螺栓的受力状况，找出受力最大的螺栓进行强度校核。

11.5.1　螺栓组连接的结构设计

螺栓组结构设计的主要目的在于，合理地确定连接接合面的几何形状和螺栓的布置形式，力求各螺栓和连接接合面受力均匀，便于加工和装配。为此，结构设计时应综合考虑以下几方面的问题：

（1）连接接合面的几何形状通常都设计成轴对称的简单几何形状，如方形、矩形、圆形、框形、三角形等，如图 11-20 所示。这样不但便于加工制造，而且便于对称布置螺栓，使螺栓组的对称中心和连接接合面的形心重合，从而保证连接接合面受力均匀。

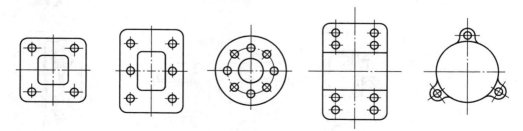

图 11-20　螺栓组连接接合面的形状

（2）螺栓的布置应使各螺栓的受力合理（见图 11-21）。对于铰制孔用螺栓连接，不要在平行于工作载荷的地方成排布置 8 个以上的螺栓，以免载荷过于分布不均。在螺栓连接承受弯矩或转矩时，应使螺栓的位置适当靠近连接接合面的边缘，以减小螺栓的受力。如果连接同时承受轴向载荷和较大的横向载荷时，应采用套筒、销、键等抗剪零件来承受横向载荷，从而减小螺栓的预紧力及其结构尺寸。

（3）分布在同一圆周上的螺栓数目应取为偶数。同一螺栓组中螺栓的材料、直径和长度均应相同。

（4）螺栓的排列应有合理的间距、边距。扳手空间的尺寸可查阅有关标准。对于压力容器等紧密性要求较高的重要连接，螺栓的间距 t_0 不得大于表 11-2 所推荐的数值。

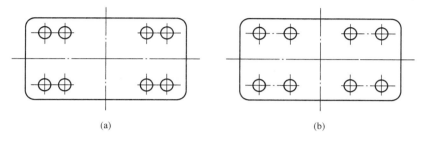

（a）　　　　　　　　　　　（b）

图 11-21　接合面受弯矩或转矩时螺栓的布置

（a）合理；（b）不合理

表 11-2　　　　　　　　　　　　　　　螺 栓 间 距 t_0

	工作压力（MPa）					
	≤1.6	1.6～4	4～10	10～16	16～20	20～30
	t_{0max}（mm）					
	$7d$	$4.5d$	$4.5d$	$4d$	$3.5d$	$3d$

注　表中 d 为螺纹公称直径。

（5）避免螺栓承受附加的偏心载荷。除了要在结构上设法保证载荷不偏心外，还应在工艺上保证被连接件、螺母和螺栓头部的支承面平整，并与螺栓轴线相垂直。

螺栓组的结构设计，除综合考虑以上各点外，还包括根据连接的工作条件合理地选择螺栓组的防松装置。

11.5.2　螺栓组连接的受力分析

螺栓组连接受力分析的目的是：根据连接结构和受载情况，求出受力最大的螺栓及其所受的力，以便进行螺栓连接的强度计算。

为了简化计算，螺栓组受力分析时假设：所有螺栓的应变在其弹性范围内；所有螺栓的材料、直径、长度和预紧力相同；被连接件视为刚体。下面针对几种典型的受载情况分别加以讨论。

1. 受横向载荷的螺栓组连接

图 11-22 所示为一个由 4 个螺栓组成的受横向载荷 R 的螺栓组连接。受横向载荷 R 作用的螺栓组连接可选用铰制孔用螺栓连接或普通螺栓连接。

图 11-22（a）所示为选用铰制孔用时的连接与传力情况。螺栓杆与被连接件的孔壁直接接触，连接是靠螺栓与被连接件的相互剪切和挤压作用来传递载荷。对于这种连接，每个

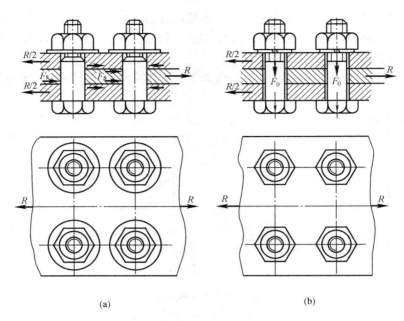

图 11-22　受横向载荷 R 作用的螺栓组连接

（a）铰制孔用螺栓连接；（b）普通螺栓连接

螺栓所受的工作剪力为

$$F_s = \frac{R}{z} \tag{11-19}$$

式中　z——螺栓个数。

　　为了减少受力不均匀性，沿载荷 R 方向布置的螺栓数目不宜超过 6 个。

　　图 11-22（b）所示为选用普通螺栓时的连接传力情况。对于普通螺栓连接，应保证连接预紧后，接合面间所产生的最大摩擦力必须大于或等于横向载荷 R 。根据平衡条件，装配时必须使每个螺栓受到的预紧力为

$$F_0 \geqslant \frac{K_f R}{f_s z m} \tag{11-20}$$

式中　K_f——考虑摩擦力的可靠性系数，一般 $K_f = 1.1 \sim 1.3$；

　　　　f_s——接合面间的摩擦系数，见表 11-3；

　　　　m——接合面对数。

表 11-3　　　　　　　　　　　　　　连接接合面间的摩擦系数

被连接件	接合面的表面状态	摩擦系数 f
钢或铸件零件	干燥的加工表面	0.10～0.16
	有油的加工表面	0.06～0.10
钢结构件	轧制表面、钢丝刷清理浮锈	0.30～0.35
	涂富锡漆	0.34～0.40
	喷砂处理	0.45～0.55
铸件对砖料、混凝土或木材	干燥表面	0.40～0.45

2. 受旋转力矩 T 作用的螺栓组连接

如图 11-23 所示的底板螺栓组连接，受旋转力矩 T 的作用。这种连接可采用铰制孔用连接或采用普通螺栓连接。

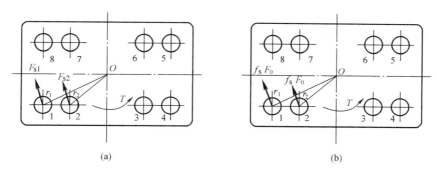

图 11-23　受旋转力矩 T 作用的螺栓组连接

(a) 铰制孔螺栓连接；(b) 普通螺栓连接

当采用铰制孔用螺栓连接［见图 11-23（a）］时，在转矩 T 的作用下，各螺栓受到剪切和挤压作用，各螺栓所受横向工作剪力和该螺栓轴线到螺栓组对称中心 O 的连线相垂直。为求得各螺栓工作剪力的大小，计算时假定底板为刚体，受载后接合面仍然保持为平面，则各螺栓的剪切变形量与该螺栓到螺栓组对称中心 O 的距离成正比。即距螺栓组对称中心 O 越远，螺栓的剪切变形量越大。如果各螺栓的剪切刚度相同，则螺栓的剪切变形量越大时，其所受的工作剪力也越大。

如图 11-23（a）所示，设各螺栓中心到底板旋转中心 O 的距离为 r_1、r_2、$\cdots$、r_z。忽略接合面间的摩擦力，根据底板静力平衡条件有

$$T = F_{s1}r_1 + F_{s2}r_2 + \cdots + F_{sz}r_z \tag{11-21}$$

根据螺栓变形协调条件，各螺栓的剪切变形量与其中心到底板旋转中心的距离成正比。因为螺栓剪切刚度相同，所以各螺栓的剪力也与这个距离成正比，可得

$$\frac{F_{s1}}{r_1} = \frac{F_{s2}}{r_2} = \cdots = \frac{F_{sz}}{r_z} \tag{11-22}$$

联立式（11-21）和式（11-22），可得受力最大的螺栓的工作剪力为

$$F_{max} = \frac{Tr_{max}}{\sum\limits_{i=1}^{z} r_i^2} \tag{11-23}$$

当采用普通螺栓连接时，靠连接预紧后在接合面间产生的摩擦力矩来抵抗转矩 T［见图 11-23（b）］。假设各螺栓的预紧力均为 F_0，则各螺栓连接处产生的摩擦力均相等，并假设此摩擦力集中作用在螺栓中心处。为阻止接合面发生相对转动，各摩擦力应与该螺栓的轴线到螺栓组对称中心 O 的连线相垂直。根据作用在底板上的力矩平衡及连接强的条件，应有

$$F_0 r_1 f + F_0 r_2 f + \cdots + F_0 r_z f \geqslant K_f T \tag{11-24}$$

由式（11-24）可得各螺栓的预紧力为

$$F_0 \geqslant \frac{K_f T}{f(r_1 + r_2 + \cdots + r_z)} = \frac{K_f T}{f \sum\limits_{i=1}^{z} r_i} \tag{11-25}$$

式中　f——接合面的摩擦系数，见表 11-3；

　　　　r_i——第 i 个螺栓的轴线到螺栓组对称中心 O 的距离。

3. 受轴向载荷 Q 作用的螺栓组连接

如图 11-24 所示的压力容器凸缘螺栓组连接，轴向载荷 Q 通过螺栓组对称中心。计算时，认为各螺栓平均受载，则每个螺栓所受的轴向工作载荷为

$$F = \frac{Q}{z} \tag{11-26}$$

4. 受倾覆力矩 M 作用的螺栓组连接

如图 11-25 所示的底板螺栓组连接，在倾覆力矩 M 的作用下，底板有绕螺栓组对称中心的轴线 OO 翻过的趋势。假设每个螺栓所受的预紧力相同，被连接件是弹性体，接合面始终保持为平面，根据底板静力平衡条件有

$$M = \sum_{i=1}^{z} F_i r_i \tag{11-27}$$

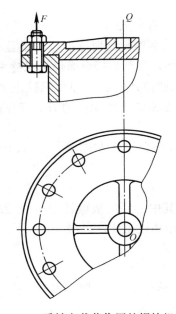

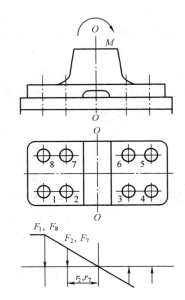

图 11-24　受轴向载荷作用的螺栓组连接　　　　图 11-25　受倾覆力矩作用的螺栓组连接

根据螺栓变形协调条件，各螺栓的拉伸变形量与其中心到底板翻转轴线的距离成正比。于是有

$$\frac{F_1}{r_1} = \frac{F_2}{r_2} = \cdots = \frac{F_z}{r_z} \tag{11-28}$$

联立式（11-27）和式（11-28），求得螺栓所受的最大工作载荷为

$$F_{\max} = \frac{M r_{\max}}{\sum_{i=1}^{z} r_i^2} \tag{11-29}$$

式中　$r_{\max}$——r_i 中最大的值；

　　　　z——总的螺栓个数；

r_i——各螺栓轴线到底板轴线 OO 的距离。

11.6　螺纹连接的强度计算

11.6.1　失效形式和设计准则

本节以单个螺栓连接为例来讨论螺纹连接的强度计算方法。如 11.5 所述，螺栓连接大多以螺栓组连接形式来实现，若螺栓组中受载荷最大的螺栓满足强度要求，则螺栓连接就满足要求。上面所讨论的方法对双头螺柱连接和螺钉连接也同样适用。

对单个具体螺栓而言，其受载形式是受轴向力或横向力。在轴向力（包括预紧力）的作用下，螺栓杆和螺纹部分可能发生塑性变形或断裂；而在横向力的作用下，当采用铰制孔螺栓时，螺栓杆和孔壁的贴合面上可能发生压溃、螺栓杆被剪断等。根据统计分析，在静载荷下螺栓连接是很少发生破坏的，只是在严重过载的情况下才会发生。对于受拉螺栓，主要破坏形式是螺栓杆螺纹部分发生断裂，因而其设计准则是保证螺栓的静力或疲劳拉伸强度；对于受剪螺栓，其主要破坏形式是螺栓杆和孔壁的贴合面上出现压溃或螺栓杆被剪断，设计准则是保证连接的挤压强度和螺栓的剪切强度，其中连接的挤压强度对连接的可靠性起决定作用。

螺栓连接的强度计算，首先是根据连接的类型、连接的装配等情况，分析螺栓的受力，按相应的强度条件计算螺栓危险截面处螺纹的最小直径。而螺栓的其他部分（螺纹牙、螺栓头、光杆）和螺母、垫圈的结构尺寸，是根据连接的强度条件及使用经验规定，通常都不需要进行强度计算，一般都按螺栓螺纹的公称直径在标准中选定。

11.6.2　受轴向载荷的普通螺栓连接

普通螺栓连接根据连接在工作之前是否加预紧力可分为松螺栓连接和紧螺栓连接两种。

1. 松螺栓连接强度计算

松螺栓连接装配时不需将螺母拧紧，即承受工作载荷之前螺栓不受预紧力，只承受工作载荷，且是静载荷。如图 11-26 所示的起重滑轮螺栓，当连接承受工作载荷 F 时，螺栓杆受拉，螺栓危险剖面的强度条件为

$$\sigma = \frac{F}{\frac{1}{4}\pi d_1^2} \leqslant [\sigma] \tag{11-30}$$

式中　F——作用在螺栓上的轴向拉力，N；

d_1——螺纹小径，mm；

$[\sigma]$——螺栓连接的许用拉应力，见表 11-4，MPa。

2. 紧螺栓连接的强度计算

（1）仅受预紧力的紧螺栓连接。紧螺栓连接装配时需将螺母拧紧。在拧紧力矩作用下，螺栓不仅受预紧力 F_0 产生的拉应力 σ 作用，同时还受螺纹力矩 T_1 产生的扭剪应力 τ 的作用，因此螺栓处于受拉伸和扭转的复合应力状态。对于钢制 M10～M68 普通螺纹，取 $\tau \approx 0.5\sigma$，根据第四强度理论，可求出螺栓危险剖面的当量应力为

$$\sigma_e = \sqrt{\sigma^2 + 3\tau^2} = \sqrt{\sigma^2 + 3 \times (0.5\sigma)^2} \approx 1.3\sigma \tag{11-31}$$

因此，对紧螺栓连接的强度计算，只要将所受的拉应力增大 30% 以考虑剪应力的影响

即可。故螺栓螺纹部分的强度条件为

$$\sigma = \frac{1.3F_0}{\frac{1}{4}\pi d_1^2} \leqslant [\sigma] \tag{11-32}$$

（2）受预紧力和轴向载荷的螺栓连接。在图 11-27 所示的缸体中，设流体压力为 p，螺栓数为 n，则缸体周围每个螺栓平均承受的轴向工作载荷为 $F = \dfrac{p\pi D^2}{4n}$。在气缸内具有工作介质之前，每个螺栓均已按规定的预紧力 F_0 拧紧。在承受轴向工作载荷 F 后，螺栓实际承受的总拉伸载荷 F_Σ 并不等于 F_0 与 F 之和。

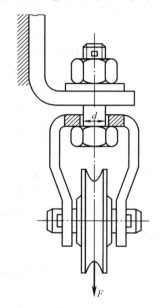

图 11-26 起重滑轮松螺纹连接

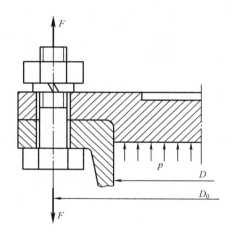

图 11-27 缸体的紧螺栓连接

螺栓和被连接件受载前后的情况如图 11-28 所示。图 11-28（a）所示为螺母刚好拧紧到与被连接件接触的临界状态，此时，因螺栓与被连接件均未受力，所以两者都不产生变形。图 11-28（b）所示为连接已经拧紧，但还未承受工作载荷的情况。这时，螺栓受预紧力 F_0（拉力）作用，其伸长变形量为 δ_1；被连接件受预紧力 F_0（压缩力）作用，其压缩变形量为 δ_2。图 11-28（c）所示为连接受工作载荷 F（拉力）的情况。这时，螺栓所受拉力增大到 F_Σ，其拉力增量为 $\Delta F_1 = F_\Sigma - F_0$，其伸长变形增量为 $\Delta\delta_1$，其总伸长变形量为 $\delta_1 + \Delta\delta_1$。与此同时，被连接件随着螺栓伸长而放松，其所受的压力有原来的 F_0 减小到 F_0'（残余预紧力），其压力减量为 $\Delta F_2 = F_0 - F_0'$，其压缩变形减小量为 $\Delta\delta_2$，其剩余的压缩变形量为 $\delta_2 - \Delta\delta_2$。由于螺栓与被连接件的变形协调关系，被连接件压缩变形的减小量 $\Delta\delta_2$ 应等于螺栓伸长变形增量 $\Delta\delta_1$，即 $\Delta\delta_1 = \Delta\delta_2$。

综上所述，受轴向工作载荷作用的紧螺栓连接，螺栓所受的总拉力 F_Σ 应等于残余预紧力 F_0' 与工作拉力 F 之和，即

$$F_\Sigma = F_0' + F \tag{11-33}$$

为保证连接的紧密性，防止连接受载后接合面间产生缝隙，应使残余预紧力 F_0' 大于

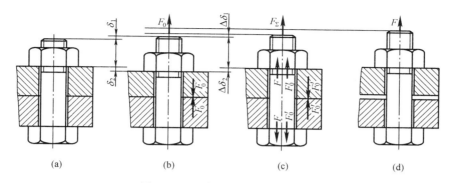

图 11-28 单个紧螺栓受力变形图

(a) 开始拧紧；(b) 拧紧后；(c) 受工作载荷时；(d) 工作载荷过大时

零。对于一般连接，当工作载荷 F 稳定时，取 $F_0' = (0.2\sim0.6)F$；当工作载荷 F 不稳定时，取 $F_0' = (0.6\sim1.0)F$；对于有紧密性要求的连接（如压力容器的螺栓连接），取 $F_0' = (1.5\sim1.8)F$；对于地脚螺栓连接，$F_0' \geqslant F$。

在一般计算中，可先根据连接的工作要求选定残余预紧力 F_0'，然后根据式（11-33）求出总拉伸载荷 F_Σ。考虑到螺栓受轴向工作载荷时，可能需要补充拧紧（应尽量避免），为安全起见，可按式（11-32）的强度条件用式（11-34）进行计算：

$$\sigma = \frac{1.3F_\Sigma}{\frac{1}{4}\pi d_1^2} \tag{11-34}$$

由图 11-29 知，螺栓所受的残余预紧力 F_0' 与工作拉力 F 之间的关系可表示为

$$F_0' = F_0 - \Delta F_2 = F_0 - \frac{c_2}{c_1+c_2}F \tag{11-35}$$

螺栓总拉伸载荷 F_Σ 也可表示为

$$F_\Sigma = F_0 + \Delta F_1 = F_0 + \frac{c_1}{c_1+c_2}F \tag{11-36}$$

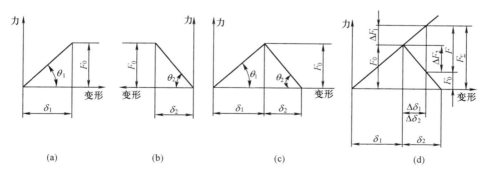

图 11-29 单个紧螺栓受力变形关系图

为保证连接在承受轴向载荷后仍保持所要求的残余预紧力 F_0'，需加的预紧力 F_0 为

$$F_0 = F_0' + \Delta F_2 = F_0' + \frac{c_2}{c_1+c_2}F \tag{11-37}$$

式中 c_1、c_2——螺栓与被连接件的刚度；

其中，$\dfrac{c_1}{c_1+c_2}$ 为螺栓的相对刚度系数，一般可按表 11-4 选取。

表 11-4   **螺栓的相对刚度系数**

垫片类别	金属垫片或无垫片	皮革垫片	铜皮石棉垫片	橡胶垫片
$\dfrac{c_1}{c_1+c_2}$	0.2～0.3	0.7	0.8	0.9

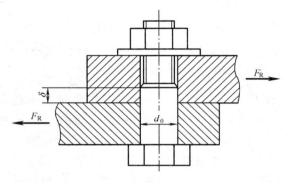

图 11-30 铰制孔螺栓连接

11.6.3 受横向载荷的螺栓连接

当采用铰制孔用螺栓连接承受横向载荷 F_R 时（见图 11-30），螺栓杆与孔壁间无间隙，通常采用基孔制过渡配合，接触表面受挤压；在连接接合面处，螺栓杆则受剪切。故计算此类型连接强度时，应分别按挤压及剪切强度条件计算。

计算时，假设螺栓杆与孔壁表面上的压力分布是均匀的，又因为这种连接所受的预紧力较小，所以不考虑预紧力和螺纹摩擦力矩的影响。其强度条件为

$$\left.\begin{aligned}\tau &= \frac{F_R}{m\pi\dfrac{d_0^2}{4}} \leqslant [\tau]\\[2mm]\sigma_p &= \frac{F_R}{zd_0\delta} \leqslant [\sigma_p]\end{aligned}\right\} \tag{11-38}$$

式中　m——螺栓剪切面的数目；

　　　d_0——螺栓剪切面的直径，mm；

　　$[\tau]$——螺栓许用剪切应力，见表 11-5，MPa；

　　　δ——螺栓杆与被连接件孔壁间接触受压的最小轴向长度，mm；

　$[\sigma_p]$——螺栓或孔壁的许用挤压应力，见表 11-6，MPa。

采用普通螺栓连接承受横向载荷 F_R 时（见图 11-31），由于预紧力的作用，将在接合面间产生摩擦力来抵抗工作载荷。这时，螺栓仅承受预紧力的作用，而且预紧力不受工作载荷的影响，在连接承受工作载荷后仍保持不变。预紧力 F_0 的大小，根据接合面不产生滑移的条件确定。为使被连接件之间不发生相对滑动，螺栓连接所需的预紧力 F_0 应为

$$F_0 \geqslant \frac{CF_R}{zmf} \tag{11-39}$$

式中　C——可靠性系数，常取 $C=1.2～1.3$；

　　　z——连接螺栓数；

　　　m——接合面数；

　　　f——接合面的摩擦系数，对于钢或铸铁被连接件可取 $f=0.1～0.15$。

求出 F_0 后即可用式（11-32）进行强度计算。

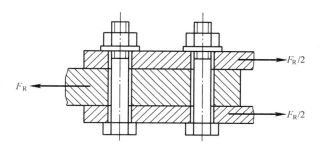

图 11-31 承受横向载荷的普通螺栓连接

表 11-5 螺栓连接的许用应力和安全系数

受载情况	许用应力			安 全 系 数 S				备注
受拉螺栓	$[\sigma]=\dfrac{\sigma_s}{S}$	松连接		1.2~1.7				σ_s 为材料的屈服极限; σ_b 为材料的抗拉强度,查表 11-6
		紧连接	控制预紧力	1.2~1.5				
			不控制预紧力	材料	尺寸			
					M6~M16	M16~M30	M30~M60	
				碳钢	4~3	3~2	2~1.3	
				合金钢	5~4	4~2.5	2.5	
受剪螺栓	静载荷	剪切		$[\tau]=\sigma_S/2.5$				
		挤压		$[\sigma_p]=\sigma_s/1.25$,被连接件材料为钢				
				$[\sigma_p]=\sigma_b/(2\sim2.5)$,被连接件材料为铸铁				
	变载荷	剪切		$[\tau]=\sigma_s/(3.5\sim5)$				
		挤压		$[\sigma_p]$ 为静载时的 70%~80%				

表 11-6 螺纹连接件常用材料的机械性能 MPa

材料	抗拉强度极限	屈服极限	疲 劳 极 限	
	σ_b	σ_s	弯曲 σ_{-1}	抗拉 σ_{-1L}
10	340~420	210	160~220	120~150
Q215	340~420	220	—	—
Q235	410~470	240	170~220	120~160
35	540	320	220~300	170~220
45	610	360	250~340	190~250
40Cr	750~1000	650~900	320~440	240~340

从式（11-39）可知，当 $f=0.15$，$C=1.2$，$m=1$ 时，$F_0 \geqslant 8F_R$，即预紧力应为横向载荷的 8 倍。这样将使螺栓的结构尺寸增大，而且仅靠摩擦力承载也不十分可靠。因此，除可采用铰制孔用螺栓承受横向载荷外，还可在普通螺栓连接结构中加装销、套筒、键等减载装置来承担横向工作载荷（见图 11-32），此时螺栓只起连接作用。

【例 11-1】 如图 11-27 所示气缸，缸内气体压强 $p=0.8\text{MPa}$，气缸内径 $D=400\text{mm}$，

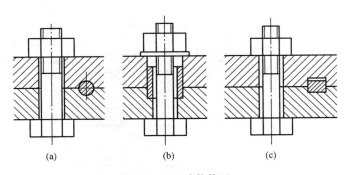

图 11 - 32　减载装置

(a) 减载销；(b) 减载套筒；(c) 减载键

连接螺栓数目 $z = 12$，要求紧密连接，气体不得泄漏，试确定螺栓直径及螺栓分布圆直径。

解　（1）确定每个螺栓的工作载荷 F。

根据题意，螺栓为同时承受预紧力 F_0 和工作拉力 F 的紧螺栓连接，合力 F_R 通过螺栓组形心，则每个螺栓受的轴向工作载荷为

$$F = \frac{F_R}{z} = \frac{\pi \times 400^2 \times 0.8}{4 \times 12} = 8378 (\text{N})$$

（2）确定每个螺栓的总载荷 F_R。

因气缸有密封要求，取残余预紧力　　　　$F_0' = 1.8F = 1.8 \times 8378\text{N} = 15\ 080\ (\text{N})$

由式（11 - 33）得

$$F_\Sigma = F + F_0' = 8378 + 15\ 080 = 23\ 458 (\text{N})$$

（3）选择螺栓材料并确定许用应力 $[\sigma]$。

若选螺栓材料为 Q235，则由表 11 - 6 查材料的屈服极限 $\sigma_s = 240\text{MPa}$，若不控制预紧力，则螺栓的许用应力与其直径有关。假设螺栓直径为 M20 左右，查表 11 - 5 取安全系数 $S = 2$，则

$$[\sigma] = \frac{\sigma_s}{S} = \frac{240}{2} = 120 (\text{MPa})$$

（4）确定螺栓直径。

由式（11 - 34）得

$$d_1 \geqslant \sqrt{\frac{4 \times 1.3 F_\Sigma}{\pi [\sigma]}} = \sqrt{\frac{4 \times 1.3 \times 23\ 458}{\pi \times 120}} = 17.99 (\text{mm})$$

查螺纹标准 GB/T 196—2003，当公称直径 $d = 22\text{mm}$ 时，$d_1 = 19.294\text{mm} > 17.99\text{mm}$，故取 M22 螺栓与试选参数相符，合适。

（5）决定螺栓分布圆直径 D_0。

设油缸壁厚为 10mm，螺栓分布圆直径 D_0 为

$$\begin{aligned}
D_0 &= D + 2e + 2 \times 10 \\
&= 400 + 2 \times [d + (3 \sim 6)] + 2 \times 10 \\
&= 400 + 2 \times [22 + (3 \sim 6)] + 20 \\
&= 470 \sim 476 (\text{mm})
\end{aligned}$$

取 $D_0 = 472\text{mm}$，螺栓间距 t_0 为

$$t_0 = \frac{\pi D_0}{z} = \frac{\pi \times 472}{12} = 123.57(\text{mm})$$

查表 11-2，当 $p \leqslant 1.6\text{MPa}$ 时，$t_{0\text{max}} = 7d = 7 \times 22\text{mm} = 154\text{mm}$，$t_0 < t_{0\text{max}}$，故所选 D_0 及 z 合适。

11.7 键 连 接

键是一种标准零件，通常用来实现轴与轮毂之间的周向固定以传递转矩，如轴与轴上的旋转零件（齿轮、蜗轮等）或摆动零件（摇臂等）的连接，有的还能实现轴上零件的轴向固定或轴向滑动的导向。

键连接的主要类型有平键连接、半圆键连接、楔键连接和切向键连接。设计时，应根据各类键的结构和应用特点进行选择。下面介绍常用键的结构和应用特点。

11.7.1 平键连接

键连接根据用途的不同，平键分为普通平键、薄型平键、导向平键和滑键四种。其中，普通平键和薄型平键用于静连接，导向平键和滑键用于动连接。

1. 普通平键

图 11-33（a）所示为普通平键连接的结构形式。平键的两侧面为工作面，工作时，依靠键与键槽侧面的挤压传递转矩。键的上面与轮毂槽底之间留有间隙，为非工作面。平键连接具有结构简单，对中良好，装拆方便等优点，因而应用广泛，但它不能实现轴上零件的轴向固定。

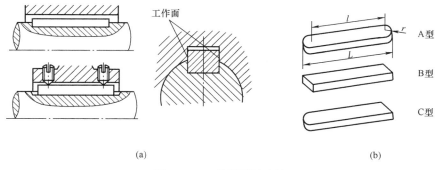

图 11-33 普通平键连接
(a) 平键的连接；(b) 平键的类型

普通平键连接用于轴与轮毂间无相对轴向移动的静连接，按端部形状可制成 A 型（圆头）、B 型（方头）和 C 型（单圆头）三种，见图 11-33（b）。圆头平键宜放在轴上用键槽铣刀铣出的键槽中，因而键的圆头部分不能充分利用。而且轴上键槽端部的应力集中较大。平头平键用盘形铣刀加工，轴的应力集中较小，但对于尺寸较大的键，最好用紧定螺钉固定在轴上的键槽中以防松动，见图 11-33（a）。单圆头平键常用于轴端与毂类零件的连接。

2. 薄型平键

薄型平键与普通平键的主要区别是键的高度为普通平键的 60%～70%，也分圆头、方头和单圆头三种形式，但传递转矩的能力较低，常用于薄壁结构、空心轴及一些径向尺寸受限制的场合。

3. 导向平键

导向平键用于动连接，按端部形状分 A 型和 B 型两种形式。导向平键的特点是键较长，能实现轴上零件的轴向移动。为了防止键松动，需用螺钉将键固定在轴上的键槽中；为了便于装拆，在键上制出起键螺纹孔（见图 11 - 34）。

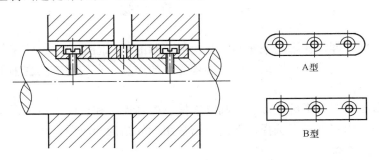

图 11 - 34　导向平键连接及其端部形状

4. 滑键

当零件需要滑移的距离较大时，因所需的导向平键长度较大，制造困难，所以在这种场合下，一般采用滑键连接，如图 11 - 35 所示。滑键固定在轮毂上，轮毂带动滑键在轴上的键槽中做轴向滑移。这样，只需要在轴上铣出较长的键槽，所以键可以做得很短。

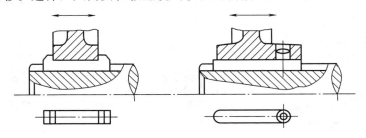

图 11 - 35　滑键连接

5. 平键连接的选用及强度校核

键的材料一般都采用强度极限 σ_b 不小于 600MPa 的碳素钢，一般用 45 钢。键的截面尺寸应按轴径 d 从键的标准中选取；键的长度 L 可略小于轮毂长度，从标准中选取。必要时要进行强度校核。

平键连接的主要失效形式有工作面被压溃（静连接）、工作面过度磨损（动连接），严重过载时也会出现键被剪断。

设计时，键的高度 h 和宽度 b 根据轴的直径 d 来选取，而键长 L 应根据轴上零件轮毂宽度 B 而定，通常 $L = B - (5 \sim 10)$mm。键的尺寸确定后，再进行强度校核。

设载荷为均匀分布，可得普通平键连接的挤压强度条件为

$$\sigma_p = \frac{2T}{dkl} = \frac{4T}{dhl} \leqslant [\sigma_p] \qquad (11 - 40)$$

式中　T——传递的转矩，N·mm；

d——轴的直径，mm；

k——键与轮槽的接触高度，mm；

l——键的工作长度，A 型 $l=L-b$，C 型 $l=L-b/2$，b 为键的宽度，mm；

h——键的高度，$h=2k$，mm；

$[\sigma_p]$——许用挤压应力，见表 11-7，MPa。

表 11-7　　　　　　键连接的许用挤压应力和许用压强　　　　　　　MPa

许用值	连接方式	轮毂材料	载 荷 性 质		
			静	轻度冲击	冲击
$[\sigma_p]$	静连接 （普通平键、半圆键）	钢	120～150	100～120	60～90
		铸铁	70～80	50～60	30～45
$[p]$	动连接 （导向平键）	钢	50	40	30

注　当被连接表面经过淬火时，$[p]$ 可提高 2～3 倍。

对于导向平键连接（动连接），计算的依据是磨损，应限制其工作面上的压强

$$p = \frac{4T}{dhl} \leqslant [p] \tag{11-41}$$

式中　　$[p]$——许用压强，见表 11-7，MPa。

若强度不够时，可适当增加键长 l。如果使用一个平键不能满足强度要求时，可采用两个平键按 180°布置。考虑到载荷分布的不均匀性，双键连接的强度只按 1.5 个键计算。

11.7.2　半圆键连接

半圆键连接如图 11-36 所示，半圆键的侧面为半圆形，工作原理与平键相同，其两侧面是工作面，轴上键槽用尺寸与键相同的盘状铣刀铣出，故键可在槽中绕键的几何中心摆动，以适应轮毂键槽底面的斜度，安装极为方便。半圆键连接的缺点是轴上的键槽较深，对轴的强度削弱较大，所以主要用于轻载或锥形轴端与轮毂的辅助连接。半圆键用于静连接，当安装两个半圆键时，两键槽应布置在轴的同一母线上。

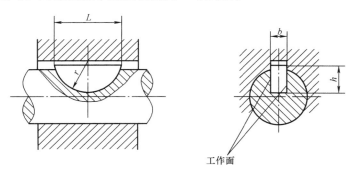

图 11-36　半圆键连接

11.7.3　楔键连接

楔键连接如图 11-37 所示，楔键连接的特点是：键的上、下两面是工作面，楔键的上表面和轮毂键槽的底面都有 1∶100 的斜度。装配时通常是先将轮毂装好，再将楔键打入，

使楔键楔紧在轮毂槽和轴槽之间，靠工作面的挤压应力产生的摩擦力传递转矩，并能起到轴向固定零件的作用，同时能承受一定的单向轴向载荷。楔键连接的缺点是楔紧后，轴和轮毂的配合处产生偏心与倾斜。因此，楔键连接主要用于定心精度要求不高和低速的场合。

楔键分为普通楔键和钩头楔键两种［见图 11-37（b）］。钩头楔键的钩头是供装拆使用的。如果楔键安装在外露的轴端场合，应注意加防护罩。

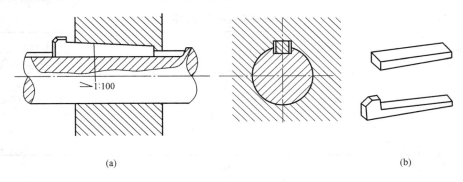

(a)　　　　　　　　　　　　　　　　　　　　　　(b)

图 11-37　楔键连接
（a）楔键连接示意；（b）楔键的类型

11.7.4　切向键连接

切向键连接如图 11-38 所示，是由一对楔键组成。装配时将两键楔紧，键的窄面是工作面，工作面上的压力沿轴的切线方向作用，工作时，靠工作面上的挤压力及轴与毂间的摩擦力来传递转矩。

用一个切向键只能传递单向转矩，当要传递双向转矩时，必须使用两个切向键，两个切向键之间的夹角为 120°～130°。由于切向键的键槽对轴的削弱较大，因而只适用于直径大于 100mm 的轴上。切向键连接能传递很大的转矩，主要用于对中要求不高的重型机械中。

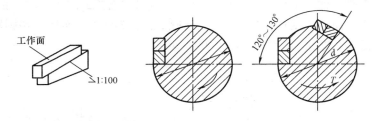

图 11-38　切向键连接

11.7.5　花键连接

如图 11-39 所示，由轴和毂孔上的多个键齿组成的连接称为花键连接。当轴、毂连接传递的载荷较大或对定心精度要求较高时，可采用花键连接。花键齿的侧面是工作面。花键连接的承载能力高、定心性和导向性好，对轴和毂的强度削弱较少，但需要专用设备和工具才能加工花键，成本较高。

花键连接按其齿形不同，分为一般常用的矩形花键和强度较高的渐开线花键。

1．矩形花键连接

矩形花键连接如图 11-40 所示。矩形花键已标准化，按齿高的不同，矩形花键的齿形尺寸在标准中规定了两个系列，即轻系列和中系列。轻系列的承载能力较小，多用于静连接或轻载连接；中系列多用于中等载荷的连接。

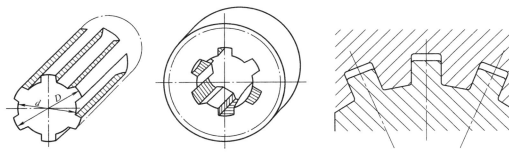

图 11-39　花键连接　　　　　图 11-40　矩形花键连接和定心方式

矩形花键的定心方式为小径定心（见图 11-40），即外花键和内花键的小径为配合面。其特点是定心精度高，定心稳定性好，可通过磨削的方法消除热处理引起的变形，矩形花键在连接中应用广泛。

2. 渐开线花键连接

渐开线花键连接如图 11-41 所示。渐开线的齿廓是渐开线，分度圆压力角有 30° 和 45° 两种（见图 11-41），齿顶高分别是 $0.4m$ 和 $0.5m$，此处 m 为模数，图中 d_i 为渐开线花键的分度圆直径。与渐开线齿轮相比，渐开线花键齿较短，齿根较宽，不发生根切的最少齿数较少。

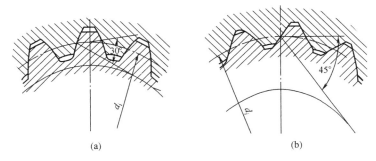

(a)　　　　　　　　　(b)

图 11-41　渐开线花键连接

(a) 压力角为 30°；(b) 压力角为 45°

渐开线花键可以用制造齿轮的方法加工，工艺性好，制造精度高，花键齿的根部强度高，应力集中小，易于定心。当传递的转矩较大且轴颈也大时，宜采用渐开线花键连接。压力角为 45° 的渐开线花键，由于齿形钝而短，与压力角为 30° 的渐开线花键相比，对连接件的削弱较小，但齿的工作面高度也较小，故承载能力较低，大多用于载荷较轻、直径较小的静连接，特别适用于薄壁零件的轴毂连接。

渐开线花键的定心方式为齿形定心。当花键齿受载时，齿上的径向力能起到自动定心的作用，有利于各齿均匀受载。

3. 花键连接的强度校核

花键连接的主要失效形式是齿面压溃（静连接）和磨损（动连接），一般需进行连接的挤压强度或耐磨性的条件性计算。

如图 11-39 所示，假设压力在各齿的工作长度上均匀分布，各齿压力的合力 N 作用在平均直径 d_m 处，则花键连接的强度计算式为

静连接

$$\sigma_p = \frac{2T}{\psi z h l d_m} \leqslant [\sigma_p] \tag{11-42}$$

动连接

$$p = \frac{2T}{\psi z h l d_m} \leqslant [p] \tag{11-43}$$

式中 ψ——齿间载荷分配不均匀系数，一般取 $0.7\sim0.8$；

z——花键的齿数；

h——花键齿侧面的工作高度，mm；

l——齿的工作长度，mm；

d_m——花键的平均直径，mm。

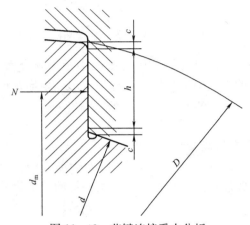

图 11-42 花键连接受力分析

其中，对矩形花键 $h = 0.5(D-d) - 2c$，其中 D 和 d 分别为花键轴的外径和内径，c 为齿顶的倒圆半径，对渐开线花键 $h = m$，m 为模数。对矩形花键 $d_m = 0.5(D+d)$，对渐开线花键 $d_m = d$，d 为分度圆直径。

花键连接的许用挤压应力和许用压强见表 11-8。

表 11-8   花键连接的许用挤压应力和许用压强   MPa

连接的工作方式	许用值	工作条件	齿面未经热处理	齿面经过热处理
静载荷	$[\sigma_p]$	不良	35~55	40~70
		中等	60~100	100~140
		良好	80~120	120~200
空载时移动的动连接	$[p]$	不良	15~20	20~35
		中等	20~30	30~60
		良好	25~40	40~70
承载时移动的动连接	$[p]$	不良	—	3~10
		中等	—	5~15
		良好	—	10~20

思考题与习题

11-1 试比较普通螺纹、矩形螺纹、梯形螺纹、锯齿形螺纹的特点，各举一例说明其应用。

11-2 螺纹的主要参数有哪些？螺距和导程有何不同？螺纹连接的主要类型有哪几种？如何合理选用？

11-3　试证明具有自锁性的螺旋传动，其效率恒小于 50%。

11-4　试计算 M20、M20×1.5 螺纹的升角，并指出哪种螺纹的自锁性较好。

11-5　分析活塞式空气压缩机气缸盖连接螺栓在工作时的受力变化情况，它的最大应力、最小应力将如何得出？当气缸内的最高压力提高时，它的最大应力、最小应力将如何变化？

11-6　螺纹连接为什么要防松？按防松原理可分为几类？

11-7　在受横向载荷的螺栓组连接中，什么情况下宜采用铰制孔用螺栓？在强度计算中，为什么要将螺栓所受的载荷增加 30%？

11-8　受拉伸载荷作用的紧螺栓连接中，为什么总载荷不是预紧力和拉伸载荷之和？

11-9　如图 11-43 所示，由两块板和一块承重板焊成的龙门起重机导轨托架，两边板各用 4 个螺栓与工字钢立柱连接，托架承受的最大载荷为 $R=20$kN，问：

(1) 此连接采用普通螺栓还是铰制孔用螺栓连接合适？

(2) 若用普通螺栓连接，已知螺栓材料为 45 钢，6.8 级，试确定螺栓直径。

11-10　图 11-44 所示为气缸盖螺栓连接，气缸中的压强为 $p=1.2$MPa，气缸内直径为 $D=200$mm。为了保证气缸紧密性要求，取残余预紧力为 $F'=1.5F$（F 为螺栓所受的轴向工作拉力）。螺栓数目 $z=12$，试设计此螺栓连接。

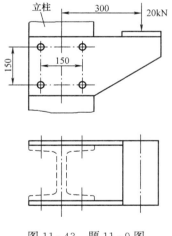

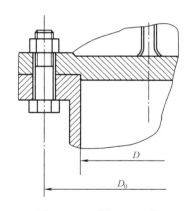

图 11-43　题 11-9 图　　　　　　　图 11-44　题 11-10 图

11-11　带式输送机的凸缘联轴器（见图 11-45），用 4 个普通螺栓连接，$D_0=125$mm，传递转矩 $T=200$N·m，联轴器接合面上的摩擦系数 $f=0.15$，试计算螺栓直径。

11-12　如图 11-46 所示，一个钢制接长柄扳手，用两个普通螺栓连接。已知扳拧力 $F=200$N，尺寸如图所示，试确定普通螺栓直径（装配时不控制预紧力）。如果改用铰制孔用螺栓连接，计算所需直径。接合面间的摩擦系数取 $f=0.15$。

11-13　试比较平键与楔键的工作原理有何差异。

11-14　薄型平键连接与普通平键连接相比，在使用场合、结构尺寸和承载能力上有何区别？

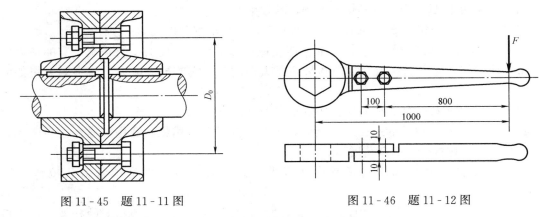

图 11-45　题 11-11 图　　　　　　　　图 11-46　题 11-12 图

11-15　套筒联轴器用平键与轴连接。已知轴径 $d=35\text{mm}$，轴径长 $L=60\text{mm}$，联轴器材料为铸铁，承受静载荷。套筒外径 $D=90\text{mm}$，试画出连接的结构图并计算连接传递转矩的大小。

第 12 章 轴 承

轴承的功用是支承轴及轴上零件，保持轴的旋转精度，减少转轴与支承之间的摩擦和磨损。

轴承可分为滚动轴承和滑动轴承两大类。虽然滚动轴承具有一系列优点，在一般机器中获得了广泛的应用，但是在高速、高精度、重载、结构上要求剖分等场合下，滑动轴承便显示出其优异的性能。因而，在汽轮机、离心式压缩机、内燃机、大型电机中多采用滑动轴承。此外，在低速但带有冲击的机器，如水泥搅拌机、滚筒清砂机、破碎机等中也常采用滑动轴承。

12.1 滚动轴承的类型和代号

12.1.1 滚动轴承的组成

滚动轴承的基本结构如图 12-1 所示，它由内圈、外圈、滚动体和保持架组成。内圈用来和轴颈装配，外圈用来和轴承座孔装配。通常是内圈随轴颈回转，外圈固定，但也可用于外圈回转而内圈不动，或是内、外圈同时回转的场合。当内、外圈之间相对旋转时，滚动体沿着套圈上的滚道滚动，使相对运动表面间的滑动摩擦变为滚动摩擦。保持架的主要作用是均匀地隔开滚动体。

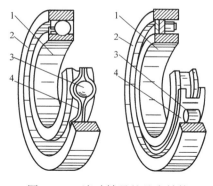

图 12-1 滚动轴承的基本结构
1—内圈；2—外圈；3—滚动体；4—保持架

滚动体与内、外圈的材料应具有高的硬度和接触疲劳强度，以及良好的耐磨性和冲击韧性，一般用铬锰高碳合金钢（GCr6、GCr9、GCr15、GCr15SiMn 等）制造，经淬火后硬度可达 61～65HRC，工作表面需经磨削和抛光。

12.1.2 滚动轴承的类型和特点

滚动体与套圈滚道接触处的法线方向与轴承的径向平面（垂直于轴承轴心线的平面）之间的夹角，称为公称接触角。它表明了轴承承受轴向载荷和径向载荷的能力分配关系，是轴承的性能参数。接触角越大，承受轴向载荷的能力也越大。各类轴承的公称接触角见表 12-1。

按承受载荷方向或公称接触角的不同，可分为向心轴承和推力轴承。

（1）向心轴承。主要承受径向载荷，其公称接触角为 $0°～45°$。其中，径向轴承（如深沟球轴承、圆柱滚子轴承等），$\alpha=0°$；向心接触轴承（如角接触球轴承、圆锥滚子轴承等），$0°<\alpha\leqslant45°$。

（2）推力轴承。主要承受轴向载荷，其公称接触角为 $45°<\alpha\leqslant90°$。其中，轴向接触轴承（如推力球轴承、推力圆柱滚子轴承等），$\alpha=90°$；推力接触轴承（如推力角接触球轴承、推力调心轴承等），$45°<\alpha<90°$。

表 12 - 1　　　　　　　　　　　　　　　各类轴承的公称接触角

轴承类型	向 心 轴 承		推 力 轴 承	
	径向接触轴承	向心角接触轴承	推力角接触轴承	轴向接触轴承
公称接触角 α	$\alpha = 0°$	$0° < \alpha \leqslant 45°$	$45° < \alpha < 90°$	$\alpha = 90°$
轴承举例	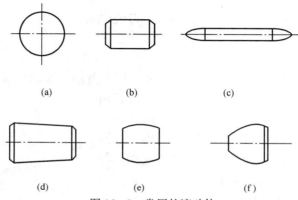			
	深沟球轴承	角接触球轴承	推力调心滚子轴承	推力球轴承

　　按照滚动体的形状不同，滚动轴承可分为球轴承和滚子轴承。滚子又可分为圆柱滚子、圆锥滚子、球面滚子、滚针等，如图 12 - 2 所示。

图 12 - 2　常用的滚动体

（a）球；（b）短圆柱；（c）滚针；
（d）圆锥滚子；（e）鼓形滚子；（f）锥曲面滚子

滚动轴承的类型很多，常用滚动轴承的类型及性能特点见表 12 - 2。

表 12 - 2　　　　　　　　　　常用滚动轴承的类型及性能特点

轴承类型	简图	类型代号	尺寸系列代号	组合代号	极限转速	性能特点
调心球轴承		1	（0）2	12	中	调心性能好，允许内、外圈轴线相对偏斜 $1.5° \sim 3°$。可承受径向载荷及不大的轴向载荷，不宜承受纯轴向载荷
		（1）	22	22		
		1	（0）3	13		
		（1）	23	23		
调心滚子轴承		2	22	222	低	性能与调心球轴承相似，但具有较高承载能力。允许内、外圈轴相对偏斜 $1° \sim 2.5°$
			23	223		
			31	231		
			32	232		

轴承类型	简图	类型代号	尺寸系列代号	组合代号	极限转速	性能特点
圆锥滚子轴承		3	02 03 22 23	302 303 322 323	中	能同时承受径向和轴向载荷，承载能力大。这类轴承内外圈可分离，安装方便。在径向载荷作用下，将产生附加轴向力，因此一般都成对使用
推力球轴承		5	11 12 13 14	511 512 513 514	低	只能承受轴向载荷。安装时轴线必须与轴承座底面垂直。在工作时应保持一定的轴向载荷。双向推力轴承能承受双向轴向载荷
双向推力球轴承		5	22 23 24	522 523 524		
深沟球轴承		6	(1) 0 (0) 2 (0) 3 (0) 4	60 62 63 64	高	主要承受径向载荷，也可承受一定的轴向载荷，摩擦阻力小。在转速较高而不宜采用推力轴承时，可用来承受纯轴向载荷。价廉，应用广泛
角接触球轴承		7	(1) 0 (0) 2 (0) 3 (0) 4	70 72 73 74	高	能同时承受径向和轴向载荷，并可以承受纯轴向载荷。在承受径向载荷时，将产生附加轴向力，一般成对使用。轴承接触角有 15°、25° 和 40° 三种。轴向承受能力随接触角的增大而提高
圆柱滚子轴承		N	10 (0) 2 22 (0) 3 (0) 4	N10 N2 N22 N3 N4	高	能承受较大径向载荷。内、外圈分离，可做轴向相对移动，不能承受轴向载荷。另有 NU、NJ、NF 等形式
滚针轴承		NA	49	轴承基本代号 NA4900	低	径向尺寸小，只能承受径向载荷，价廉。内、外圈分离，可做少量轴向相对移动

注　表中括号内的数字在组合代号中省略。

12.1.3 滚动轴承的代号

在常用的各类滚动轴承中，为了适应不同的技术要求，每种类型的轴承在结构、尺寸、精度等方面又各不相同。为了便于生产和使用，GB/T 272—2017 规定了轴承代号的表示方法。滚动轴承的代号由前置代号、基本代号和后置代号组成，用字母和数字表示，见表 12-3。

表 12-3　轴承代号的组成

<table>
<tr><td colspan="6">轴承代号</td></tr>
<tr><td rowspan="4">前置代号</td><td colspan="4">基本代号</td><td rowspan="4">后置代号</td></tr>
<tr><td colspan="3">轴承系列</td><td rowspan="3">内径代号</td></tr>
<tr><td rowspan="2">类型代号</td><td colspan="2">尺寸系列代号</td></tr>
<tr><td>宽度（或高度）系列代号</td><td>直径系列代号</td></tr>
</table>

1. 基本代号

基本代号是轴承代号的基础，由类型代号、尺寸系列代号和内径代号构成。

（1）类型代号。类型代号用数字或字母表示。常用滚动轴承的类型代号见表 12-2。

（2）尺寸系列代号。尺寸系列代号用数字表示，由轴承的宽（高）度系列代号和直径系列代号组合而成，见表 12-2。

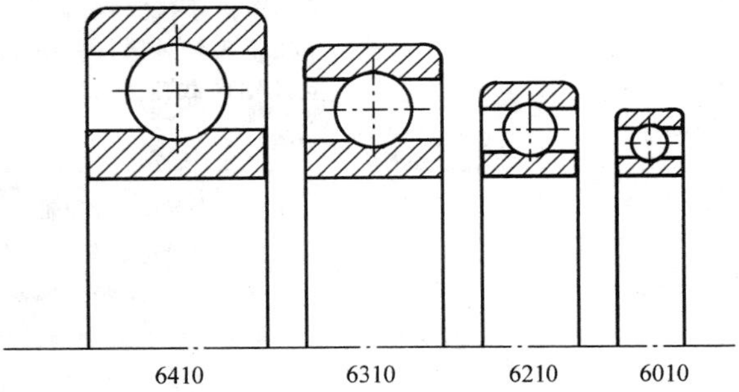
6410
6310
6210
6010

图 12-3　直径系列的对比

1）直径系列代号（即结构相同、内径相同的轴承在外径方面的变化系列）。直径系列代号有 7、8、9、0、1、2、3、4 和 5，对应于相同内径轴承的外径尺寸依次递增。部分直径系列之间的尺寸对比如图 12-3 所示。

2）宽度系列代号（即结构、内径和直径系列都相同的轴承，在宽度方面的变化系列。对于推力轴承是指高度系列）。宽度系列代号有 8、0、1、2、3、4、5 和 6，对应同一直径系列的轴承，其宽度依次递增。多数轴承在代号中不标出代号 0，但对于调心滚子轴承和圆锥滚子轴承，宽度系列代号 0 应标出。

常用轴承的尺寸系列代号见表 12-4。

表 12-4　常用轴承尺寸系列代号

<table>
<tr><td rowspan="5">直径系列代号</td><td colspan="3">向心轴承</td><td colspan="3">推力轴承</td></tr>
<tr><td colspan="3">宽度系列代号</td><td colspan="3">高度系列代号</td></tr>
<tr><td>(0)</td><td>1</td><td>2</td><td>1</td><td colspan="2">2</td></tr>
<tr><td>窄</td><td>正常</td><td>宽</td><td colspan="3">正常</td></tr>
<tr><td colspan="6">尺寸系列代号</td></tr>
<tr><td>0
1</td><td>特轻</td><td>(0) 0
(0) 1</td><td>10
11</td><td>20
21</td><td>10
11</td><td>—</td></tr>
</table>

直径系列代号	向心轴承			推力轴承	
	宽度系列代号			高度系列代号	
	(0)	1	2	1	2
	窄	正常	宽	正常	
	尺寸系列代号				
2	轻	(0) 2	12	22	12	22
3	中	(0) 3	13	23	13	23
4	重	(0) 4	—	24	14	24

（3）内径代号。对常用公称内径 $d=20\sim480\text{mm}$ 的轴承，内径代号为公称内径除以 5 的商数，若所得商数为个位数，需在左边加"0"，例如，04 表示 $d=20\text{mm}$，12 表示 $d=60\text{mm}$ 等。内径代号还有一些例外的，如对于内径为 10、12、15、17mm 的轴承，内径代号依次为 00、01、02 和 03，见表 12 - 5。

表 12 - 5　　　　　　　　　　　　轴承内径代号

内径代号	00	01	02	03	04～99
轴承内径尺寸（mm）	10	12	15	17	数字×5

2. 前置、后置代号

前置、后置代号是轴承在结构形状、尺寸、公差、技术要求等有改变时，在其基本代号左、右添加的补充代号。

（1）前置代号。用字母表示成套轴承的分部件。前置代号及其含义可参阅机械设计手册。

（2）后置代号。用字母（或加数字）表示，置于基本代号右边，并与基本代号空半个汉字距离或用符号"—""/"分隔。轴承后置代号见表 12 - 6。

表 12 - 6　　　　　　　　　　　　轴承后置代号

后置代号（组）	1	2	3	4	5	6	7	8	9
含义	内部结构	密封与防尘，与外部形状	保持架及其材料	轴承零件材料	公差等级	游隙	配置	振动与噪声	其他

1）内部结构代号。表示同一类型轴承的不同内部结构，用字母紧跟着基本代号表示。如：角接触球轴承的公称接触角 α 有 15°、25°和 40°三种，分别用 C、AC 和 B 紧跟着基本代号表示。常见轴承内部结构代号见表 12 - 7。

表 12 - 7　　　　　　　　　　　　轴承内部结构代号

轴承类型	代号	含义	示例
角接触球轴承	B	$\alpha=40°$	7210B
	C	$\alpha=15°$	7005C
	AC	$\alpha=25°$	7210AC
圆锥滚子轴承	B	接触角 α 加大	32310B
	E	加强型	NU207E

2）公差等级代号。轴承公差等级有普通级、6、6x、5、4、2级，共有6个级别。其代号分别用/PN、/P6、/P6x、/P5、/P4和/P2表示。普通级在轴承代号中不标出，2级最高，6x级仅用于圆锥滚子轴承。轴承公差等级代号见表12-8。

表 12-8 轴承公差等级代号

代号	/PN	/P6	/P6x	/P5	/P4	/P2
公差等级符合标准规定的	普通级	6级	6x级	5级	4级	2级
示例	6203	6203/P6	30210/P6x	6203/P5	6203/P4	6203/P2

3）游隙代号。C2、CN、C3、C4、C5分别表示轴承径向间隙，游隙量依次由小到大。CN为基本组游隙，常被优先采用，在轴承代号中可不标出。

公差等级代号与游隙代号需同时表示时，可进行简化，取公差等级代号加上游隙组号（N不表示）组合表示。例如，/P63表示轴承公差等级6级，径向游隙3组；/P52表示轴承公差等级5级，径向游隙2组。

轴承代号示例：

6308/P4——内径为40mm的深沟球轴承，尺寸系列为03，4级公差，N组游隙。

   7211C——内径为55mm角接触球轴承，尺寸系列为02，接触角15°，0级公差，N组游隙。

N408/P5——内径为40mm的外圈无挡边圆柱滚子轴承，尺寸系列为04，5级公差，N组游隙。

【例12-1】 试说明滚动轴承代号62203和7312AC/P6的含义。

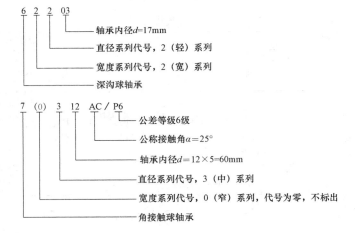

12.1.4 滚动轴承类型的选择

选择滚动轴承的类型应考虑轴承所承受载荷的大小、方向和性质，转速的高低，调心性能要求，轴承的装拆，经济性等。

1. 轴承的载荷

载荷较大且有冲击时，宜选用滚子轴承。载荷较轻且冲击较小时，选球轴承。同时承受径向和轴向载荷，当轴向载荷相对较小时，可选用深沟球轴承或接触角较小的角接触球轴承；当轴向载荷相对较大时，应选接触角较大的角接触球轴承或圆锥滚子轴承。

2. 轴承转速

轴承的工作转速应低于其极限转速。球轴承（推力球轴承除外）较滚子轴承极限转速高。当转速较高时，应优先选用球轴承。在同类型轴承中，直径系列中外径较小的轴承适用于高速，外径较大的轴承适用于低速。

3. 轴承调心性能

在轴的弯曲变形大、跨距大、轴承座刚度低，或多支点轴及轴承座分别安装难以对中的场合，应选用调心轴承。

4. 轴承的安装

对需经常装拆的轴承或支持长轴的轴承，为了便于装拆，宜选用内、外圈可分离的轴承，如 N0000、NA0000、30000 等。

5. 经济性

特殊结构轴承比一般结构轴承价格高；滚子轴承比球轴承价格高；同型号而不同公差等级的轴承，价格差别很大。所以，在满足使用要求的情况下，应先选用球轴承和 0 级（普通级）公差轴承。

12.2　滚动轴承的寿命和选择计算

12.2.1　轴承的失效形式

滚动轴承工作时内、外套圈间有相对运动，滚动体既自转又围绕轴承中心公转，滚动体和套圈分别受到不同的脉动接触应力。根据工作情况，滚动轴承的失效形式主要有以下几种：

（1）疲劳点蚀。滚动轴承工作过程中，滚动体相对内圈（或外圈）不断地转动，因此滚动体与滚道接触表面受变应力，此变应力可近似看作按脉动循环变化。由于脉动接触应力的反复作用，便在滚动体或滚道的表面形成疲劳点蚀，这是滚动轴承的主要失效形式。

（2）塑性变形。当轴承转速很低或间歇摆动时，一般不会产生疲劳点蚀。但在很大的静载荷或冲击载荷作用下，会使轴承滚道和滚动体接触处产生塑性变形。

（3）磨粒磨损。在多尘条件工作的滚动轴承，虽然采用密封装置，滚动体与套圈仍有可能产生磨粒磨损。据统计，在拖拉机中，滚动轴承由于磨粒磨损失效的约为点蚀失效的 2.5 倍。

（4）胶合。圆锥滚子轴承滚子大端与套圈挡边、推力球轴承滚动体与保持架、滚道之间在工作时都有可能产生滑动摩擦，由于润滑不充分等原因引起表面发热，甚至于滚动体回火，进而产生胶合现象。速度越高，发热量越大，发生胶合的可能性也越高。

此外，还有锈蚀、电腐蚀，以及由于操作和维护不当引起的元件破裂等失效形式。

12.2.2　滚动轴承的寿命

轴承的内圈、外圈或滚动体中任一元件上出现疲劳点蚀前轴承转过的总转数或在一定的转速下轴承工作的总小时数称为轴承的寿命。同样类型、尺寸的一批轴承，在相同的条件下，由于材料、热处理、加工、装配等不可能完全一样，各轴承的寿命并不相同，有时相差很多倍。所以不能以单个轴承的寿命作为计算的依据，而是以基本额定寿命作为计算依据。

轴承的可靠性与寿命之间的关系如图 12-4 所示。可靠性常用可靠度 R 度量。一组相同轴承能达到规定寿命的百分率，称为轴承寿命的可靠度。当寿命 L 为 $1\times10^6 r$（转）时，可靠度 R 为 90%；L 为 $5\times10^6 r$（转）时，可靠度 R 为 50%。

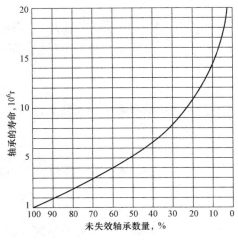

图 12-4　滚动轴承的寿命分布

轴承的基本额定寿命是指一组相同的轴承，在相同的条件下运转，其中 90% 的轴承不发生点蚀破坏前的总转数 L（单位为 $10^6 r$）或一定转速下的工作小时数，即可靠度 $R=90\%$ 时的轴承寿命。

轴承的寿命与所受载荷的大小有关，工作载荷越大，引起的接触应力也就越大，因而在发生点蚀破坏前所能经受的应力变化次数也就越少，轴承的寿命越短。所谓轴承的基本额定动载荷，就是使轴承的基本额定寿命恰好为 $10^6 r$ 时，轴承所能承受的载荷，用字母 C 代表。这个基本额定动载荷，对向心轴承，指的是纯径向载荷，并称为径向基本额定动载荷，具体用 C_r 表示；对推力轴承，指的是纯轴向载荷，并称为轴向基本额定动载荷，具体用 C_a 表示；对角接触球轴承或圆锥滚子轴承，指的是套圈间产生纯径向位移的载荷的径向分量。

12.2.3　滚动轴承寿命的计算公式

大量试验表明，对于相同型号的轴承，滚动轴承的寿命随载荷的增大而降低，轴承的载荷-寿命曲线如图 12-5 所示。曲线上相应于寿命 $L=1\times10^6 r$ 的载荷，即为 6207 轴承的基本额定动载荷 C。滚动轴承的基本额定寿命 L（$10^6 r$）与轴承载荷、基本额定动载荷之间的关系为

$$L = \left(\frac{C}{P}\right)^{\varepsilon} \qquad (12-1)$$

实际计算时，用小时数表示轴承的寿命更为方便。令 L_h 为以小时为单位的基本额定寿命，可将式（12-1）可改写为

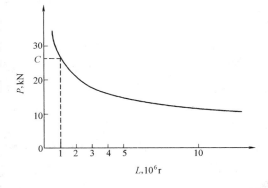

图 12-5　轴承的载荷-寿命曲线

$$L_h = \frac{10^6}{60n}\left(\frac{C}{P}\right)^{\varepsilon} \qquad (12-2)$$

式中　C——基本额定动载荷，N；

　　　P——当量动载荷，N；

　　　n——轴承的转数，r/min；

　　　ε——寿命指数，球轴承 $\varepsilon=3$，滚子轴承 $\varepsilon=\dfrac{10}{3}$。

考虑到机器工作时振动、冲击对轴承寿命的影响，引入载荷系数 f_p，见表 12-9。当轴承工作温度高于 120℃ 时，其基本额定动载荷 C 的值将降低，故引进温度系数 f_t（$f_t\leqslant1$），见表 12-10，对 C 值予以修正。

表 12 - 9   载 荷 系 数 f_p

载荷性质	无冲击或轻微冲击	中等冲击	强烈冲击
f_p	1.0~1.2	1.2~1.8	1.8~3.0

表 12 - 10   温 度 系 数 f_t

轴承工作温度（℃）	≤120	125	150	175	200	225	250	300	350
温度系数	1.00	0.95	0.90	0.85	0.80	0.75	0.70	0.60	0.50

引入温度系数和载荷系数后，轴承寿命计算式可写为

$$L_h = \frac{10^6}{60n}\left(\frac{f_t C}{f_p P}\right)^{\varepsilon}$$

$$C = \frac{f_p P}{f_t}\left(\frac{60n}{10^6}L_h\right)^{\frac{1}{\varepsilon}}$$

(12 - 3)

式（12 - 3）是设计计算时常用的轴承寿命计算式，由此可确定轴承的寿命或型号。各类机器中轴承预期寿命 L_h 的参考值见表 12 - 11。

表 12 - 11   轴承预期寿命 L_h 的参考值

使 用 条 件	预期使用命（h）
不经常使用的仪器和设备	300~3000
短期或间断使用的机械	3000~8000
间断使用，使用中不允许中断	8000~12 000
每天 8h 小时，经常不足满负荷	10 000~25 000
每天 8h 工作，满负荷使用	20 000~30 000
24h 连续工作，允许中断	40 000~50 000
24h 连续工作，不允许中断	100 000 以上

12.2.4 滚动轴承的当量动载荷

当轴承受到径向载荷 F_r 和轴向载荷 F_a 复合作用时，为了在计算轴承寿命时能与基本额定动载荷做等价比较，需将实际工作载荷转化为等效的当量动载荷 P。P 的含义是轴承在当量动载荷 P 作用下的寿命与在实际工作载荷条件下的寿命相等。当量动载荷的计算公式为

$$P = XF_r + YF_a$$

(12 - 4)

式中 F_r、F_a——轴承的径向载荷和轴向载荷；

   X、Y——径向系数和轴向系数，各类轴承的 X、Y 值可以从滚动轴承产品样本或设计手册中查到。

X、Y 的数值与 $\frac{F_a}{F_r}$ 值有关，当 $\frac{F_a}{F_r} \leqslant e$ 或 $\frac{F_a}{F_r} > e$ 时，X、Y 有不同的值，见表 12 - 12。这里 e 是一个判断系数。

表 12 - 12　　　　　　　　　　**滚动轴承当量动载荷 X、Y 系数**

轴承类型		F_a/C_{or}	e	单列轴承				双列轴承（或成对安装单列轴承）			
				$F_a/F_r \leqslant e$		$F_a/F_r > e$		$F_a/F_r \leqslant e$		$F_a/F_r > e$	
				X	Y	X	Y	X	Y	X	Y
深沟球轴承	60000	0.014	0.19	1	0	0.56	2.30	1	0	0.56	2.30
		0.028	0.22				1.99				1.99
		0.056	0.26				1.71				1.71
		0.084	0.28				1.55				1.55
		0.11	0.30				1.45				1.45
		0.17	0.34				1.31				1.31
		0.28	0.38				1.15				1.15
		0.42	0.42				1.04				1.04
		0.56	0.44				1.00				1.00
角接触球轴承	70000C $\alpha=15°$	0.015	0.38	1	0	0.44	1.47	1	1.65	0.72	2.39
		0.029	0.40				1.40		1.57		2.28
		0.058	0.43				1.30		1.46		2.11
		0.087	0.46				1.23		1.38		2.00
		0.12	0.47				1.19		1.34		1.93
		0.17	0.50				1.12		1.26		1.82
		0.29	0.55				1.02		1.14		1.66
		0.44	0.56				1.00		1.12		1.63
		0.58	0.56				1.00		1.12		1.63
	70000AC $\alpha=25°$	—	0.68	1	0	0.41	0.87	1	0.92	0.67	1.41
调心球轴承	10000	—	$1.5\tan\alpha$	1	0	0.4	$0.4\cot\alpha$	1	$0.42\cot\alpha$	0.65	$0.65\cot\alpha$
圆锥滚子轴承	30000	—	$1.5\tan\alpha$	1	0	0.4	$0.4\cot\alpha$	1	$0.45\cot\alpha$	0.67	$0.67\cot\alpha$
调心滚子轴承	20000	—	$1.5\tan\alpha$	—	—	—	—	1	$0.45\cot\alpha$	0.67	$0.67\cot\alpha$

　　按照式（12-4）计算当量动载荷时，对于只能承受径向载荷的圆柱滚子轴承及滚针轴承，$P=XF_r$；对于只能承受轴向载荷的推力轴承，$P=YF_a$；对于角接触轴承（角接触球轴承、圆锥滚子轴承等），其当量动载荷的具体计算方法可参阅有关机械设计教科书或设计手册，这里不再做进一步介绍。

12.2.5　滚动轴承的静载荷计算

　　滚动轴承的静载荷计算对于工作在静止状态、缓慢摆动或以极低速回转的轴承，主要是防止滚动体与滚道接触处产生过大的塑性变形。为了保证轴承平稳地工作，需要进行静载荷计算。

　　将受载最大的滚动体与滚道接触产生的总永久变形量达到滚动体直径的万分之一时的载

荷，定为基本额定静载荷，用 C_0（径向 C_{0r}、轴向 C_{0a}）表示。

与当量动载荷类似，在计算时也需要将轴承上所受的外载荷换算成当量静载荷 P_0，其计算公式为

$$P_0 = X_0 F_r + Y_0 F_a \qquad (12\text{-}5)$$

式中 X_0、Y_0——静径向系数和静轴向系数。

如果 P_0 的计算值小于 F_r，则取 $P_0 = F_r$。

轴承静载荷计算的公式为

$$C_0 \geqslant S_0 P_0 \qquad (12\text{-}6)$$

式中 S_0——安全系数，见表 12-13；

C_0——基本额定静载荷。

表 12-13   **静 载 荷 安 全 系 数 S_0**

工作条件	旋 转 的 轴 承			非旋转或摆动的轴承
	运行时对低噪声的要求			
	较低	一般	较高	
无振动，一般场合	0.5~1	1~1.5	2~3.5	0.5~1
振动冲击场合	≥（1.5~2.5）	≥（1.5~3）	≥（2~4）	≥（1~2）

注 球轴承取小值，滚子轴承取大值。

【例 12-2】 在平稳载荷下工作的 6211 型轴承，工作转速 $n = 1460\text{r/min}$，承受径向载荷 $F_r = 2400\text{N}$，轴向载荷 $F_a = 1000\text{N}$，试计算该轴承的寿命。

解 （1）确定当量动载荷 P 值。

查附表 A-1，6211 轴承的 $C_{0r} = 29\,200\text{N}$，故 $F_a/C_{0r} = 1000/29\,200 = 0.034$。

由表 12-7 用插入法求出 $e = 0.23$，$F_a/F_r = 1000/2400 = 0.42 > e$。

查表 12-7，$X = 0.56$，用插入法求出 $Y = 1.93$，查表 12-4，取 $f_p = 1.0$。

则 $P = (XF_r + YF_a) = 0.56 \times 2400 + 1.93 \times 1000 = 3274$（N）。

（2）计算寿命。

查表 12-7，$C_r = 43\,200\text{N}$，$L_h = \dfrac{10^6}{60n}\left(\dfrac{f_t C}{f_p P}\right)^\varepsilon = \dfrac{10^6}{60 \times 1460} \times \left(\dfrac{43\,200}{3274}\right)^3 = 26\,225$（h）。

该轴承的寿命为 26 225h。

【例 12-3】 某传动装置中的高速轴由一对深沟球轴承支承。轴的转速 $n_1 = 1400\text{r/min}$，有轻微冲击。图 12-6 所示为轴承受力图，其 $F_{rI} = 800\text{N}$，$F_{rII} = 650\text{N}$，$F_a = 430\text{N}$，轴径 $d = 35\text{mm}$，使用寿命不低于 20 000h，试确定轴承型号。

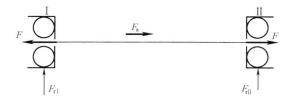

图 12-6 轴承受力图

解 计算 P 值。

预选 6207 轴承，查附表 A-1，$C_r = 25\ 500\text{N}$，$C_{0r} = 15\ 200\text{N}$，查表 12-4，取 $f_p = 1.2$。

由图 12-6 可知，轴承 Ⅰ 只受径向力，轴承 Ⅱ 受径向力和轴向力的复合作用。

故对于轴承 Ⅰ，$P_Ⅰ = F_{rⅠ} = 800\text{N}$。

对于轴承 Ⅱ，$F_a/C_{0r} = 430/15\ 200 = 0.028$，查表 12-6，得 $e = 0.22$，$F_a/F_{rⅡ} = 430/650 = 0.66 > e$。查表 12-7，得 $X = 0.56$，$Y = 1.99$，则

$$P_Ⅱ = XF_{rⅡ} + YF_a = 0.56 \times 650 + 1.99 \times 430 = 1219.7(\text{N})$$

为使两端采用同一型号的轴承，故按 $P = P_Ⅱ = 1219.7\text{N}$ 计算寿命。

计算轴承的寿命

$$L_h = \frac{10^6}{60n}\left(\frac{f_t C}{f_p P}\right)^\varepsilon = \frac{10^6}{60 \times 1400} \times \left(\frac{25\ 500}{1464}\right)^3 = 62\ 909.8(\text{h}) > 20\ 000\text{h}$$

故可选用 6207 轴承。

【例 12-4】 某工程机械传动装置中的轴支承，根据工作条件决定选用一对角接触球轴承（7210AC）面对面安装，如图 12-7 所示。已知轴承载荷 $F_{r1} = 2500\text{N}$，$F_{r2} = 2400\text{N}$，$F_A = 800\text{N}$，试求该轴承的寿命。

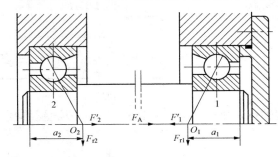

图 12-7 面对面安装的角接触轴承

解 （1）查表 12-7 得

$$e = 0.68$$

$$\left.\begin{array}{l} \dfrac{F_a}{F_r} \leqslant e, X = 1, Y = 0 \\[2mm] \dfrac{F_a}{F_r} > e, X = 0.41, Y = 0.87 \end{array}\right\} \quad (1)$$

（2）计算派生轴向力。

$$F_1' = eF_{r1} = 0.68 \times 2500 = 1700(\text{N})$$

$$F_2' = eF_{r2} = 0.68 \times 2400 = 1632(\text{N})$$

（3）计算各轴承的轴向力。

$$F_2' + F_A = 1632 + 800 = 2432(\text{N}) > 1700\text{N} = F_1'$$

轴有向右运动的趋势，轴承 1 被压紧，轴承 2 被放松。

$$F_{a2} = F_2' = 1632\text{N}$$

$$F_{a1} = F_2' + F_A = 1632 + 800 = 2432(\text{N})$$

（4）计算各轴承的当量载荷。

$$\frac{F_{a1}}{F_{r1}} = \frac{2432}{2500} = 0.961 > e = 0.68$$

由式（1）知 $X_1 = 0.41$，$Y_1 = 0.87$

$$P_1 = X_1 F_{r1} + Y_1 F_{a1} = 0.41 \times 2500 + 0.87 \times 2432 = 3140.84(\text{N})$$

$$\frac{F_{a2}}{F_{r2}} = \frac{1632}{2400} = 0.68 = e$$

由式（1）知 $X_2 = 1$，$Y_2 = 0$

$$P_2 = X_2 F_{r2} + Y_2 F_{a2} = 1 \times 2400 + 0 \times 1632 = 2400(\text{N})$$

（5）计算轴承的寿命。

$$P_1 = 3140\mathrm{N} > 2400\mathrm{N} = P_2$$

理论上轴承 1 先失效，设计时以轴承 1 为准，$P = 3140.84\mathrm{N}$。

查表 12 - 4，取 $f_P = 1.1$。

查表 12 - 5，取 $f_t = 1.0$。

查附表 A - 2，有 $C_r = 40.8\mathrm{kN} = 40\,800\mathrm{N}$。

球轴承，$\varepsilon = 3$。

$$L_{10} = \left(\frac{f_t C_r}{f_P P}\right)^\varepsilon = \left(\frac{1 \times 40\,800}{1.1 \times 3140.84}\right)^3 = 1646.89(10^6\,\mathrm{r})$$

该轴承的寿命为 $1.647 \times 10^9\,\mathrm{r}$。

12.3 滚动轴承的组合设计

为保证滚动轴承的正常工作，除了要合理选择轴承的类型和尺寸外，还必须正确、合理地进行轴承的组合设计，即正确解决轴承支承的刚度和同轴度、轴承的轴向位置固定、轴承的支承结构形式、轴承组合的调整、轴承的配合与装拆、轴承的润滑与密封等问题。

12.3.1 滚动轴承的支承结构

常用滚动轴承的支承结构有以下两种形式：

（1）两端固定式。如图 12 - 8（a）所示，使轴的两个支点中每一个支点都能限制轴的单向移动，两个支点合起来就限制了轴的双向移动，这种固定方式称为两端固定。它适用于工作温度变化不大的短轴。考虑到轴因受热伸长，在轴承盖与外圈端面之间应留出热补偿间隙 c，$c = 0.2 \sim 0.4\mathrm{mm}$，见图 12 - 8（b）。

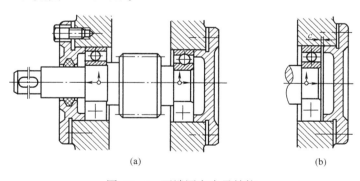

(a)　　　　　　　　　　　　(b)

图 12 - 8　两端固定支承结构

（2）一端固定，一端游动式。这种固定方式是在两个支点中使一个支点双向固定以承受轴向力，另一个支点可作轴向游隙，见图 12 - 9。可作轴向游动的支点称为游动支点，显然它不能承受轴向载荷。选用深沟球轴承作为游动支点时，应在轴承外圈与轴承盖间留适当间隙，见图 12 - 9（a）；选用圆柱滚子轴承时，则轴承外圈应双向固定，见图 12 - 9（b），以免内、外圈同时移动，造成过大错位。这种固定方式，适用于温度变化较大的长轴。

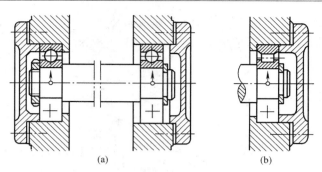

(a)　　　　　　　　　　　　　(b)

图 12 - 9　一端固定、一端游动支承

1. 滚动轴承的轴向固定

滚动轴承的支承结构需要通过轴承内圈和外圈的轴向固定来实现。

滚动轴承内圈与轴间的固定通常采用轴肩［见图 12 - 10（a）］固定一端的位置，为了便于轴承拆卸，轴肩高度应低于滚动轴承内圈厚度。若需两端固定时，另一端可用弹性挡圈、轴端挡圈、圆螺母与止动垫圈等固定，见图 12 - 10（b）～（d）。弹性挡圈结构紧凑，装拆方便，用于承受较小的轴向载荷和转速不高的场合；轴端挡圈用螺钉固定在轴端，可承受中等轴向载荷；圆螺母与止动垫圈用于轴向载荷较大、转速较高的场合。

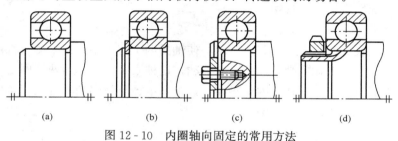

(a)　　　　　　　(b)　　　　　　　(c)　　　　　　　(d)

图 12 - 10　内圈轴向固定的常用方法

(a) 轴肩；(b) 弹性挡圈；(c) 轴端挡圈；(d) 圆螺母与止动垫圈

2. 滚动轴承组合的调整

（1）轴承间隙的调整。为保证轴承正常工作，在轴承内一般要留有适当的间隙。轴承间隙的调整方法有：①靠加减轴承盖与机座间垫片的厚度进行调整，见图 12 - 11（a）；②利用螺钉 2 通过轴承外圈压盖 1 移动外圈位置进行调整，见图 12 - 11（b），调整之后，用螺母 3 锁紧防松。

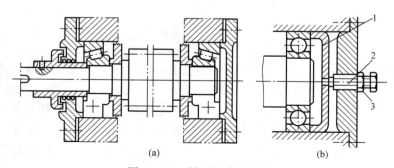

(a)　　　　　　　　　　　　　　(b)

图 12 - 11　轴承间隙的调整

(a) 用垫片厚度调整；(b) 用螺钉调整

1—压盖；2—螺钉；3—螺母

（2）轴承的预紧。轴承的预紧是在安装轴承部件时，预先给轴承施加一定的轴向载荷，使由内、外圈因产生相对位移而消除游隙，并在套圈和滚动体接触处产生弹性变形，从而提高轴的旋转精度和刚度。预紧力可以利用金属垫片［见图 12 - 12（a）］或磨窄套圈［见图12 - 12（b）］等方法获得。

（3）轴承组合位置的调整。轴承组合位置调整的目的是使轴上的零件具有准确的工作位置。如圆锥齿轮传动，要求两个锥顶点相重合，才能保证正确啮合；又如蜗杆传动，则要求蜗轮中间平面通过蜗杆的轴线等。图 12 - 13 所示为锥齿轮组合位置的调整，锥齿轮与套环间的垫片 1 用来调整锥齿轮轴的轴向位置，而垫片 2 则用来调整轴承游隙。

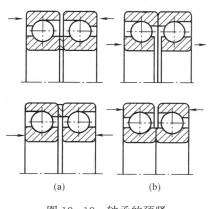

图 12 - 12　轴承的预紧

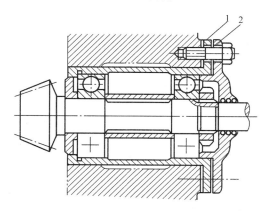

图 12 - 13　轴承组合位置的调整

12.3.2　滚动轴承的配合和装拆

1. 滚动轴承的配合

轴承套圈的轴向固定和轴承内部的径向游隙，靠外圈与轴承座孔（或回转零件）之间、内圈与轴颈之间的配合来保证。径向游隙的大小不仅关系到轴承的运转精度，同时影响它的寿命。

由于滚动轴承是标准件，选择配合时就将它作为基准件。因此，轴承内圈与轴的配合采用基孔制，轴承外圈与轴承座孔的配合则采用基轴制。选择配合时，应考虑载荷的方向、大小和性质，轴承类型、转速、使用条件等因素。当外载荷方向不变时，转动套圈应比固定套圈的配合紧一些。一般情况下是内圈随轴一起转动，外圈固定不转，故内圈常取具有过盈的过渡配合；外圈常取较松的过渡配合。当轴承作游动支承时，外圈应取保证有间隙的配合。与较高公差等差轴承配合的轴与孔，对其加工精度、表面粗糙度及几何公差都有相应的较高要求。选择配合可查 GB/T 275—2015，或参阅有关手册。轴承内圈与轴的配合，只标注轴而不标注孔的公差代号，常采用的公差代号为 n6、m6、k6、js6 等。轴承外圈与轴承座孔的配合，只标注孔而不标注轴的公差代号，常采用的公差代号为 K7、J7、H7、G7 等。

2. 滚动轴承的装拆

设计轴承组合时，应考虑有利于轴承装拆，以避免在装拆过程中损坏轴承和其他零件。图 12 - 14 所示为轴承拆卸器。若轴肩高度 h 大于轴承内圈外径时，就难以放置拆卸工具的钩头。对外圈拆卸要求也是如此，应留出拆卸高度或拆卸螺钉孔，如图 12 - 15 所示。

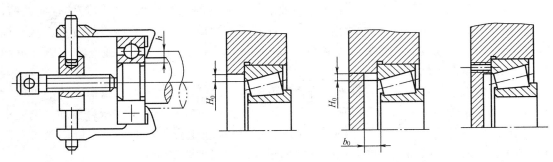

图 12-14　用钩爪器拆卸轴承　　　　　图 12-15　拆卸高度和拆卸螺孔

12.4　滑动轴承的类型、结构和材料

滑动轴承按其承受载荷方向的不同，可分为向心滑动轴承（承受径向载荷）和推力滑动轴承（承受轴向载荷）。

为了减小摩擦和磨损，滑动轴承工作表面应加以润滑。当轴颈与轴承工作表面完全被润滑油膜分隔而不直接接触时，轴承的摩擦称为液体摩擦状态（$f=0.001\sim0.008$），这种轴承称为液体摩擦滑动轴承。若轴颈与轴承表面间润滑油不充分，两摩擦面间局部波峰的直接接触未能完全消除（$f=0.01\sim0.10$），这种轴承称为非液体摩擦滑动轴承。本章主要介绍非液体摩擦滑动轴承。

12.4.1　径向滑动轴承

径向滑动轴承有整体式轴承和剖分式轴承两大类。

1. 整体式滑动轴承

整体式径向滑动轴承的结构形式如图 12-16 所示，它由轴承座和耐磨材料制成的整体轴套组成。轴承座上面设有安装润滑油杯的螺纹孔。在轴套上开有油孔，并在轴套的内表面上开有油槽。这种轴承的优点是结构简单，成本低廉。缺点是轴套磨损后，轴承间隙过大时无法调整，故多用在低速、轻载或间歇性工作的机器中，如某些农用机械、手动机械等。

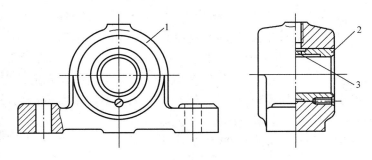

图 12-16　整体式滑动轴承
1—轴承座；2—轴套；3—油孔

2. 剖分式滑动轴承

剖分式径向滑动轴承的结构形式如图 12-17 所示，它由轴承座 1、轴承盖 2、剖分的上

下轴瓦 3、螺柱 4 等组成。为使轴承盖和轴承座很好地对中和防止工作时错动，在剖分面上设有定位止口。剖分式轴瓦由上、下两半组成，通常是下轴瓦承受载荷，上轴瓦不承受载荷。为了节省贵重金属或因其他需要，常在轴瓦内表面上贴附一层轴承衬。在轴瓦内壁不承受载荷的表面上开设油槽，润滑油通过油孔和油槽流进轴承间隙。剖分面间放有垫片，以便在轴瓦磨损后，借助减小垫片厚度来调整轴承间隙。轴承所受的径向力方向一般不超过对开剖分面垂直线左右 35° 的范围，否则应采用剖分式斜滑动轴承，见图 12-18。剖分式滑动轴承便于装拆和调整间隙，因此得到广泛应用。

12.4.2　推力滑动轴承

推力滑动轴承主要应用于受轴向载荷的场合，常见的推力轴颈形状如图 12-19 所示。

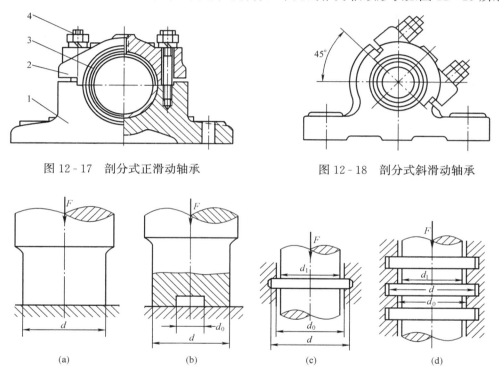

图 12-17　剖分式正滑动轴承　　　　　图 12-18　剖分式斜滑动轴承

图 12-19　推力滑动轴承轴颈形状
（a）实心式；（b）空心式；（c）单环式；（d）多环式

（1）实心式：见图 12-19（a），支承面上压强分布极不均匀，轴心处压强极大，线速度为零，对润滑很不利，端面推力轴颈工作时轴心与边缘磨损不均匀，较少使用。

（2）空心式：见图 12-19（b），空心端面推力轴颈和环状轴颈部分弥补了实心端面推力轴颈的不足，支承面上压强分布较均匀，润滑条件有所改善，得到普遍采用。

（3）单环式：见图 12-19（c），利用轴环的端面止推，结构简单，润滑方便，广泛用于低速轻载场合。

（4）多环式：见图 12-19（d），特点同单环式，可承受较单环式更大的载荷，也能承受双向轴向载荷。

12.4.3　轴瓦

轴瓦是轴承中直接与轴颈接触的部分。轴瓦的结构和材料选择直接影响滑动轴承的工作能力和使用寿命。轴瓦应具有一定的强度和刚度，在轴承中定位可靠，便于输入润滑剂，容易散热，并且装拆、调整方便。

轴瓦可以制成整体式和剖分式两种。图 12-20 所示为剖分式轴瓦，其两端的凸肩用以防止轴瓦的轴向窜动，并能承受一定的轴向力。图示为厚壁轴瓦，厚壁轴瓦用铸造方法制造，内表面可附有轴承衬，常将轴承合金用离心铸造法浇注在铸铁、钢或青铜轴瓦的内表面上。为使轴承合金与轴瓦贴附得好，常在轴瓦内表面上制出各种形式的凹沟或螺纹。

轴瓦可以用单一的减摩材料制造，但为了节省贵重的金属材料（如轴承合金）及提高轴承的工作能力，通常制成双金属轴瓦，如图 12-21 所示。在强度较高、价格较廉的轴瓦（用钢、铸铁或青铜制造）内表面上浇注一层减摩性更好的合金材料，通常称为轴承衬，其厚度从十分之几毫米到 6mm 不等。

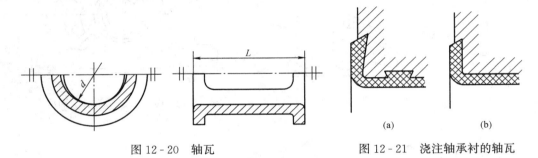

图 12-20　轴瓦　　　　　　　　　　图 12-21　浇注轴承衬的轴瓦

为了使润滑油能够很好地分布到轴瓦的整个工作表面，使润滑油流入轴颈和轴瓦之间形成油膜，在轴瓦的非承载区上要开出油沟和油孔。图 12-22 所示为几种常见的油沟形式。

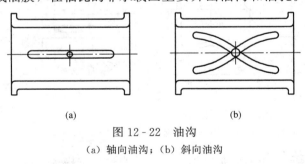

(a)　　　　　　　　(b)

图 12-22　油沟
（a）轴向油沟；（b）斜向油沟

图 12-22（a）所示为轴向油沟，润滑油沿轴向输入并充满油沟，通过轴颈转动使油分布于轴向；图 12-22（b）所示为斜向油沟。一般油孔和油沟开在非承载区，可保持承载区油膜的连续性。为了使润滑油能均匀分布在整个轴颈长度上，油沟轴向应有足够的长度，一般取为轴瓦长度的80%。

12.4.4　轴承材料

1. 对轴承材料性能的基本要求

由于滑动轴承的失效形式为磨损、胶合、刮伤、疲劳剥伤、腐蚀等，因此作为滑动轴承材料应具备以下基本性能要求：

（1）具有足够的抗疲劳、抗冲击和抗压强度。

（2）具有良好的减摩性、耐磨性和跑合性。所谓跑合性，是指轴瓦与轴颈表面间只要经过短期轻载运转，应能形成相互吻合的表面粗糙度的性能。

（3）具有良好的顺应性和嵌藏性。所谓顺应性，是指轴承适应轴的弯曲和其他几何形状误差的能力；所谓嵌藏性，是指轴承材料容纳金属碎屑和灰尘嵌入，以减轻轴承滑动表面间发生刮伤或磨损。

（4）具有良好的工艺性、导热性、抗腐蚀性等。

2. 常用轴承材料

（1）轴承合金。轴承合金（又称巴氏合金）有锡锑轴承合金和铅锑轴承合金两大类。

锡锑轴承合金的摩擦系数小，抗胶合性能良好，对油的吸附性强，耐腐蚀性好，是优良的轴承材料，常用于高速、重载的轴承。但它的价格较贵且机械强度较差，因此只能作为轴承材料而浇注在钢、铸铁或青铜轴瓦上。用青铜作为轴瓦基体是取其导热性良好。这种轴承合金在 110℃ 开始软化，为了安全，在设计、运行中常将温度控制在 110℃ 以下。

铅锑轴承合金的各方面性能与锡锑轴承合金相近，但这种材料较脆，不宜承受较大的冲击载荷，一般用于中速、中载的轴承。

（2）青铜。青铜的强度高，承载能力大，耐磨性与导热性都优于轴承合金。它可以在较高的温度（250℃）下工作。但它的可塑性差，不易跑合，与之相配的轴颈必须淬硬。

青铜可以单独做成轴瓦。为了节省有色金属，也可将青铜浇注在钢或铸铁轴瓦内壁上。用做轴瓦材料的青铜，主要有锡青铜、铅青铜和铝青铜。在一般情况下，它们分别用于中速重载、中速中载和低速重载的轴承上。

（3）具有特殊性能的轴承材料。用粉末冶金法（经制粉、成形、烧结等工艺）做成的轴承，具有多孔性组织，孔隙内可以储存润滑油，常称为含油轴承。运转时，轴瓦温度升高，由于油的膨胀系数比金属大，因而自动进入摩擦表面起到润滑作用。含油轴承加一次油可以使用较长时间，常用于加油不方便的场合。

在不重要的或低速轻载的轴承中，也常采用灰铸铁或耐磨铸铁作为轴瓦材料。

常用金属轴瓦材料及其性能见表 12 - 14。

表 12 - 14　　　　　常用金属轴瓦材料及其性能

轴 瓦 材 料		许用值			最小轴颈硬度 HBS	备 注
		$[p]$ (MPa)		$[pv]$ (MPa·m/s)		
锡基轴承合金	ZSnSb8Cu4 ZSnSb11Cu6	稳定	25	20	150	用于高速、重载的重要轴承，价格较高
		冲击	20	15		
铅基轴承合金	ZPbSb15SnCu3Cd2	5		5	150	用于中速、中载轴承，不宜受显著冲击，可作锡锑轴承合金代用品
	ZPbSb16Sn16Cu2	15		10		
锡青铜	ZCuSn10P1	15		15	300	用于中速、重载及变载荷轴承
	ZCuSn5Pb5Zn5	8		15	250	用于中速、中载轴承
铝青铜	ZCuAl10Fe3	15		12	300	适用于润滑充分的低速、重载轴承
铅青铜	ZCuPb30	25		30	270	适用于高速、重载轴承，能承受变载和冲击

12.5　非液体摩擦滑动轴承的计算

非液体摩擦滑动轴承至今还没有完善的计算方法，一般是从限制轴承压强 p 与其轴颈圆周速度 v 的乘积 pv 来进行条件性计算。这里只介绍径向滑动轴承的计算。

滑动轴承设计时通常已知轴颈直径 d、转速 n、轴承承受的载荷和使用要求。设计步骤大致如下：

1. 选择轴瓦材料

根据工作条件，参照表 12-14 选择轴瓦材料。

2. 确定轴承宽度 L

轴承的宽径比 $\frac{L}{d}$ 小，则轴向尺寸较小。但 $\frac{L}{d}$ 减小，轴承的承载能力随之降低。通常 $\frac{L}{d}=$ 0.5~1.5。高速重载轴承，宽径比取小值；低速重载时取较大值；要求较大支承刚性时，宜取较大值。

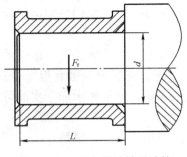

图 12-23　径向滑动轴承计算

3. 校核平均压强 p

为了使轴承不发生过度磨损，压强 p 应满足下列条件（见图 12-23）：

$$p = \frac{F_r}{dL} \leqslant [p] \qquad (12-7)$$

式中　F_r——轴承所承受的径向载荷，N；

d、L——轴颈的直径和轴承宽度，mm；

$[p]$——许用压强，MPa，见表 12-9。

4. 校核 pv

对于速度较高的轴承，为保证工作时不致因过度发热产生胶合，应限制轴承单位面积上摩擦功率 fpv（f 为摩擦系数）。f 可近似认为是常数，因此，pv 值间接反映了轴承的温升。pv 值应满足下列条件：

$$pv = \frac{F_r}{dL} \frac{\pi dn}{60 \times 1000} = \frac{F_r n}{19\ 100L} \leqslant [pv] \qquad (12-8)$$

式中　n——轴的转速，r/min；

$[pv]$——pv 的许用值，MPa·m/s。

当验算结果不能满足要求时，可改用较好的轴瓦材料或加大轴承尺寸 d 或 L。

5. 确定轴颈与轴瓦之间的间隙

通常是选择适当的配合以得到合适的间隙。常用的配合有 $\frac{H7}{f7}$、$\frac{H8}{f8}$、$\frac{H8}{e8}$、$\frac{H9}{e9}$、$\frac{H10}{d10}$ 等。

12.6　液体摩擦滑动轴承简介

轴颈与轴承工作表面之间的理想摩擦状态是液体摩擦。根据油膜形成的方法，液体摩擦轴承分为动压轴承和静压轴承。

12.6.1　液体动压轴承

如图 12 - 24 所示的径向滑动轴承，由于轴颈和轴承孔之间存在一定的间隙，当轴颈静止时，在外部径向载荷的作用下，轴颈处于轴承孔的最低位置，并与轴瓦相接触，如图 12 - 24 （a）所示。此时，轴颈表面与轴承孔表面构成楔形间隙。当轴颈开始转动时，速度很低，带入轴承间隙中的油量较少，轴颈在摩擦力的作用下沿轴承孔壁向上爬升，如图 12 - 24 （b）所示。随着转速的增大，轴颈表面的圆周速度增大，更多的润滑油随着轴颈表面的运动被带入楔形间隙。由于润滑油从大截面向小截面流入，考虑到润滑油的黏性和不可压缩性，润滑油流经的截面积越小，润滑油中产生的压力就越高，如图 12 - 24 （c）所示。当压力能够克服外部径向载荷时，润滑油膜就会将轴颈浮起，轴颈在外载荷和润滑油膜压力的作用下处于平衡状态，轴颈稳定在某一偏心位置，如图 12 - 24 （d）所示。此时，如果轴颈与轴瓦之间形成的最小间隙大于两表面不平度的高度之和，轴和轴承的工作表面将完全被一层压力油膜隔开，从而实现完全的液体润滑，轴承中的摩擦阻力仅为液体分子之间的摩擦阻力，摩擦力极小。

由上可知，滑动轴承形成动压润滑油膜的必要条件如下：

（1）轴颈与轴瓦的工作表面间必须有一个收敛的楔形间隙。

（2）轴颈与轴瓦的工作表面间必须有一定的相对运动速度，且相对运动速度的方向保证润滑油在楔形间隙中从大截面流进，小截面流出。

（3）润滑油必须有适当的黏度，且供油充分。

（4）工作表面的表面粗糙度值应小。

当上述条件匹配时，就可以形成完全液体润滑。

对高速运转的重要轴承，为了保证实现轴承的完全液体润滑，需要进行专门的设计计算，具体计算请参考相关的设计资料。

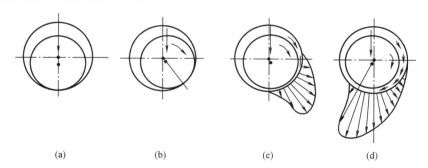

（a）　　　　　　　（b）　　　　　　　（c）　　　　　　　（d）

图 12 - 24　向心轴承动压油膜的形成过程

（a）静止状态；（b）开始转动；（c）转速增加；（d）达到工作转速

12.6.2　液体静压轴承

液体静压轴承是利用油泵将高压油输送到轴承的润滑表面，强制形成润滑油膜，靠静压平衡外载荷。这种轴承有以下特点：提高供油压力就可以提高承载能力；无论工作转速多低，都可以形成润滑油膜；轴的转速不高时，摩擦系数极小。

如图 12 - 25 所示，在轴瓦的内表面上开几个对称的油腔 1，利用泵供应具有一定压力的油，经过节流装置 3 分别进入油腔 1。进入各油腔的油经过油腔四周的间隙流到轴承两端和油腔间的回油槽 2 流回油池。当无外载荷时，各油腔压力相等，轴颈与轴承同心。

当外载荷作用时，依靠油路系统中的节流装置 3 自动调节各油腔的压力，使各油腔对轴

的作用力与外载荷 F_Q 维持平衡，使轴承能在液体摩擦状态下工作。

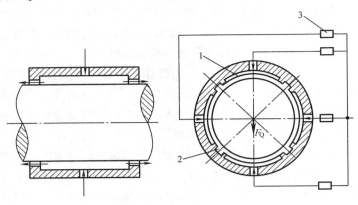

图 12-25　静压轴承
1—油腔；2—回油槽；3—节流装置

12.7　轴承的润滑和密封

为了减小摩擦、减轻磨损，通常在两摩擦表面间加入减小摩擦的物质，这种方法称为润滑，所加入的物质称为润滑剂。轴承润滑的目的是减小摩擦和磨损，提高效率和延长使用寿命，同时润滑剂也起冷却、吸振、防锈和减小噪声的作用。

12.7.1　润滑剂的种类及性能

润滑剂分为液体润滑剂、半固体润滑剂、固体润滑剂和气体润滑剂。

（1）液体润滑剂。液体润滑剂又称润滑油，其中以矿物油用得最多，合成润滑油也正在日益发展。润滑油的最主要的性能指标是黏度，用以表征润滑油流动时内部摩擦阻力的大小。工业上常用运动黏度来表示。

（2）半固体润滑剂。半固体润滑剂主要是指各种润滑脂，是在润滑油中加稠化剂后形成的，润滑脂的流动性能差，不易流失，其主要性能指标用针入度表示。

（3）固体润滑剂。固体润滑剂指任何可以形成固体膜以减小摩擦阻力的物质，常用的固体润滑剂有石墨和二硫化钼。应用时，主要是将其粉剂加入润滑油和润滑脂中，用以提高润滑性能。实践表明，润滑剂中添加二硫化钼后，滑动轴承的摩擦损失减少，温升降低，使用寿命提高，尤其对高温，重载下工作的轴承，润滑效果良好。

（4）气体润滑剂。最常用的是空气，此外还有氢、氦等气体。气体润滑剂黏度小，适用于高速。

12.7.2　滚动轴承的润滑和密封

润滑对于滚动轴承具有重要的意义，轴承中的润滑剂不仅可以降低摩擦阻力，还可以起到散热、减小接触应力、吸收振动、防止锈蚀等作用。

轴承常用的润滑方式有油润滑及脂润滑两类。此外，也有使用固体润滑剂润滑的。选用哪一类润滑方式与轴承的速度有关，一般用滚动轴承的 dn 值表示轴承的速度大小。其中，d 为轴承内径，mm；n 为轴承转速，r/min。当 $dn < (1.5 \sim 2) \times 10^5$ 时，一般滚动轴承可采用润滑脂润滑，超过这一范围宜采用润滑油润滑。各种润滑方式下轴承允许的 dn 值见

表 12 - 15。

表 12 - 15	各种润滑方式下轴承允许的 dn 值（表值×10⁴）				mm·r/min
轴承类型	脂润滑	油浴润滑	滴油润滑	循环油润滑	喷雾润滑
深沟球轴承	16	25	40	60	＞100
调心球轴承	16	25	40		
角接触球轴承	16	25	40	60	＞60
圆柱滚子轴承	12	25	40	60	＞60
圆锥滚子轴承	10	16	23	30	
调心滚子轴承	8	12		25	
推力球轴承	4	6	12	15	

1. 脂润滑

润滑脂形成的润滑膜强度高，能承受较大的载荷，不易流失，容易密封，一次加脂可以维持相当长的一段时间。对于不便经常添加润滑剂的地方，或不允许润滑油流失而致污染产品的工业机器而言，这种润滑方式十分适宜。但它只适用于较低的 dn 值。滚动轴承的装脂量一般以轴承内部空间容积的 1/3～2/3 为宜。

润滑脂的主要性能指标为针入度和滴点。当轴承的 dn 值大、载荷小时，应选针入度较大的润滑脂；反之，应选用针入度较小的润滑脂。此外，轴承的工作温度应低于润滑脂的滴点，对于矿物油润滑脂，应低于 10～20℃；对于合成润滑脂，应低于 20～30℃。

2. 油润滑

在高速高温的条件下，通常采用油润滑。润滑油的主要性能指标是黏度，转速越高，应选用黏度越低的润滑油；载荷越大，应选用黏度越高的润滑油。根据工作温度及 dn 值可选出润滑油应具有的黏度值，然后按黏度值从润滑油产品目录中选出相应的润滑油牌号。

油润滑时，常用的润滑方法有以下几种：

（1）油浴润滑。将轴承局部浸入润滑油中，当轴承静止时，油面应不高于最低滚动体的中心。这个方法不适于高速，因为搅动油液剧烈时要造成很大的能量损失，以致引起油液和轴承的严重过热。

（2）滴油润滑。适用于需要定量供应润滑油的轴承部件，滴油量应适当控制，过多的油量将引起轴承温度的升高。为使滴油通畅，常使用黏度较小的 15 号全损耗系用油。

（3）飞溅润滑。这是一般闭式齿轮传动装置中的轴承常用的方法，即利用齿轮的转动将润滑齿轮的油甩到箱体的四周壁面上，然后通过适当的沟槽将油引到轴承中去。要求齿轮圆周速度满足 1.5m/s＜v＜12m/s。

（4）喷油润滑。适用于转速高、载荷大、要求润滑可靠的轴承。用油泵将润滑油增压，通过油管或机体上特制的油孔，经喷嘴将油喷射到轴承中去；流过轴承后的润滑油，经过过滤冷却后再循环使用。为了保证油能进入高速转动的轴承，喷嘴应对准内圈和保持架之间的间隙。

（5）油雾润滑。当轴承滚动体的线速度很高时，常采用油雾润滑，以避免其他润滑方法由于供油过多，油的内摩擦增大而增高轴承的工作温度。润滑油在油雾发生器中变成油雾，其温度较液体润滑油的温度低，这对冷却轴承而言也是有利的。但润滑轴承的油雾，可能部分地随空气散逸，污染环境。故在必要时，宜用油气分离器来收集油雾，或者采用通风装置来排除废气。

3. 轴承的密封

为了防止外界的灰尘、水分等进入滚动轴承，并阻止润滑剂的漏失，需要密封。密封装置有接触式密封和非接触式密封两类。

（1）接触式密封。接触式密封只能用在速度较低的场合。常用的有毡圈〔见图 12-26（a）〕和唇形密封圈〔见图 12-26（b）〕。毡圈密封主要用于润滑脂润滑的轴承，密封接触面滑动速度 $v<5m/s$。唇形密封圈的密封效果好，可用于接触面滑动速度 $v<12m/s$。

（2）非接触式密封。非接触式密封不受速度的限制。常用的有间隙密封〔见图 12-27（a）〕和迷宫密封〔见图 12-27（b）〕两种。间隙密封是在油沟内填充润滑脂以防止内部润滑脂泄漏和外部水汽的侵入。其结构简单，密封面不直接接触，适用于温度不高、用润滑脂润滑的轴承。迷宫式密封安装时在缝隙内填充润滑脂。迷宫式密封工作寿命较长，可用于高速场合，但结构比较复杂，安装要求较高。

为了提高密封效果，可以将几种密封装置组合使用。

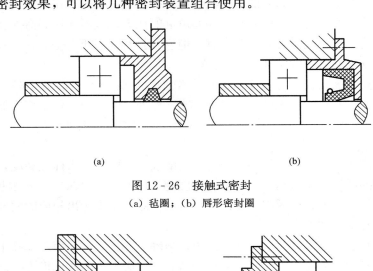

（a）　　　　　　　　　　　　　　（b）

图 12-26　接触式密封

（a）毡圈；（b）唇形密封圈

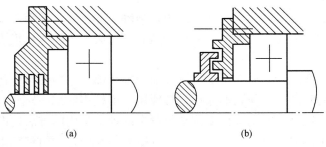

（a）　　　　　　　　　　　　　　（b）

图 12-27　非接触式密封

（a）间隙密封；（b）迷宫密封

12.7.3　滑动轴承的润滑

滑动轴承的供油方式有连续供油和间歇供油两种。

1. 连续供油

对于比较重要的轴承应采用连续供油润滑方式，主要有针阀油杯、油芯油杯和油环润滑，见图 12-28。

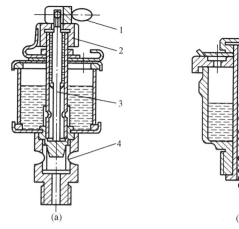
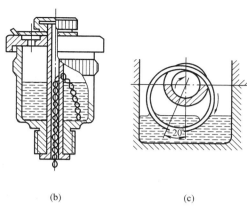

（a）　　　　　　　　　　　（b）　　　　　　　　　　（c）

图 12 - 28　连续供油润滑方式

（a）针阀油杯；（b）油芯油杯；（c）油环润滑

1—手柄；2—调节螺母；3—针阀；4—观察孔

针阀油杯和油芯油杯都可以做到连续滴油润滑。针阀油杯也可以通过调节滴油速度来改变供油量，并且停车时可扳动油杯上端的手柄以关闭针阀而停止供油。油芯油杯在停车时仍继续滴油，造成无用的消耗。油环润滑是在轴颈上套有油环，油环下垂浸到油池里，当轴颈回转时，依靠摩擦力带动油环转动而将润滑油带到轴颈表面进行润滑。

2. 间歇供油

对于低速和间歇工作的轴承，采用间歇供油润滑方式。图 12 - 29（a）所示为压配式油杯，平时弹簧顶住钢球将油孔封闭，避免污物进入轴承。图 12 - 29（b）所示为润滑杯（黄油杯），是应用最广的润滑脂装置，杯中装满润滑脂后，旋拧杯盖即可将润滑脂挤入轴承中。

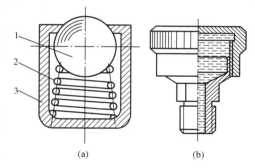

（a）　　　　　　　（b）

图 12 - 29　间歇式供油方式

（a）压配式油杯；（b）润滑杯

1—钢球；2—弹簧；3—杯体

思考题与习题

12 - 1　试述滚动轴承的特点及基本结构。

12 - 2　说明下列轴承代号的意义：N210，6308，6212/P4，30207/P6。

12 - 3　选择滚动轴承类型时要考虑哪些因素？

12 - 4　滚动轴承的主要失效形式是什么？

12 - 5　某深沟球轴承需在径向载荷 $F_r = 7150N$ 作用下，以 $n = 1800r/min$ 的转速工作 3800h。试求此轴承应有的基本额定动载荷 C。

12 - 6　某传动装置中的一根传动轴上装有齿轮及带轮，尺寸如图 12 - 30 所示。齿轮上圆周力 $F_t = 780N$，径向力 $F_r = 290N$，V 带作用在轴上的力 $F_Q = 2020N$（与水平线呈 30°），

转速 $n=1420\mathrm{r/min}$，要求寿命 $L_\mathrm{h}=1000\mathrm{h}$，轴承处轴径 $d=40\mathrm{mm}$。若采用深沟球轴承，试选择轴承型号。

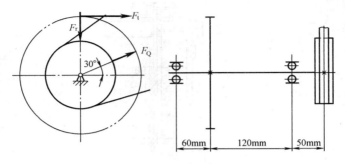

图 12-30　题 12-6 图

12-7　轴承润滑的目的是什么？滑动轴承有哪些润滑方式？

12-8　径向滑动轴承常见结构有哪几种？各有什么特点？

12-9　对非液体摩擦滑动轴承进行校核计算的目的是什么？当 $p>[p]$ 和 $pv>[pv]$ 时如何解决？

12-10　某输送机上齿轮减速器从动轴用两个型号为 6307 深沟球轴承支承，如图 12-31 所示。已知其承受的径向载荷 $F_\mathrm{r1}=3000\mathrm{N}$、$F_\mathrm{r2}=2200\mathrm{N}$，轴向外载荷 $F_\mathrm{A}=800\mathrm{N}$，轴承转速 $n=500\mathrm{r/min}$，工作中有中等冲击，求该轴承的寿命。

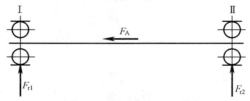

图 12-31　题 12-10 图

12-11　已知 2207 轴承的工作转速 $n=200\mathrm{r/min}$，工作温度 $t<100℃$，设其工作平稳，预期寿命为 $L=10\,000\mathrm{h}$，试求该轴承允许的最大径向载荷。

第 13 章　机 械 的 平 衡 与 调 速

13.1　机械平衡的目的、分类及方法

机械在运转时，构件所产生的不平衡惯性力的大小和方向一般都是周期性变化的。这会在运动副中引起附加的动压力，增大运动副中的摩擦和构件中的内应力，降低机械效率和使用寿命。另一方面构件所产生的不平衡惯性力必将引起机械及其基础产生强迫振动，甚至共振，不仅会影响到机械本身的正常工作和使用寿命，而且还会影响到相邻的其他机械、机器的固定地基。机械平衡问题就是研究机械中惯性力的分布及其变化规律，以消除或减小惯性力和惯性力矩的问题。机械平衡的目的就是设法将构件的不平衡惯性力加以平衡，以消除或减小惯性力的不良影响，进而改善机械工作性能和延长其使用寿命。

13.1.1　机械平衡的分类

（1）回转件的平衡。回转件（转子）是指绕固定轴做转动运动的构件，其惯性力与惯性力矩的平衡问题称为回转件的平衡。根据工作转速的不同，回转件的平衡分为刚性回转件的平衡和挠性回转件的平衡。其中刚性回转件的平衡是本章要介绍的主要内容。刚性回转件是指工作转速一般低于 $(0.6 \sim 0.75)n_{c1}$（第一阶共振转速）的回转件。刚性回转件的平衡可通过在构件上增加一部分配重，或者除去一部分重量，以重新调整其质量的分布，使其所产生的惯性力形成一个平衡力系，从而抵消运动副中产生的附加动压力。挠性回转件是指工作转速大于 $(0.6 \sim 0.75)n_{c1}$（第一阶共振转速）的回转件。挠性回转件在转动中会产生较大的弯曲变形，其平衡原理要基于弹性梁的横向振动理论，因此该类平衡问题的难度非常大。

（2）机构的平衡。对于做往复运动或平面运动的构件，因其质心是运动的，并且无法使质心的加速度在任一瞬时都为零，所以不可能在构件本身加以平衡，而必须就整个机构加以研究，即使其惯性力的合力和力偶得到完全或部分平衡。机构平衡原理和方法请参阅其他有关书籍。

13.1.2　机械平衡的方法

（1）机械平衡设计。机械在设计阶段，除了要保证其满足工作要求及制造工艺要求外，还要在结构上采取一定措施消除或减小引起有害振动的不平衡惯性力，即进行平衡设计。

（2）机械平衡试验。在设计回转件的时候，要根据结构进行平衡计算，并予以平衡。在理论上应该平衡，但是由于制造误差、材料不均匀、安装不准确等非设计方面的原因，实际制造出来的回转件仍有不平衡现象。这种不平衡在设计阶段是无法确定和消除的，需要通过试验的方法加以平衡。

13.2　回 转 件 的 平 衡

13.2.1　回转件平衡的分类

对于结构不对称、材质不均匀、其质心偏离回转轴线的回转构件，在设计时必须计算出

应加的平衡质量的大小和方位。再将平衡质量按确定的方位配置在该回转构件上，使其达到平衡。根据构件尺寸和不平衡重量的分布情况，回转件的平衡分为静平衡和动平衡。

1. 静平衡

对于轴向尺寸很小的回转件，如宽径比 $B/D \leqslant 0.2$ 的齿轮、盘形凸轮、飞轮、带轮等，可近似认为其质量分布在同一回转面内。当回转件均匀转动时，这些质量产生的离心惯性力构成一个平面汇交力系。如果回转件的总质心不在回转轴线上，则其惯性力系的合力 $\sum F_i$ 不等于零，这种不平衡现象称为静不平衡。由平面汇交力系的平衡条件可知，若要使其平衡，只要在同一回转面内加一平衡质量 m_b，使其产生的离心惯性力 F_b 与原有质量产生的离心惯性力之和 F 等于零即可。因此，回转件的平衡条件为

$$F = F_b + \sum F_i = 0 \tag{13-1}$$

$$me\omega^2 = m_b r_b \omega^2 + \sum m_i r_i \omega^2 = 0 \tag{13-2}$$

消去 ω^2 后可得

$$me = m_b r_b + \sum m_i r_i = 0 \tag{13-3}$$

式中　m、e——回转件总质量和总质心的向径；

　　　m_b、r_b——平衡质量及其质心的向径；

　　　m_i、r_i——原有各质量及其质心的向径。

式（13-3）中质量与向径的乘积称为质径积，它相对表示了在同一转速下各质量所产生的离心惯性力的大小和方向。式（13-3）表明回转件平衡后，$e=0$，即总质心与回转轴线重合，此时回转件的质量对回转轴线的静力矩为零，该回转件可以在任何位置都保持静止，故此平衡称为静平衡。根据式（13-3），求解平衡质量质径积的方法有解析法和图解法。

平衡质径积 $m_b \boldsymbol{r}_b$ 的大小和方位，可由 $\sum \boldsymbol{F}_x = 0$ 及 $\sum \boldsymbol{F}_y = 0$ 求出

$$(m_b r_b)_x = -\sum_{i=1}^{n} m_i r_i \cos\alpha_i \tag{13-4}$$

$$(m_b r_b)_y = -\sum_{i=1}^{n} m_i r_i \sin\alpha_i \tag{13-5}$$

式中：α_i 为第 i 个偏心质量 m_i 的矢径 $\boldsymbol{r}_i$ 与 x 轴间的夹角。

则平衡质径积的大小为

$$m_b r_b = \sqrt{(m_b r_b)_x^2 + (m_b r_b)_y^2} \tag{13-6}$$

根据转子结构选定 r_b（尽量选大一些）后，即可定出平衡质量 m_b，其相位 α_b 为

$$\alpha_b = \arctan[(m_b r_b)_y / (m_b r_b)_x] \tag{13-7}$$

α_b 所在象限要根据式中分子、分母的正负号来确定。

2. 动平衡

对于轴向尺寸比较大（当 $B/D > 0.2$ 时，如多缸发动机曲轴、机床主轴、涡轮机、电动机的转子等）的回转件或回转件的转速高时，其质量不可以近似认为分布在垂直于其回转轴线的同一平面内，而往往是分布在若干个不同的回转平面内，这时则当其转动时，由于各偏心质量所产生的离心惯性力不在同一回转平面内（见图 13-1），因而将对回转轴形成惯性力矩，此时回转件处于动不平衡状态，如图 13-2 所示。这种不平衡现象只有在回转件运转的情况下才能显示出来，故称其为动不平衡转子。显然这类转子的平衡条件是：分布于回转件

上的各个质量的离心力矢量和等于零；同时离心力所引起的离心力矩的矢量和也等于零，即

$$F_b + \sum F_i = 0 \\ M_b + \sum M_i = 0$$

(13-8)

这类平衡称为动平衡。通常对动不平衡的回转件，要在两个选定的平面内加平衡质量，才能达到动平衡。

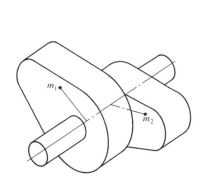

图 13-1 动不平衡回转件

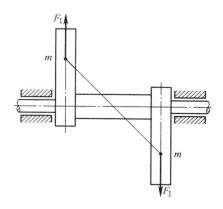

图 13-2 回转件受到的惯性力

图 13-3 所示为某印刷机械凸轮轴，每个凸轮上均有一个偏心质量，分别为 m_1、m_2、m_3，分别位于图 13-4 所示的回转平面 1、2、3 内，它们的回转半径分别为 r_1、r_2、r_3，方向如图 13-4 所示。当转子以角速度 ω 回转时，它们产生的质径积分别为 m_1r_1、m_2r_2、m_3r_3。

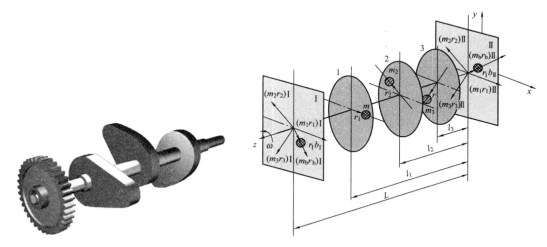

图 13-3 印刷机械凸轮轴   图 13-4 动平衡计算

选定两个平衡基面 I、II 如图 13-4 所示，将质径积 m_1r_1、m_2r_2、m_3r_3 分别分解到平衡基面 I、II 上，即

$$(m_i r_i)_I = (m_i r_i)l_i/L$$

(13-9)

$$(m_i r_i)_{II} = (m_i r_i)(L - l_i)/L$$

(13-10)

方向与 $m_i r_i$ 一致。设在平衡基面 I 上添加平衡质量 m_{bI} 的矢径为 r_{bI}，则

$$(m_{bI} r_{bI})_x = -\sum (m_i r_i)_I \cos\alpha_i \qquad (13-11)$$

$$(m_{bI} r_{bI})_y = -\sum (m_i r_i)_I \sin\alpha_i \qquad (13-12)$$

同理，在平衡基面 II 上添加平衡质量 m_{bII} 的矢径为 r_{bII}，则

$$(m_{bII} r_{bII})_x = -\sum (m_i r_i)_{II} \cos\alpha_i \qquad (13-13)$$

$$(m_{bII} r_{bII})_y = -\sum (m_i r_i)_{II} \sin\alpha_i \qquad (13-14)$$

根据前述静平衡的计算方法，可以求出平衡基面 I、II 上平衡质量的大小与方位，这里不再赘述。

由上述分析可知，动平衡包含了静平衡的条件，故经动平衡的回转件能保证其静平衡，但是经静平衡的回转件却不一定能保证其动平衡。

13.2.2　回转件的平衡试验

（1）静平衡试验。静平衡试验通常是在静平衡架上进行。图 13-5 所示为刀口式导轨静平衡架，其主要部分为水平安装的两条相互平行且摩擦力很小的刀口形导轨。试验时，将待平衡回转件的轴颈支承在导轨上。若回转件不平衡，回转件将会转动，当回转件停止转动时，其重心必处于最下方。在回转件的上方试加一配重，这样反复试验，直到该回转件能在任意位置都保持静止为止。这时回转件的重心位于轴线上，达到了静平衡。这种试验方法设备简单，平衡精度较高。

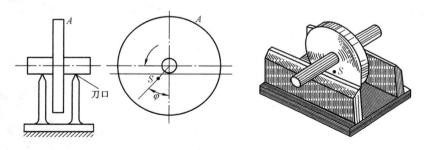

图 13-5　刀口式导轨静平衡架

（2）回转件的动平衡试验。回转件的动平衡试验要在专用的动平衡机上进行。回转件在进行动平衡试验之前，应先通过静平衡试验。令回转件在动平衡试验机上运转，然后测定需加在回转件两个不同基面上不平衡质量的大小和方位，从而达到回转件平衡的方法称为动平衡试验法。

13.3　机械速度波动的调节

13.3.1　调节机械速度波动的目的和方法

驱动力所做的功是驱动功 W_d，克服阻力所消耗的功称为阻力功 W_r。如果驱动功 W_d 时时等于阻力功 W_r，机械将保持匀速运转。如果 $W_d > W_r$ 会出现盈功，使机械的动能增加；如果 $W_d < W_r$ 会出现亏功，机械的动能减少。盈亏功等于机械动能的增减量，导致机械运转的速度波动。这种波动将在运动副中产生附加动压力，并引起机械的振动，从而缩短机械的寿命、效率和工作质量。因此，为了降低速度波动所引起的不良影响，需要对机械运转速度

的波动及其调节的方法加以研究，以便将机械运转速度波动的程度限制在许可的范围之内。以上研究对于高速、重载、高精度和高自动化程度的机械尤其重要。机械的速度波动可分为周期性速度波动和非周期性速度波动两种。

13.3.2 周期性速度波动及其调节方法

1. 周期性速度波动产生的原因

当机械动能做周期性变化时，机械主轴的角速度也做周期性波动，机械的周期性速度变化称为周期性速度波动。如图 13-6 中虚曲线所示。主轴角速度在经过一个周期 T 之后，其值又回到开始状态，故在一个周期内其动能大小没有变，驱动功等于阻力功。但由于在一个周期中的某段时间内，驱动功不等于阻力功，因而速度出现波动。机械的这类波动称为周期性速度波动。

2. 周期性速度波动调节的基本原理

为了调节机械运转时的周期性速度波动，最常用的方法是安装飞轮，加大机械的转动惯量。飞轮在机械中的作用，实质上相当于一个能量储能器。由于转动惯量很大，当机械出现盈功时，飞轮以动能的形式将多余的能量储存起来，使主轴角速度上升的幅度减小；当机械出现亏功时，

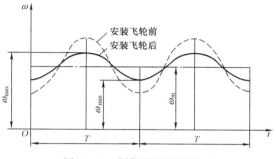

图 13-6　周期性的速度波动

飞轮又将储存的能量释放出来，以弥补能量的不足，从而使主轴角速度下降的幅度减小。安装飞轮后主轴的角速度波动，如图 13-6 实曲线所示。

3. 飞轮的转动惯量的简易计算方法

飞轮设计的基本问题是确定飞轮转动惯量，使机械系统运转不均匀系数不超过允许值，即 $\delta \leqslant [\delta]$。

机械系统运转不均匀系数 δ，可以正确描述机械系统运转的不均匀程度。

$$\delta = \frac{\omega_{max} - \omega_{min}}{\omega_m} \tag{13-15}$$

式中　ω_{max}、ω_{min}——主轴的最大和最小角速度；

　　　ω_m——平均角速度，$\omega_m = \dfrac{\omega_{max} + \omega_{min}}{2}$。

由式（13-15）可知，ω_{max} 与 ω_{min} 之差越大，δ 越大，机械系统运转越不均匀；ω_{max} 与 ω_{min} 之差越小，δ 越小，机械系统运转越平稳。工程上对各种机械系统的运转不均匀系数规定了许用值[δ]，见表 13-1。

表 13-1　　　　　　　　　　　常用机械速度不均匀系数的许用值

机械类型	[δ]	机械类型	[δ]
碎石机	1/5～1/20	水泵、鼓风机	1/30～1/50
冲床	1/7～1/10	造纸机、织布机	1/40～1/50
轧压机	1/10～1/25	纺纱机	1/60～1/100
汽车、拖拉机	1/20～1/60	直流发电机	1/100～1/200
金属切削机床	1/30～1/40	交流发电机	1/200～1/300

在一般机械中，由于机械系统中其他运动构件的动能比飞轮的动能小很多，故近似认为飞轮的动能即是整个机械的动能。这样，飞轮动能的最大变化量 ΔE_{max} 应等于机械系统最大盈亏功 W_{max}，即

$$W_{max} = E_{max} - E_{min} = \frac{1}{2} J_F \omega_{max}^2 - \frac{1}{2} J_F \omega_{min}^2 = J_F \omega_m^2 \delta \qquad (13-16)$$

式中　J_F——飞轮的转动惯量。

故机械的速度不均匀系数为

$$\delta = \frac{W_{max}}{J_F \omega_m^2} \qquad (13-17)$$

要使机械的速度不均匀系数 $\delta \leqslant [\delta]$，需 $W_{max}/(J_F \omega_m^2) \leqslant [\delta]$，所以只需

$$J_F \geqslant \frac{W_{max}}{\omega_m^2 [\delta]} = \frac{900 W_{max}}{\pi^2 n^2 [\delta]} \qquad (13-18)$$

式中　W_{max}——最大盈亏功，N·m；

　　　　J_F——飞轮转动惯量，kg·m^2；

　　　　n——飞轮轴每分钟的转速，$\omega_m = \dfrac{\pi n}{30}$。

由式（13-18）可得以下结论：

（1）如果过分追求机械运转速度的均匀性，即 $[\delta]$ 取值很小，则飞轮的转动惯量就需很大，将会使飞轮过于笨重。

（2）安装飞轮后机械运转的速度仍有周期波动，即其速度波动不可能达到消除，而只是波动的幅度减小了而已。

（3）为减小飞轮的转动惯量，最好将飞轮安装在机械的高速轴上。

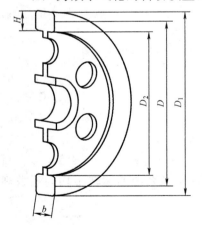

图 13-7　飞轮的结构尺寸

4. 飞轮结构尺寸的确定

求得飞轮的转动惯量以后，就可以确定飞轮的结构尺寸。轮形飞轮由轮缘、轮毂和腹板三部分组成，如图 13-7 所示。为以最少的材料获得最大的转动惯量 J_F，所以应将质量集中在轮缘上，所以轮毂和腹板的质量相比轮缘小得多，故常忽略不计。设 m_{rim} 为轮缘的质量，则飞轮转动惯量近似为

$$J_F \approx J_{rim} = m_{rim}(D_1^2 + D_2^2)/8 \approx m_{rim} D^2/4$$

即

$$m_{rim} D^2 = 4 J_F \qquad (13-19)$$

当选定飞轮的平均直径 D 后，可求出飞轮轮缘的质量 m_{rim}。平均直径 D 应适当选大一些，但又不宜过大，以免轮缘因离心力过大而破裂。$m_{rim} g D^2$ 称为飞轮矩，其单位为 N·m^2。

设轮缘的宽度为 b，材料的密度为 ρ，则

$$m_{rim} = \pi D H b \rho \qquad (13-20)$$

所以有

$$Hb = m_{rim}/(\pi D \rho) \qquad (13-21)$$

当飞轮的材料及比值 H/b 选定后，即可求得轮缘的横剖面尺寸 H 和 b。对较大的飞轮，

取 $H≈1.5b$；对较小的飞轮，取 $H≈2b$。

13.3.3　非周期性速度波动

机械运转时，如果驱动力或（和）阻力的变化是无规律的，这时机械主轴运转的角速度将出现非周期性的波动，从而破坏了机械的稳定运转状态。如果较长时间 $W_d>W_r$，则机械将越来越快，因此可能出现所谓的"飞车"现象，使机械遭到破坏；反之，若 $W_d<W_r$，则机械运转速度将越来越慢，直至停止不动。对于非周期性速度波动，应用飞轮进行运动调节是不可能的，必须采用一种专门的调节装置——调速器来调节。调速器的种类很多，现以图13-8所示的机械式离心调速器为例简要说明其工作原理。若负荷突然减少，原动机2和工作机1的转速升高，通过圆锥齿轮传动使调速器主轴的转速升高。此时，离心球因离心力增大向上运动，带动套筒M上升，由连杆机构使节流阀关小，从而使进气量减小；若负载突然增加，调速器主轴转速降低，离心球下落，通过套筒和连杆机构使节流阀开大，使进气量增加。采用这种方法使驱动功与阻力功达到平衡，保持原动机2稳定运转。机械式调速器结构简单、工作可靠，常用在内燃机等机械上，但因其体积较大，灵敏度不高，近代机器上很多都采用电子调速装置来实现调速。

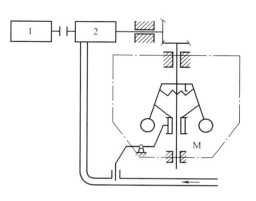

图13-8　机械式离心调速器

思考题与习题

13-1　思考题。

（1）机械中的哪一类构件只需要进行静平衡？哪一类构件必须进行动平衡？

（2）何谓质径积？为什么要提出"质径积"这个概念？质径积是什么量？

（3）机器安装飞轮能否调节非周期性速度波动？欲调节机器的周期性速度波动，转动惯量相同的飞轮应安装在其高速轴上还是低速轴上？

（4）机器主轴产生周期性速度波动的原因是什么？如何加以调节？

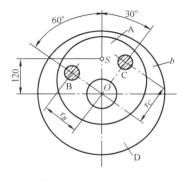

图13-9　题13-2图

13-2　如图13-9所示，加工质量为15kg的工件A上的孔，工作质心S偏离圆孔中心O为120mm，今将工件用质量各为2kg的B、C两压板压在车头花盘D上，回转半径 $r_B=120mm$，$r_C=160mm$。若在花盘回转半径100mm处可装平衡质量，求达到静平衡需加的质量和位置。

13-3　某机组作用在主轴上的阻力矩变化曲线 $M'-\varphi$ 如图13-10所示，已知主轴上驱动力力矩 M' 为常数，主轴平均角速度 $\omega_m=25rad/s$，机械运转速度不均匀系数 $\delta=0.02$。求：

（1）安装在主轴上飞轮的转动惯量；

（2）若将飞轮安装在转速为主轴3倍的辅助轴上，飞轮的转动惯量。

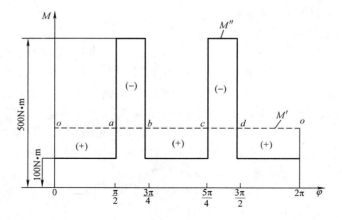

图 13 - 10　题 13 - 3 图

附录 A　常用轴承的基本额定载荷

附表 A-1　　　　　　　　　　　向心轴承的基本额定载荷　　　　　　　　　　　　　kN

轴承内径 (mm)	深沟球轴承（60000 型）						圆柱滚子轴承（N0000、NF0000）型					
	*（0）2		（0）3		（0）4		（0）2		（0）3		（0）4	
	C_r	C_{0r}	C_r	C_{0r}	C_r	C_{0r}	C_r	C_{0r}	C_r	C_{0r}	C_r	C_{0r}
10	5.10	2.38	7.65	3.48								
12	6.82	3.05	9.72	5.08								
15	7.65	3.72	11.5	5.42			7.98	5.5				
17	9.58	4.78	13.5	6.58	22.5	10.8	9.12	7.0				
20	12.8	6.65	15.8	7.88	31.0	15.2	12.5	11.0	18.0	15.0		
25	14.0	7.88	22.2	11.5	38.2	19.2	14.2	12.8	25.5	22.5		
30	19.5	11.5	27.0	15.2	47.5	24.5	19.5	18.2	33.5	31.5	57.2	53.0
35	25.5	15.2	33.2	19.2	56.8	29.5	28.5	28.0	41.0	39.2	70.8	68.2
40	29.5	18.0	40.8	24.0	65.5	37.5	37.5	38.2	48.8	47.5	90.5	89.8
45	31.5	20.5	52.8	31.8	77.5	45.5	39.8	41.0	66.8	66.8	102	100
50	35.0	23.2	61.8	38.0	92.2	55.2	43.2	48.5	76.0	79.5	120	120
55	43.2	29.2	71.5	44.8	100	62.5	52.8	60.2	97.8	105	128	132
60	47.8	32.8	81.8	51.8	108	70.0	62.5	73.5	118	128	155	162

*　尺寸系列代号括号中的数字可省略。

附表 A-2　　　　　　　　　　常用角接触球轴承的基本额定载荷　　　　　　　　　　kN

轴承内径 (mm)	70000C 型（α=15°）				70000AC 型（α=25°）				70000B 型（α=40°）			
	*（1）0		（0）2		（1）0		（0）2		（0）2		（0）3	
	C_r	C_{0r}	C_r	C_{0r}	C_r	C_{0r}	C_r	C_{0r}	C_r	C_{0r}	C_r	C_{0r}
10	4.92	2.25	5.82	2.95	4.75	2.12	5.58	2.82				
12	5.42	2.65	7.35	3.52	5.20	2.55	7.10	3.35				
15	6.25	3.42	8.68	4.62	5.95	3.25	8.35	4.40				
17	6.60	3.85	10.8	5.95	6.30	3.68	10.5	5.65				
20	10.5	6.08	14.5	8.22	10.0	5.78	14.0	7.82	14.0	7.85		
25	11.5	7.45	16.5	10.5	11.0	7.08	15.8	9.88	15.8	9.45	26.2	15.2
30	15.2	10.2	23.0	15.0	14.5	9.85	22.0	14.2	20.5	13.8	31.0	19.2
35	19.5	14.2	30.5	20.0	18.5	13.5	29.0	19.2	27.0	18.8	38.2	24.5
40	20.0	15.2	36.8	25.8	19.0	14.5	35.2	24.5	32.5	23.5	46.2	30.5
45	25.8	20.5	38.5	28.5	23.8	19.5	36.8	27.2	36.0	26.2	59.5	39.8
50	26.5	22.0	42.8	32.0	25.2	21.0	40.8	30.5	37.5	29.0	68.2	48.0
55	37.2	30.5	52.8	40.5	35.2	29.2	50.5	38.5	46.2	36.0	78.8	56.5
60	38.2	32.8	61.0	48.5	36.2	31.5	58.2	46.2	56.0	44.5	90.0	66.3

*　尺寸系列代号括号中的数字可省略。

附录 B　机械设计基础课程设计题目（适用于两周）

一、带式输送机传动装置设计（Ⅰ）

1. 设计条件

（1）机器功用：由输送带运送物料，如砂石、砖、煤炭等。

（2）工作情况：单向输送，载荷轻度振动，环境温度不超过 45℃。

（3）运动要求：输送带运行速度误差不超过 7%。

（4）使用寿命：8 年，每年 300 天，每天 8h。

（5）检修周期：一年小修；三年大修。

（6）生产厂型：中小型机械制造厂。

（7）生产批量：单件小批生产。

2. 原始数据（见附表 B-1）

附表 B-1　　　　　　带式输送机传动装置设计（Ⅰ）原始数据

题　号	1	2	3	4	5	6	7	8	9	10
输送带拉力（kN）	5	5	5	6	6	6	7	7	7	8
输送带速度（m/s）	1.1	1.2	1.3	1.1	1.2	1.3	1.1	1.2	1.3	1.3
滚筒直径（mm）	180	180	180	200	200	200	220	220	220	250

3. 设计任务

（1）设计内容：电动机选型，带传动设计，减速器设计，联轴器选型设计。

（2）设计工作量：减速器装配图（1 号图纸）一张，零件图两张（低速轴 2 号图纸，大齿轮 2 号图纸），设计计算说明书一份。（草稿纸一同上交）

4. 设计要求

减速器中齿轮设计成斜齿轮，变位与否自定。

二、带式输送机传动装置设计（Ⅱ）

1. 设计条件

（1）机器功用：由输送带运送物料，如砂石、砖、煤炭等。

（2）工作情况：单向输送，载荷平稳，环境温度不超过 35℃。

（3）运动要求：输送带运行速度误差不超过 5%。

（4）使用寿命：10 年，每年 200 天，每天 16h。

（5）检修周期：一年小修；三年大修。

（6）生产厂型：中小型机械制造厂。

（7）生产批量：单件小批生产。

2. 原始数据（见附表 B-2）

附表 B-2　　　　　　　带式输送机传动装置设计（Ⅱ）原始数据

题　号	1	2	3	4	5	6	7	8	9	10
输送带拉力（kN）	5	5.5	5.5	6	7	7	8	8	9	9.5
输送带速度（m/s）	1.3	1.35	1.45	1.4	1.5	1.5	1.4	1.5	1.5	1.55
滚筒直径（mm）	280	250	260	270	270	300	260	290	300	290

3. 设计任务

（1）设计内容：电动机选型，带传动设计，减速器设计，联轴器选型设计。

（2）设计工作量：减速器装配图（1 号图纸）一张，零件图两张（低速轴 2 号图纸，大齿轮 2 号图纸），设计计算说明书一份。（草稿纸一同上交）

4. 设计要求

减速器中齿轮设计成直齿轮或斜齿轮，变位与否自定。

三、带式输送机传动装置设计（Ⅲ）

1. 设计条件

（1）机器功用：由输送带运送物料，如砂石、砖、煤炭等。

（2）工作情况：单向输送，载荷平稳，启动载荷为名义载荷的 1.25 倍。

（3）运动要求：输送带运行速度误差不超过 5%。

（4）使用寿命：10 年，每年 240 天，每天 16h。

（5）检修周期：一年小修；三年大修。

（6）生产厂型：中小型机械制造厂。

（7）生产批量：单件小批生产。

2. 原始数据（见附表 B-3）

附表 B-3　　　　　　　带式输送机传动装置设计（Ⅲ）原始数据

题　号	1	2	3	4	5	6	7	8	9	10
输送带拉力（kN）	3.2	3	2.8	2	2.2	3	3.4	4	4.2	4.2
输送带速度（m/s）	1.7	1.7	1.7	1.2	1.1	1.1	1.05	0.95	0.9	0.85
滚筒直径（mm）	450	450	450	400	350	350	300	300	420	400

3. 设计任务

（1）设计内容：电动机选型，带传动设计，减速器设计，联轴器选型设计。

（2）设计工作量：减速器装配图（1 号图纸）一张，零件图两张（低速轴 2 号图纸，大齿轮 2 号图纸），设计计算说明书一份。（草稿纸一同上交）

4. 设计要求

减速器中齿轮设计成直齿轮或斜齿轮，变位与否自定。

四、混料机传动装置设计

1. 设计条件

（1）机器功用：混料机主轴上装有搅拌叶片，叶片转动使物料混合均匀。

（2）工作情况：双向转动，载荷有轻微振动，环境温度不超过 35℃。

（3）运动要求：混料机主轴转速误差不超过 7%。

（4）使用寿命：10 年，每年 300 天，每天 8h。

（5）检修周期：半年小修；两年大修。

（6）生产厂型：中小型机械制造厂。

（7）生产批量：成批生产。

2. 原始数据（见附表 B-4）

附表 B-4   **混料机传动装置设计原始数据**

题　号	1	2	3	4	5	6	7	8	9	10
混料机主轴扭矩（N·m）	320	320	320	360	360	360	400	400	400	500
混料机主轴转速（r/min）	120	140	160	120	140	160	120	140	160	140

3. 设计任务

（1）设计内容：电动机选型，带传动设计，减速器设计，联轴器选型设计。

（2）设计工作量：减速器装配图（1 号图纸）一张，零件图两张（低速轴 2 号图纸，大齿轮 2 号图纸），设计计算说明书一份。（草稿纸一同上交）

4. 设计要求

减速器中齿轮设计成斜齿轮，变位与否自定。

附录 C　减速器的结构分析

　　减速器是指原动机与工作机之间独立的闭式传动装置，用来降低转速和增大转矩以满足各种工程机械的需要。

　　减速器的种类很多，按照传动方式不同可分为齿轮减速器、蜗杆减速器和行星减速器；按照传动的级数可分为单级减速器和多级减速器；多级减速器按照传动的布置方式分为展开式、分流式和同轴式。这里只介绍单级减速器。

　　单级减速器按照传动和结构特点有以下两种类型：①齿轮减速器，包括圆柱齿轮减速器、圆锥齿轮减速器；②蜗杆减速器，包括圆柱蜗杆减速器、环面蜗杆减速器、锥蜗杆减速器。

　　这里以圆柱齿轮减速器为例介绍减速器的组成、各部分功能。

一、减速器的主要组成

　　减速器基本结构是由箱体、通用零部件（如传动件、支承件和连接件）及附件组成，如附图 C-1 所示。

　　在减速器中，箱体（箱座 19 和箱盖 3）用以支承和固定轴系部件，保证传动件的啮合精度、重要零件的密封和良好的润滑。为了保证轴承座的刚度，使轴承座有足够的承载能力，在轴承座处加支撑筋。为了提高轴承座处的连接刚度，座孔两侧的连接螺栓（螺栓 2）应尽量靠近轴承座（以不与端盖螺钉孔干涉为原则），为此轴承座孔附近应做凸台，同时还有利于提高轴承座刚度。箱体分剖分式和整体式，为方便减速器的轴系零部件拆装多采用剖分式。轴系零部件（轴 21、28，轴承 14、20，齿轮 24，键 22，轴承端盖 9、15、18、27 等），主要包括传动件直、斜、锥齿轮、蜗杆等，支承件轴、轴承及轴向和周向固定件套筒、轴端挡圈、轴承端盖、键、挡油圈等。连接件在减速器中起连接作用（螺栓 23、25，螺钉 6、16、17、定位销 8，上面没有表示出来的起盖螺钉等）。附件的主要作用是检查传动件的啮合情况、注油、排油、指示油面、通气和装卸吊运等。透气塞 4 调节箱体内的气压，瞭望孔盖板 5 观察孔主要用于检查传动件的啮合情况、润滑状况、接触斑点、齿侧间隙及注入润滑油，吊环螺钉 7 为了将用于搬运及拆卸，油表指示器 11 可以指示箱体内油压的高度和质量，放油螺塞 13 则是为了将箱体内的污油排出等。

　　减速器传动件的润滑大多采用油润滑，其润滑方式多采用浸油润滑，对于高速传动则采用压力喷油润滑。滚动轴承的润滑可采用油润滑和油脂润滑。当浸油齿轮的圆周速度 $v<2m/s$ 时，齿轮不能有效地将油飞溅到箱壁上，故采用脂润滑；当浸油齿轮的圆周速度 $v\geqslant2m/s$ 时，齿轮能将较多油飞溅到箱壁上，故采用油润滑。减速器轴伸出端密封为毡圈和密封圈密封，为防止轴承处的油流出和灰尘、水分等杂物进入轴承。箱体结合面密封常在结合面上涂密封胶和水玻璃。轴承采用油润滑时，必须在箱座的结合面上开有导油沟，轴承靠箱体内的密封主要是挡油环和封油环。

二、减速器的结构

　　不同的零件可以有不同的结构形式。可以把透气塞安装到瞭望孔盖板上，设计时应考虑不影响瞭望孔的功能，如附图 C-2 所示。

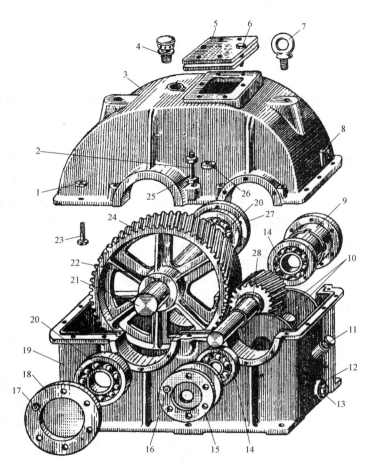

附图 C-1　减进器的组成

1—螺母；2—螺栓；3—箱盖；4—透气塞；5—瞭望孔盖板；6、17—螺钉；7—吊环螺钉；
8—定位销；9、15、18、27—轴承端盖；10—挡油板；11—油表指示器；12—密封垫；
13—放油螺塞；14、20—轴承；16—螺钉；19—箱座；21—轴；22—键；23—螺栓；
24—齿轮；25—螺栓；26—弹簧垫圈；28—齿轮轴

　　该减速器中，透气塞 5 用一个螺母固定在瞭望孔盖板上，起盖螺钉 2、吊环螺钉 7 与上箱体之间、油表指示器 10、放油螺塞 11 和下箱体之间都是螺纹连接，上、下箱体则是用螺栓 4 和 9 连接，定位销 8 用于定位，一般是两个，要距离尽量远些。起盖螺钉 2 只能装到箱盖上。轴 21、齿轮 19 则是用键 17 作周向固定，一般采用 A 型平键。主动齿轮较小不满足条件时只能加工成轴齿轮。轴承端盖要开槽，以利于油沟中的油进入轴承润滑，与箱体之间用螺钉连接，沿圆周均匀分布的螺钉不得安装在箱座与箱盖的分界面上，透盖与轴的接触处尽量用密封圈 13 密封。铸造件要考虑拔模斜度。

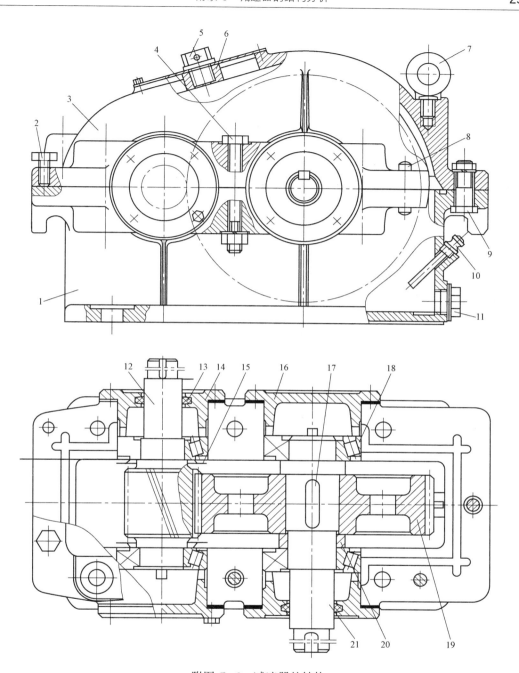

附图 C‑2　减速器的结构

参 考 文 献

[1] 杨可桢，程光蕴，李仲生，等．机械设计基础．6版．北京：高等教育出版社，2013.

[2] 李秀珍．机械设计基础（少学时）．5版．北京：机械工业出版社，2013.

[3] 魏鸿榕．机械设计基础．武汉：华中科技大学出版社，2010.

[4] 裘祖荣．精密机械设计基础．2版．北京：机械工业出版社，2017.

[5] 王黎钦，陈铁鸣．机械设计．6版．哈尔滨：哈尔滨工业大学出版社，2015.

[6] 濮良贵，陈国定．机械设计．10版．北京：高等教育出版社，2018.

[7] 孙桓，陈作模，葛文杰．机械原理．8版．北京：高等教育出版社，2013.

[8] 刘会英，张明勤，徐宁．机械原理．3版．北京：机械工业出版社，2013.

[9] 申永胜．机械原理教程．3版．北京：清华大学出版社，2014.

[10] 廖汉元，孔建益．机械原理．3版．北京：机械工业出版社，2013.

[11] 朱龙英．机械设计基础．2版．北京：机械工业出版社，2009.